EUCLIDE AU XIXᵉ SIÈCLE

OU

LA GÉOMÉTRIE PLANE

(ALPHABET DES SCIENCES)

PRÉSENTÉE SOUS UNE FORME TOUTE NOUVELLE

PAR

L'ABBÉ PAUL PUJOL

Chanoine honoraire de Pamiers

ANCIEN PROFESSEUR DE PHILOSOPHIE EN L'UNIVERSITÉ.

PARIS

ERNEST THORIN, LIBRAIRE-ÉDITEUR

BOULEVARD SAINT-MICHEL, 58.

—

MONTÉGUT, PRÈS SAINT-GIRONS (ARIÉGE), CHEZ L'AUTEUR.

—

1867

TOULOUSE. —IMPRIMERIE DE A. CHAUVIN, RUE MIREPOIX, 3.

EUCLIDE AU XIXE SIÈCLE

ou

LA GÉOMÉTRIE PLANE

(ALPHABET DES SCIENCES)

PRÉSENTÉE SOUS UNE FORME TOUTE NOUVELLE.

Cet ouvrage, précédé de quelques notions algébriques, est remarquable 1° par l'ordre logique qui en lie les quatre parties en un tout que l'on voit d'un coup d'œil, comme le prouve le plan ci-dessous; 2° par de nouveaux genres de démonstration; 3° par la démonstration scientifique du *postulat* d'Euclide; 4° par des théorèmes nouveaux relatifs aux triangles; 5° enfin, par un essai sur le minimum et le maximum de convexité des figures planes isopérimètres et sur le maximum et le minimum des figures planes, et, par suite, de quelques figures de la géométrie dans l'espace, ayant pour conséquences des notions sur quelques propriétés des nombres telles que les donne l'algèbre, et cette loi basée sur un grand nombre de faits : La convexité est la *génératrice* de la grandeur des figures planes isopérimètres.

PLAN DE LA GÉOMÉTRIE PLANE

TENANT LIEU DE PRÉFACE,

Car l'expérience a prouvé qu'on ne lit pas les préfaces.

Notions préliminaires.

Livre Ier. — La ligne droite et la ligne brisée (comprenant les angles et leurs bissectrices, les perpendiculaires et les obliques, et, par suite, les plus courtes lignes tracées d'un point à un autre et d'un point à une ligne droite, les parallèles et les concourantes, les symétriques, les proportionnelles, les transversales de trois et de quatre droites, et, par suite, la division harmonique) tracées sur un même plan.

Livre II. — La circonférence du cercle, et la ligne droite et la ligne brisée (comprenant, en tout ou en partie, les sécantes, les tangentes et les droites extérieures, les angles et leurs bissectrices, les perpendiculaires, les parallèles, les symétriques, les proportionnelles, les transversales et la division harmonique) relatives 1° à un cercle; 2° à deux cercles sécants, tangents, extérieurs ou intérieurs l'un à l'autre, situés dans un même plan.

Problèmes relatifs aux deux livres précédents.

LIVRE III. — La ligne droite et la ligne brisée (comprenant les côtés, les angles et des sécantes) relatives 1° aux triangles, aux différents quadrilatères, aux polygones quelconques et aux polygones réguliers, situés dans le même plan; 2° aux triangles, aux quadrilatères, aux polygones quelconques et aux polygones réguliers, inscrits dans un cercle ou qui lui sont circonscrits; d'où les relations entre deux circonférences ou deux arcs et leurs rayons, et le rapport approché d'une circonférence quelconque à son diamètre.

LIVRE IV. — Surfaces 1° des différents polygones; 2° des cercles et des portions de cercles.

1° Egalité, symétrie, similitude, mesure, avec ses conséquences immédiates, et équivalence relatives aux différents polygones.

2° Egalité, symétrie, similitude, mesure, avec ses conséquences immédiates, et équivalence relatives aux cercles et à des portions de cercles.

Problèmes relatifs aux deux livres précédents.

ESSAI 1° sur le minimum et le maximum de convexité des figures planes isopérimètres; 2° sur le maximum et le minimum de quelques figures planes non isopérimètres et des figures planes isopérimètres; d'où des notions sur quelques propriétés des nombres telles que les donne l'algèbre, et cette loi basée sur l'observation d'un grand nombre de faits : La convexité est la *génératrice* de la grandeur des figures planes isopérimètres; 3° sur le maximum des triangles, des rectangles et des polygones d'un même nombre de côtés, inscrits dans un même cercle, et des rectangles inscrits dans un triangle ; et, par suite, des cônes et des cylindres inscrits dans une sphère, et des cylindres inscrits dans un cône; 4° sur le minimum et le maximum des surfaces et des périmètres des polygones réguliers inscrits dans un cercle ou qui lui sont circonscrits, et, par suite, des volumes et des surfaces engendrés par la révolution autour d'un axe de symétrie des moitiés d'un cercle et des polygones réguliers inscrits dans le même cercle ou qui lui sont circonscrits.

NOTIONS ALGÉBRIQUES.

L'algèbre, que Newton appelle une *arithmétique universelle*, a pour objet de simplifier les questions sur les nombres par l'emploi de quelques signes abréviatifs, et d'en donner des solutions générales s'appliquant à toutes celles de la même espèce, en représentant les quantités par les lettres de l'alphabet a, b, c, x..., lesquelles ayant une valeur indéterminée, peuvent représenter des nombres quelconques.

Toute quantité exprimée par des lettres est une quantité algébrique.

SIGNES ABRÉVIATIFS SUIVIS DE LEURS SIGNIFICATIONS.

Addition et soustraction. $a + b$, a plus b; $a - b$, a moins b. Le signe $+$ est le signe de l'addition, et le signe $-$, celui de la soustraction. Toute quantité algébrique qui n'est précédée d'aucun signe $+$ ou $-$ est censée avoir le signe $+$. Ainsi b est pour $+ b$. Toute quantité algébrique précédée du signe $+$ est une quantité positive, et toute quantité précédée du signe $-$ est une quantité négative.

Multiplication et division. $a \times b$ ou $a \cdot b$, ou encore ab lorsque les lettres a et b désignent chacune une quantité, a multiplié par b ou produit de a par b; $2 a$, deux a ou 2 fois a; $(a + b) \times (a - b)$, somme de a et de b multipliée par la différence de a et de b; $a : b$ ou $\frac{a}{b}$, a divisé par b; $(a : b) : (c : d)$ ou $\frac{a}{b} : \frac{c}{d}$, quotient de a par b, divisé par le quotient de c par d. On nomme *coefficient* le chiffre écrit à la gauche d'une lettre sans interposition de signe, comme dans $2 a$. Le coefficient est un facteur, et toute lettre ou quantité algébrique qui n'a pas de coefficient exprimé est censée avoir l'unité pour coefficient. Ainsi b est pour $1 b$.

Puissances. — Lorsque le produit d'un nombre quelconque de facteurs a pour facteurs la même lettre b, par exemple, on le simplifie en écrivant une seule fois cette lettre, et à sa droite, un peu au-dessus, un petit chiffre nommé *exposant* qui indique le nombre de fois que cette lettre est facteur, ou, ce qui a la même signification, la *puissance* à laquelle cette lettre est élevée. D'après cela, b^2, qu'on prononce b deux, signifie $b \times b$ ou 2ᵉ puissance de b qu'on nomme aussi *carré* de b; b^3, qu'on prononce b trois, signifie $b \times b \times b$ ou 3ᵉ puissance de b qu'on nomme aussi *cube* de b; $(a + b)^2$ ou $(a + b) \times (a + b)$, carré de la somme de a et de b; $(a - b)^2$ ou $(a - b) \times (a - b)$, carré de la différence de a et de b. Toute lettre qui n'a pas d'exposant exprimé est censée avoir pour exposant l'unité qui désigne la 1ʳᵉ puissance. Ainsi b est pour b^1. En représentant le nombre 6 par a, on voit la différence qu'il y a entre le coefficient et l'exposant, puisque $2 a$ ou 2 fois a donne 2×6 ou 12, et que a^2 ou $a \times a$ donne 6×6 ou 36.

Racines. $\overset{2}{V}\overline{a}$ ou $V\overline{a}$, racine carrée de a, ou nombre qui, élevé à la 2ᵉ puissance, reproduit a; $\overset{3}{V}\overline{a}$, racine cubique de a, ou nombre qui, élevé à la 3ᵉ puissance, reproduit a. Ainsi 2 est la racine carrée de 4 et la racine cubique de 8.

Egalités et inégalités. $a = b$, a égale b; $a > b$, a plus grand que b; $a < b$, a plus petit que b. Les expressions $a = b$, $a + b = c - d$, $a + b > c$, $a - b < c - d$, désignent les deux premières des égalités et les deux dernières des inégalités. — Toute égalité ou inégalité a deux *membres*. Tout ce qui précède les signes $=$, $>$, $<$ est le *premier membre*; tout ce qui est après est le *second membre*. Chaque membre peut être un *monome*, c'est-à-dire une quantité algébrique qui n'a qu'un signe $+$ ou $-$, comme a ou $+ a$, $- b$, $+ a \times b$, $- a : b$ ou un *polynome*, c'est-à-dire une quantité composée de plusieurs monomes appelés *termes* du polynome, et *termes semblables* s'ils ont les mêmes lettres affectées des mêmes exposants. Ainsi $+ a$ et $- a$, $+ a \times b$ et $- a \times b$ sont des termes semblables deux à deux. On nomme *binome* le polynome qui n'a que deux termes.

Axiomes ou vérités évidentes par elles-mêmes. I. Une quantité ne change pas de valeur si on l'augmente et diminue à la fois de la même quantité, ou si on la multiplie et divise à la fois par la même quantité. II. Deux quantités qui ont chacune la même grandeur qu'une troisième quantité ont entre elles la même grandeur, ou, en d'autres termes, deux quantités égales à une troisième sont égales entre elles. III. Deux quantités égales, augmentées ou diminuées à la fois de la même quantité, ou bien multipliées ou divisées à la fois par la même quantité, donnent des résultats égaux. IV. Deux quantités inégales, augmentées ou diminuées à la fois de la même quantité, donnent des résultats inégaux dans le même sens. V. La somme ou le produit de plusieurs quantités, respectivement moindres que d'autres quantités, est moindre que la somme ou le produit de ces dernières.

Conséquences. — 1º Une égalité ne change pas si on augmente et diminue à la fois un de ses membres d'une même quantité, ou si on le multiplie et divise à la fois par la même quantité. Ainsi l'égalité $a = b$ est la même que $a = b + c - c$ ou $a = \dfrac{b \times c}{c}$ (Ax. I). 2º Lorsque deux égalités ont un membre égal, les deux autres membres sont égaux (Ax. II). 3º Une égalité étant donnée, on aura encore une égalité si on augmente ou diminue à la fois les deux membres de la même quantité, ou si on les multiplie ou divise à la fois par la même quantité, et par suite les carrés, les cubes, les racines carrées ou cubiques des deux membres, sont des quantités égales deux à deux. Ainsi $a = b$ donne $a + c = b + c$, $a - c = b - c$, $a \times c = b \times c$, $a : c = b : c$, $a^2 = b^2$, $a^3 = b^3$, $\overset{2}{V}\overline{a} = \overset{2}{V}\overline{b}$, $\overset{3}{V}\overline{a} = \overset{3}{V}\overline{b}$ (Ax. III). 4º Deux égalités étant données, on aura une égalité si on les ajoute ou retranche membre à membre, ou bien si on les multiplie ou divise membre à membre. Ainsi les égalités $a = b$ et $c = d$ donnent $a + c = b + d$, $a - c = b - d$, $a \times c = b \times d$, $a : c = b : d$ (Ax. III). 5º La somme ou le produit des premiers membres d'un nombre quelconque d'égalités égale la somme ou le produit des seconds membres (Ax. III). 6º Lorsque les premiers membres d'un nombre quelconque d'inégalités sont respectivement moindres ou plus grands que les seconds, la somme des premiers est moindre ou plus grande que celle des seconds, et le produit des premiers est moindre ou plus grand que celui des seconds (Ax. V).

Réduction de quelques polynomes à leur plus simple expression. 1º $a - a + b = o + b = b$; 2º $a + 2a + 3a = 6a$; 3º $- a - 3a - 4a =$

— $8a$; 4° $4a — 2a = 2a + 2a — 2a = 2a$; 5° $2a — 4a = 2a — 2a$ — $2a = — 2a$; 6° $a \times a^2 = a^1 \times a^1 \times a^1 = a^3$.

OPÉRATIONS ALGÉBRIQUES.

Addition. L'addition des quantités algébriques se fait en les écrivant les unes à la suite des autres avec leurs signes respectifs exprimés ou sous-entendus. Le résultat est évidemment la somme demandée, puisqu'il contient toutes les parties qu'il fallait ajouter. Ainsi la somme de $a — b$, $c + d$, — $f + e = a — b + c + d — f + e$.

Soustraction. Pour soustraire une quantité quelconque $b — c$ d'une autre quantité a, par exemple, il faut l'écrire à la suite de celle-ci en changeant dans la quantité à soustraire le signe + en — et le signe — en +, c'est-à-dire que la différence des deux quantités sera $a — b + c$; car si de la quantité $a + b — c — b + c$ qui représente a, je retranche $+ b — c$, il me reste $a — b + c$.

Multiplication. Principe démontré en arithmétique. Un produit ne change pas de valeur lorsqu'on intervertit l'ordre des facteurs.

Multiplication des monomes. Règle des signes. 1° $+ \times +$ donne $+$; 2° $— \times —$ donne $+$; 3° $+ \times —$ donne $—$; 4° $— \times +$ donne $—$.

Démonstration. — La multiplication a pour objet, étant données deux quantités nommées l'une *multiplicande* et l'autre *multiplicateur*, de former une troisième quantité appelée *produit* qui se compose du multiplicande de la même manière que le multiplicateur se compose de l'unité ou $+ 1$; donc évidemment si le multiplicateur et l'unité ont le même signe ou un signe différent, le produit et le multiplicande ont le même signe ou un signe différent; donc 1° $+ \times +$ donne $+$; 2° $— \times —$ donne $+$; 3° $+ \times —$ donne $—$; 4° $— \times +$ donne $—$; d'où il suit que le produit a le signe $+$ si le multiplicande et le multiplicateur ont le même signe, et le signe $—$ dans le cas contraire.

Règle des coefficients. Les coefficients étant des facteurs dont on peut intervertir l'ordre sans que le produit change de valeur, on en fait le produit qu'on donne pour coefficient au produit des lettres. Ainsi $2a \times 3b = 2 \times a \times 3 \times b = 2 \times 3 \times a \times b = 6a \times b$.

Multiplication d'un polynome par un monome ou un polynome. Règle. Multipliez comme en arithmétique, en suivant les règles des signes et des coefficients, chaque terme du multiplicande par le terme ou chaque terme du multiplicateur. La somme des produits partiels est évidemment le produit total qu'on réduit, s'il y a lieu.

Conséquences remarquables de ce qui précède. En multipliant d'après les règles précédentes et en réduisant ensuite, s'il y a lieu, on a : 1° $a \times (b + c) = a \times b + a \times c$ et $a \times (b — c) = a \times b — a \times c$, et par conséquent $a \times b + a \times c = a \times (b + c)$, et $a \times b — a \times c = a \times (b — c)$, ce qu'on appelle mettre un produit en facteur commun; 2° $(a + b)^2$ ou $(a + b) \times (a + b) = a^2 + b^2 + 2a \times b$, ce qui signifie que le carré de la somme de deux quantités a et b est égal à la somme des carrés de ces quantités et du double de leur produit; 3° $(a — b)^2$ ou $(a — b) \times (a — b) = a^2 + b^2 — 2a \times b$, ce qui signifie que le carré de la différence de deux quantités a et b est égal à l'excès de la somme de leurs carrés sur le double de leur produit; 4° $(a + b) \times (a — b) = a^2 — b^2$, ce qui signifie que le produit de la somme de deux quantités par leur différence est égal à la différence de leurs carrés.

Division. La division est une opération qui a pour but, étant donnés le produit de deux facteurs nommé *dividende* et un de ces facteurs nommé *diviseur*, de trouver le second facteur nommé *quotient*. Il suit de cette défi·nition : 1º que le dividende est égal au produit du diviseur par le quotient, et par suite 2º qu'un dividende a divisé par b est égal au quotient q ; car de l'égalité $a = q \times b$, on déduit, en divisant les deux membres par b, $a : b = (q \times b) : b = q$.

Rapports. On appelle *rapport* d'une quantité quelconque b à une autre quantité c, moindre ou plus grande que b, le quotient de b par c. L'expression du rapport de b à c qu'on écrit $b : c$, ou comme une fraction et qu'on prononce b divisé par c, se compose du dividende b, nommé *antécédent*, et du diviseur c, nommé *conséquent*. L'antécédent et le conséquent sont les deux *termes* du rapport.

Principe. Un rapport ne change pas si on multiplie ou si on divise ses deux termes par la même quantité n. — Soit q le quotient de $a : b$, je dis : 1º que $a \times n : b \times n = a : b$; en effet, l'égalité $a = q \times b$ donne, en multipliant les deux membres par n, $a \times n = q \times b \times n$; d'où, en divisant par $b \times n$ les deux membres de la dernière égalité, $a \times n : b \times n = q \times b \times n : b \times n = q$; or, $a : b = q$; donc $a \times n : b \times n = a : b$; je dis : 2º que $(a : n) : (b : n) = a : b$. En effet, l'égalité $a = q \times b$ donne, en divisant chaque membre par n, $a : n = q \times b : n$; d'où, en divisant par $b : n$ les membres de la dernière égalité, $(a : n) : (b : n) = (q \times b : n) : (b : n) = q$; or, $a : b = q$; donc $(a : n) : (b : n) = a : b$.

Conséquences du principe précédent. 1º On réduit, sans changer leurs valeurs, des rapports exprimés au même conséquent, en multipliant les termes de chacun d'eux par le produit des conséquents de tous les autres ; car les valeurs ne changent pas d'après ce qui précède, et les conséquents sont égaux comme produits composés des mêmes facteurs. 2º On simplifie un rapport dont les termes ont des facteurs communs ou des diviseurs communs en les supprimant.

Addition. Règle. On ajoute des rapports qui ont le même conséquent en donnant à la somme des antécédents, pour conséquent, le conséquent commun. En effet, q et q' étant les quotients de $a : n$ et de $b : n$, on déduit des égalités $a : n = q$ et $b : n = q'$, en ajoutant membre à membre, (1) $a : n + b : n = q + q'$, et des égalités $a = q \times n$ et $b = q' \times n$, en ajoutant membre à membre, $a + b = q \times n + q' \times n$ ou $a + b = (q + q') \times n$, et en divisant par n les membres de cette dernière égalité, (2) $(a + b) : n = (q + q') \times n : n = q + q'$; donc, d'après les égalités (1) et (2), $(a : n) + (b : n) = (a + b) : n$.

Soustraction. Règle. On fait la différence de deux rapports qui ont le même conséquent en donnant à la différence des antécédents, pour conséquent, le conséquent commun. En effet, q et q' étant les quotients de $a : n$ et de $b : n$, on déduit des égalités $a : n = q$ et $b : n = q'$, en retranchant membre à membre, (1) $a : n - b : n = q - q'$, et des égalités $a = q \times n$ et $b = q' \times n$, en retranchant membre à membre, $a - b = q \times n - q' \times n$ ou $a - b = (q - q') \times n$, et en divisant par n les membres de cette dernière égalité, (2) $(a - b) : n = (q - q') \times n : n = (q - q')$; donc, d'après les égalités (1) et (2), $(a : n) - (b : n) = (a - b) : n$.

Multiplication. Règle. On multiplie les rapports en donnant au produit des antécédents, pour conséquent, le produit des conséquents. En effet, q et q' étant les quotients de $a : b$ et de $c : d$, on déduit des égalités $a : b = q$ et $c : d = q'$, en multipliant membre à membre, (1) $(a : b) \times (c : d) =$

$q \times q'$, et des égalités $a = q \times b$ et $c = q' \times d$, en multipliant membre à membre, $a \times c = q \times b \times q' \times d$ ou $a \times c = (q \times q') \times (b \times d)$, et en divisant par $b \times d$ les membres de cette dernière égalité, (2) $a \times c : b \times d = (q \times q') \times b \times d$ et $: b \times d = q \times q'$; donc, d'après les égalités (1) et (2), $(a : b) \times (c : d) = a \times c : b \times d$. Il suit de là : 1º que $(a : b) \times c$ ou $(c : 1) = a \times c : b$, et 2º que c ou $(c : 1) \times (a : b) = c \times a : b$.

Division. Règle. On divise deux rapports en multipliant les termes du rapport dividende par les termes du rapport diviseur renversés. En effet, $(a : b)$ étant à diviser par $(c : d)$, si je multiplie les termes du rapport dividende par d et ceux du rapport diviseur par b, *ce* qui ne change pas leurs valeurs, j'ai $(a : b) : (c : d) = (a \times d : b \times d) : (b \times c : b \times d) = a \times d : b \times c$. Il suit de là : 1º que $(a : b) : c$ ou $(c : 1) = a : b \times c$, et 2º que $c : (a : b)$, ou $(c : 1) : (a : b) = c \times b : a$.

Proportions. Quatre quantités a, b, c, d sont dites *proportionnelles* ou former une *proportion* lorsque les rapports de a à b et de c à d sont égaux, c'est-à-dire lorsque $a : b = c : d$, ou encore lorsque a est à b comme c est à d, ce qu'on exprime par $a : b :: c : d$, mais ce qui signifie $a : b = c : d$. Ainsi une *proportion*, qu'on nomme aussi *proportion géométrique* ou *par quotient*, est l'expression de deux rapports égaux; d'où il suit : 1º qu'on nomme antécédents le 1er et le 3e termes, conséquents, le 2e et le 4e; comme aussi on nomme *extrêmes* le 1er et le 4e, et *moyens*, le 2e et le 3e; 2º que les conséquents sont égaux lorsque les antécédents sont égaux et que les antécédents sont égaux lorsque les conséquents sont égaux.

1er *Principe.* Dans toute proportion $a : b = c : d$, le produit des extrêmes est égal à celui des moyens, c'est-à-dire que $a \times d = b \times c$; car en multipliant par d les termes du 1er rapport $a : b$, et par b ceux du 2e rapport $c : d$, on a $a \times d : b \times d = b \times c : b \times d$. Or, ces deux rapports égaux ont les conséquents égaux; donc les antécédents sont égaux; donc $a \times d = b \times c$.

Conséquences. 1º Dans toute proposition $a : b :: c : d$, chaque extrême est égal au produit des moyens divisé par l'autre extrême, et chaque moyen est égal au produit des extrêmes divisé par l'autre moyen; car dans l'égalité $a \times d = b \times c$, chaque facteur d'un membre quelconque est égal au produit de l'autre membre divisé par l'autre facteur, et par suite le 4e terme d, nommé *quatrième proportionnelle* aux trois autres a, b et c, est égal au produit des moyens divisé par le premier terme, c'est-à-dire que $d = (b \times c) : a$; 2º dans une proportion telle que $a : b :: b : c$ qui a pour moyens la même quantité b, le 4e terme c, nommé *troisième proportionnelle* aux deux autres a et b, est égal au carré du moyen b divisé par a, et le moyen b, appelé *moyenne proportionnelle* entre les deux autres termes a et c, est égal à la racine carrée du produit de a par c, car on a $b^2 = a \times c$; d'où $\sqrt{b^2} = \sqrt{a \times c}$, ou $b = \sqrt{a \times c}$.

2e *Principe.* Quatre quantités a, b, c, d forment une proportion $a : b :: c : d$, si le produit de a par d égale celui de b par c; car en divisant les membres de l'égalité $a \times d = b \times c$ par la quantité $b \times d$, on a les rapports égaux $a \times d : b \times d = b \times c : b \times d$; d'où, en supprimant les facteurs communs aux termes de chaque rapport, $a : b :: c : d$.

Conséquences. 1º De deux produits égaux $a \times d = b \times c$, on peut former une proportion en faisant des deux termes de l'un les extrêmes, et des termes de l'autre les moyens; car, dans ce cas ainsi que dans les cas suivants, comme on pourra s'en convaincre en faisant les multiplications, le produit des extrêmes est égal à celui des moyens ; 2º étant donnée une proportion $a : b :: c : d$, on aura encore une proportion si on change les moyens ou les extrêmes de place, ou si on fait des extrêmes les moyens et des moyens les extrêmes ; 3º dans toute proportion $a : b :: c : d$, la somme ou la différence des deux premiers termes est à la somme ou à la différence des deux derniers comme le 1er est au 3e ou comme le 2e est au 4e, et par suite en changeant les moyens de place, la somme ou la différence des antécédents est à la somme ou à la différence des conséquents comme un antécédent quelconque est à son conséquent ; 4º dans une suite de rapports égaux, la somme des antécédents est à celle des conséquents comme un antécédent quelconque est à son conséquent ; 5º si on multiplie ou divise les termes d'une proportion par les termes correspondants d'une autre proportion, les produits ou les quotients forment une nouvelle proportion, et par suite les puissances ou les racines semblables des quatre termes d'une proportion forment une nouvelle proportion.

GÉOMÉTRIE.

NOTIONS PRÉLIMINAIRES.

On appelle *volume* d'un corps l'étendue du lieu qu'il occupe dans l'espace, et *surface* la limite commune à un corps et à l'espace environnant ou à deux portions d'un même corps. L'*étendue* d'une surface prend le nom d'*aire*.

La *ligne* est la limite commune à deux surfaces qui se coupent ou à deux portions d'une même surface. L'étendue d'une ligne s'appelle *longueur*.

Le *point* est la limite commune à deux lignes qui se coupent ou à deux portions d'une même ligne. Les extrémités d'une ligne qui n'est pas fermée sont aussi des points. Le point se désigne par une lettre écrite à côté. Quoique les points, les lignes et les surfaces n'existent que comme limites, on fait abstraction de ce qu'ils limitent pour les considérer en eux-mêmes dans l'espace.

Lorsqu'un point, une ligne ou une surface changent de position dans l'espace, sans que la ligne ou la surface se continue elle-même, le *lieu* des points est une ligne ; celui des lignes, une surface ; celui des surfaces, un volume ; et on dit alors que le point est le *générateur* de la ligne ; la ligne, la *génératrice* de la surface ; et la surface, la *génératrice* du volume.

Toutes les lignes en nombre *indéfini* ou *illimité* qu'on peut mener d'un point à un autre, se réduisent à quatre espèces : la ligne *droite*, la ligne *brisée* ou *polygonale*, la ligne *courbe* et la ligne *mixte*.

La ligne droite, dont l'image est représentée par un fil tendu, pourvu qu'on fasse abstraction de son épaisseur, est une ligne qui peut tourner autour de deux quelconques de ses points, sans qu'elle change de position dans l'espace ; d'où il suit qu'on ne peut mener qu'une ligne droite d'un point à un autre, et, par conséquent, que deux droites dont les extrémités coïncident ne font qu'une même droite. La ligne droite déterminée de longueur se désigne par deux lettres écrites à ses extrémités. Ainsi, on dit (*fig.* 1) : la ligne droite AB, ou, en abrégeant, la droite AB.

Si l'on réunit bout à bout deux lignes droites, on conçoit qu'on peut leur donner la forme d'une droite unique qui sera la somme de ces lignes ; d'où il suit que toute ligne droite est *indéfinie* ou, en d'autres termes, peut être prolongée dans l'espace sans qu'il y ait une limite possible. (Une droite ne peut pas être *infinie*.)

Une ligne *brisée* ou *polygonale* est une ligne composée de deux droites qui ont une extrémité commune, ou d'un nombre quelconque de droites ayant deux à deux une extrémité commune, excepté la pre-

mière et la dernière, quand la ligne brisée n'est pas fermée. On la désigne en nommant la série des lettres écrites à chacune des extrémités
des droites dont elle se compose ; ainsi, on dit (*fig.* 2) : la ligne brisée
ABCD.

On appelle ligne *courbe* toute ligne dont aucune portion n'est droite,
et ligne *mixte* toute ligne qui est en partie droite ou brisée et en partie
courbe.

Il y a quatre espèces de surfaces : la surface *plane* ou le *plan;* la surface *brisée* ou *polyédrale;* la surface *courbe* et la surface *mixte.*

Le *plan* est une surface avec laquelle coïncide toute ligne droite qui
joint deux quelconques de ses points A et B.

Si l'on réunit deux plans suivant une ligne droite tracée dans chacun
d'eux et que l'on fait coïncider, on conçoit qu'on peut leur donner la
forme d'un plan unique qui sera la somme de ces plans. Il suit de là
que le plan est indéfini comme la ligne droite, ou, en d'autres termes,
qu'il peut être prolongé dans tous les sens sans qu'il y ait une limite
possible.

On appelle ligne *plane* toute ligne qui a tous ses points dans un même
plan ; ligne *gauche* toute ligne brisée qui n'a pas tous ses points dans
un même plan ; ligne courbe à *double courbure* toute ligne *courbe*
qui n'a pas tous ses points dans un même plan ; *polygone* toute portion de plan limitée par une ligne brisée fermée ; et enfin, si on fait
tourner (*fig.* 3) une droite, AB, tracée sur un plan autour du point A,
jusqu'à ce que le point B, demeurant toujours sur le plan, soit revenu
à sa place, on nomme *circonférence* la ligne fermée décrite par le point
B, et *cercle* la portion de plan qu'elle limite.

Une surface *brisée* ou *polyédrale* est une surface composée de deux
plans qui ont une ligne droite commune ou d'un plus grand nombre de
plans ayant deux à deux une droite commune.

On appelle surface *courbe* toute surface dont aucune portion n'est
plane, et surface *mixte* toute surface en partie plane ou brisée et en
partie courbe.

Il y a trois espèces de volumes : le volume limité par des plans, le
volume limité par une surface courbe et le volume limité par une surface mixte.

On distingue dans les lignes les surfaces et les volumes, leurs *formes*
et leurs *grandeurs.* La forme étant représentée par des figures, on a
donné, par extension, le nom de *figures* aux lignes, aux surfaces et aux
volumes ; et on les désigne par une série de lettres écrites à côté de
quelques-uns de leurs points. Les lettres généralement employées sont
des majuscules simples et quelquefois des majuscules accentuées, telles
que A', A'', A''' qu'on nomme : A prime, A seconde, A tierce.

Les grandeurs des figures ne pouvant être susceptibles des opérations
de l'arithmétique qu'autant qu'elles sont représentées par des nombres
abstraits, on prend dans chaque espèce de figure, pour unité de grandeur, une grandeur à laquelle on est convenu de comparer les grandeurs de la même espèce, et on appelle *mesure* d'une figure le nombre
abstrait qui indique combien de fois cette figure contient l'unité, ou l'u-
nité et une fraction de l'unité, ou seulement une fraction de l'unité.
D'après cela, le produit ou le quotient de deux figures de la même espèce est le produit ou le quotient des nombres abstraits qui représentent les grandeurs de ces figures rapportées à l'unité ; ce qui n'offre
aucune difficulté.

Deux grandeurs de même espèce sont dites *commensurables* entre elles ou avoir une commune mesure lorsqu'une troisième grandeur est comprise un nombre exact de fois dans l'une et dans l'autre. Dans le cas contraire, elles sont dites *incommensurables* ou n'avoir pas de commune mesure.

Deux figures sont *égales* lorsqu'elles ont la même étendue et la même forme, et *équivalentes* lorsqu'elles ont la même étendue sans avoir la même forme ; quoique dans le calcul, lorsqu'on ne considère que la grandeur, on appelle égales les figures équivalentes. Il suit de là que deux figures placées l'une sur l'autre ou l'une dans l'autre sont égales, si elles coïncident, c'est-à-dire si elles se confondent dans tous leurs points ; car elles ont, dans ce cas, la même étendue et la même forme. Ainsi, deux droites placées l'une sur l'autre et dont les extrémités coïncident sont égales parce qu'elles coïncident.

La *géométrie* est la science des figures. Elle a pour objet l'étude de leurs propriétés et la mesure de leur étendue.

Toute science étant un groupe de vérités relatives à un sujet déterminé et présentées avec ordre, la géométrie formule les siennes dans une série de propositions qu'on appelle *axiomes*, *théorèmes*, *lemmes*, *corollaires*, *problèmes* et *scolies*.

Un *axiome* est une vérité évidente par elle-même.

Un *théorème* est la proposition d'une vérité qui, pour devenir évidente, a besoin d'être déduite d'une autre vérité admise comme certaine, par un raisonnement appelé *démonstration* du théorème. Tout théorème comprend une *hypothèse* ou supposition faite sur un certain sujet et une *conclusion* qui est la conséquence de cette hypothèse ; et deux théorèmes sont dits *réciproques* si l'hypothèse et la conclusion de l'un sont la conclusion et l'hypothèse de l'autre.

Un *lemme* est un théorème qui sert de base ou de préparation à un théorème plus important, et un *corollaire*, que pour abréger nous écrirons *corol.*, est la conséquence d'un ou de plusieurs théorèmes.

Un *problème* est une question à résoudre au moyen de certaines vérités connues appelées les *données* du problème, et un *scolie* est une remarque faite sur une ou plusieurs propositions précédentes.

Un grand nombre de propositions géométriques ont pour bases les axiomes indiqués à l'article des leçons algébriques, et les deux suivants dont le premier sert à démontrer, par la méthode des limites, des théorèmes très-importants. I. Si deux quantités A et B sont égales, toute autre quantité plus grande ou moindre que A est plus grande ou moindre que B ; et réciproquement, deux quantités A et B sont égales si toute quantité plus grande ou moindre que A est plus grande ou moindre que B. II. Le tout est plus grand que sa partie et égal à la somme des parties dont il se compose.

La géométrie se divise en géométrie *plane* et géométrie de *l'espace*. La *géométrie plane* a pour objet les figures planes et la *géométrie de l'espace* les figures qui n'ont pas tous leurs points dans un même plan.

La géométrie plane, seul objet de cet ouvrage, comprend quatre livres. Les trois premiers traitent de la ligne droite et de la ligne brisée, relatives 1° à un plan indéfini, 2° à un cercle et à plusieurs cercles tracés sur un même plan, 3° aux différents polygones tracés sur un même plan et inscrits dans un même cercle ou qui lui sont circonscrits ; et le quatrième, des surfaces des polygones, des cercles et des portions de cercles.

GÉOMÉTRIE PLANE.

LIVRE PREMIER.

La ligne droite et la ligne brisée comprenant les *angles* et leurs *bissectrices*, les *perpendiculaires* et les *obliques*, et, par suite, les plus courtes lignes menées d'un point à un autre et d'un point à une ligne droite, les *concourantes* et les *parallèles*, les *symétriques*, les *proportionnelles* et les *transversales*, tracées sur un même plan.

LA LIGNE DROITE TRACÉE SUR UN PLAN.

1. THÉORÈME. *Toute droite qui a ses extrémités* A *et* B *dans un plan* P *est tout entière dans ce plan ; car, d'après la définition, le plan* P *est une surface avec laquelle coïncide toute droite qui joint deux quelconques de ses points* A *et* B.

COROL. (fig. 3). *Dans un même plan,* 1° *toute droite qui a une extrémité* A *dans l'intérieur d'une ligne fermée* BCDE *et l'autre en dehors de cette ligne, rencontre celle-ci au moins en un point ;* 2° *si l'on fait tourner une droite* AB *autour du point* A *jusqu'à ce que le point* B, *demeurant toujours dans le plan* P, *ait repris sa position primitive après avoir décrit la ligne fermée* BCDE, *la droite* AB *décrit la portion du plan* P *limitée par la ligne* BCDE, *et coïncide successivement avec toutes les droites menées du point* A *aux différents points de la ligne fermée* BCDE.

SCOLIE. On appelle mouvement de *rotation* dans un plan P celui par lequel une ligne droite ou une figure plane tourne dans ce plan autour d'un point fixe, et *centre* de rotation le point fixe autour duquel s'opère ce mouvement.

2. THÉORÈME (fig. 4). *Par deux points quelconques* A *et* B, *pris sur un plan ou dans l'espace, on ne peut faire passer qu'une seule ligne droite.*

Soit ABC, une ligne droite passant par les points A et B, je dis que toute autre ligne ABD, formée par la droite AB et la droite BD différente de BC, n'est pas une ligne droite. J'applique un plan indéfini P aux points A et C, et si ce plan, qui contient la droite AC d'après ce qui précède, ne contient point la droite BD, je le fais tourner autour des points A et C jusqu'à ce qu'il passe par le point D. Cela posé, si l'on fait tourner le plan P, qui contient la droite AC et la droite BD, autour des points A et C, et par suite autour des points A et B qui font partie de la droite AC et de la ligne ABD, la droite AC ne change pas de position dans l'espace, tandis que la partie BD de la ligne ABD en change continuellement : donc, la ligne ABD n'est pas droite, et on ne peut faire passer par les points A et B qu'une seule ligne droite.

COROL. *Deux droites différentes ne peuvent avoir qu'un point commun nommé point* de rencontre, de concours *ou d'intersection.*

3. THÉORÈME (fig. 5). *Toute droite indéfinie* XY *qui a deux points* A *et* B *sur un plan* P *est tout entière dans ce plan.*

La droite indéfinie XY, qui a dans le plan P la partie AB, sera tout entière dans le plan P, si les prolongements indéfinis de AB du côté de B et du côté de A sont dans ce plan. Or, il en est ainsi : Soient BCDE, la ligne fermée décrite par le point B de la droite AB, tournant dans le plan P autour du centre A et F, un point extérieur à cette ligne pris dans le plan P, je trace la droite AF qui rencontre en un point L la ligne BCDE, et je fais tourner dans le plan autour de A la droite AF jusqu'à ce que sa partie AL coïncide avec AB. Le point L étant sur le point B, le point F est sur un point F′ extérieur à la ligne BCDE, et la droite ALF, coïncidant avec la droite ABF′, BF′ est le prolongement de AB; donc le prolongement de AB du côté de B est dans le plan P. Par la même raison, le prolongement de AF′ du côté de F′ est dans le plan P, et ainsi de suite sans limite possible; donc, le prolongement indéfini de AB du côté de B est dans le plan P. On prouve de même que le prolongement indéfini de AB du côté de A est dans le plan P; donc, la droite indéfinie XY, qui a deux points dans le plan P, est tout entière dans ce plan.

COROL. I. *Lorsqu'une droite AB est située dans l'intérieur d'une ligne plane fermée, chacun de ses prolongements indéfinis du côté de A ou de B, ou, ce qui revient au même, dans la direction de A ou de B, rencontre cette ligne au moins en un point.*

II. *Toute droite finie peut être considérée comme une portion d'une droite indéfinie plus grande qu'elle.*

III. *Une droite indéfinie, décrite sur un plan, le partage en deux portions nommées régions, dont elle est la limite commune.*

4. THÉORÈME (fig. 4). *Dans un plan P, toute droite qui a une extrémité B sur une droite indéfinie AC et l'autre extrémité D dans la région R du plan, a tous ses autres points dans la même région.*

La droite tracée du point D au point B ne rencontre la limite indéfinie AC qu'au point B, parce que deux droites n'ont jamais deux points communs; donc, tous les points de la droite DB, compris entre D et B, sont dans la région R qui contient le point D.

5. THÉORÈME (fig. 6). *Dans un même plan P, toute droite qui a deux points A et B situés de part et d'autre d'une droite indéfinie MN, rencontre cette droite en un point.*

Soient R et R′ les régions du plan par rapport à la droite MN. La droite AB, ayant deux points A et B dans le plan P, est tout entière dans ce plan; donc, la pointe qui trace la droite AB passe d'une région à l'autre, en demeurant toujours dans le plan P; donc, elle rencontre nécessairement en un point unique C la droite indéfinie MN qui sépare les deux régions; donc la droite AB rencontre en un point la droite MN.

6. THÉORÈME (fig. 7). *Dans un plan P, divisé en deux régions par une droite indéfinie MN, toute droite AC, située dans la région R et ayant une extrémité C sur la droite MN, a son prolongement du côté de C dans l'autre région R′.*

Je trace par les points A et D, situés de part et d'autre de la droite MN, la droite indéfinie ADX, qui rencontre la droite MN au point B. Je prends sur AX une partie AC′ égale à AC, et je fais tourner dans le plan P la droite AX au tour du point A jusqu'à ce que AC′ coïncide avec AC et CX avec CX′. Cela posé, CX′, prolongement de AC′ qui coïncide avec AC, est le prolongement de AC. Or, CX′ est dans la région R′; donc le prolongement de la droite AC du côté de C est dans la région R′.

COROL. I. *Une droite ne peut pas avoir un point sur une autre droite et ses prolongements d'un même côté de cette ligne.*

II. *Dans un même plan, toute droite qui a ses extrémités* A *et* E *dans une des régions déterminées par une droite indéfinie* MN *a tous ses autres points dans la même région; car, si la droite tracée du point* A *au point* E *rencontrait la droite* MN *en un point* B*, l'autre extrémité* E *serait dans l'autre région du plan, ce qui est contre l'hypothèse.*

LA LIGNE BRISÉE TRACÉE SUR UN PLAN.

Définitions. I. On appelle *côtés* d'une ligne brisée les droites dont elle se compose, et *sommets* d'une ligne brisée les points où les côtés se rencontrent deux à deux.

Il y a des lignes brisées ouvertes d'un nombre quelconque de côtés, à partir de deux, et des lignes brisées fermées d'un nombre quelconque de côtés, à partir de trois.

II. Une ligne brisée plane est *convexe* lorsqu'en prolongeant indéfiniment un quelconque de ses côtés tous les autres sont situés dans la même région par rapport à cette ligne.

III. Une ligne courbe plane est *convexe* lorsqu'en prenant sur elle un nombre quelconque de points, les droites qui les joignent deux à deux, à partir du premier jusqu'au dernier, forment une ligne brisée convexe située dans l'intérieur de la courbe.

IV. Une ligne brisée est *inscrite* dans une ligne courbe convexe lorsqu'elle a tous ses sommets sur cette courbe.

7. **Théorème.** *Une ligne droite ne peut rencontrer en plus de deux points une ligne brisée convexe.*

Si une droite rencontrait en trois points A, B, C, une ligne brisée convexe, cette droite aurait un point B sur un côté indéfini de la ligne brisée et les points A et C dans la même région du plan par rapport à ce côté, ce qui est impossible (6); donc, une droite ne peut rencontrer en plus de deux points une ligne brisée convexe.

Corol. *Une ligne droite ne peut rencontrer en plus de deux points une ligne courbe convexe; car elle rencontrerait en plus de deux points la ligne brisée convexe qu'on peut inscrire dans la courbe.*

8. **Théorème** (fig. 8). *Une ligne droite qui a ses extrémités* E *et* F *sur une ligne brisée convexe* ABCD*, a tous ses points dans l'intérieur de cette ligne.*

En effet, la droite tracée du point E au point F ayant une extrémité E sur la droite AB, et l'autre extrémité F dans une des régions du plan déterminées par la droite AB a tous ses autres points dans la même région (4); donc cette droite entre dans la brisée ABCD; et comme dans son prolongement jusqu'au point F elle ne peut rencontrer la brisée en un troisième point, d'après le théorème précédent, tous ses points compris entre E et F sont situés entre la partie EADF et la partie EBCF, et par conséquent dans l'intérieur de la brisée ABCD.

Corol. *Une droite qui a ses extrémités sur une courbe convexe a tous ses autres points dans l'intérieur de cette ligne; car elle a tous ses autres points dans l'intérieur de la ligne brisée convexe qu'on peut inscrire dans la courbe.*

9. **Théorème** (fig. 9). *Deux droites* AB, CD *qui se rencontrent en un point* E *sont* 1º *dans un même plan;* 2º *dans un seul plan.*

1º Je fais coïncider un plan quelconque P avec les points A et B. La droite indéfinie AB étant dans le plan P, je fais tourner ce plan indéfini autour de la droite AB jusqu'à ce que ce plan, qui dans sa révolution doit rencontrer tous les points de l'espace qui ne sont pas sur AB, passe sur le point C. Dans cette position, le plan P, contenant deux points C et E de la droite indéfinie CD, contient cette droite tout entière ; donc les droites AB, CD sont dans un même plan P.

2° Les droites AB, CD sont dans le seul plan P, si tout point O, pris dans un second plan P′, mené comme le plan P par les droites AB, CD, est sur le plan P. Or, il en est ainsi : je prends sur CD un point F, et je trace la droite OF qui rencontre la droite AB en un point L. La droite OLF, ayant deux points L et F dans le plan P qui contient les droites AB, CD, est tout entière dans ce plan ; donc, tout point O pris sur le plan P′ est sur le plan P ; donc les droites AB, CD sont dans un seul plan.

COROL. I. *Une droite AB et un point C extérieur à cette droite déterminent un plan et un seul plan ; car, si je trace la droite AC, les droites AB, AC, et par conséquent la droite AB et le point C, déterminent un plan et un seul plan.*

II. *Trois points non en ligne droite A, B, C déterminent un plan et un seul plan ; car, si l'on trace les droites AB, AC, ces droites qui contiennent les points A, B, C déterminent un plan et un seul plan.*

SCOLIE. I. Il suit de ce qui précède que la brisée ouverte de deux côtés et la brisée fermée de trois côtés sont des lignes *planes*. Les autres peuvent être *planes* ou *gauches*.

II. Il suit encore de ce qui précède que deux plans coïncident dans toute leur étendue : 1° s'ils ont une droite et un point extérieur à cette ligne communs ; 2° s'ils ont trois points non en ligne droite communs ; 3° s'ils ont deux droites communes ; car, dans ce cas, ils ont trois points non en ligne droite communs.

III. Le mouvement par lequel on fait tourner une figure plane autour d'une droite jusqu'à ce qu'elle coïncide avec l'autre région du plan prend le nom de *rabattement* ; de sorte que rabattre sur un plan une figure plane autour de cette droite signifie faire tourner cette figure autour de cette droite jusqu'à ce qu'elle coïncide avec l'autre région du plan.

LES ANGLES ET LEURS BISSECTRICES.

DÉFINITIONS (*fig. 10*). I. Deux droites AB, AC issues d'un point A forment une ligne brisée plane BAC, et déterminent par leur écartement une ouverture plus ou moins grande qu'on appelle *angle plan* ou *angle rectiligne*, ou simplement *angle*.

L'angle a pour sommet le sommet de la ligne brisée, et pour côtés les côtés de la brisée qui peuvent être d'une longueur quelconque.

On désigne un angle par son sommet s'il est seul en ce point, ou par une lettre minuscule placée entre les côtés, près du sommet, ou comme une ligne brisée. Ainsi, *on dit* : l'angle A ou l'angle *a*, ou l'angle BAC, ou CAB.

Pour se faire une idée exacte de l'origine et de la grandeur d'un angle et comprendre comment celle-ci dépend de l'écartement des côtés et non pas de leur longueur, il faut supposer (*fig. 11*) que le côté AOC, placé sur AB, se meut dans le plan autour du point A dans la direction des points C, D, E, F jusqu'à ce qu'il soit revenu sur AB. On voit, en effet, que le côté AO s'écartant de AB, pendant sa révolution autour de A de la même quantité que le côté CA, l'angle OAB est dans ses différentes positions le même que l'angle CAB, et que ces angles qui sont zéro, lorsque AOC est sur AB, commencent à la fois lorsque AOC se sépare de AB, et augmentent de la même quantité jusqu'à ce que AOC ait repris sa position primitive. Mais en géométrie on ne considère que les angles compris entre zéro et les deux côtés ne formant qu'une droite.

II. On appelle *bissectrice* d'un angle la droite qui le divise en deux parties égales. En effet, l'angle étant une grandeur déterminée, on conçoit la moitié de cette grandeur.

III (fig. 11). Deux angles CAE, CAB sont *adjacents* lorsqu'ils ont le même sommet A et un côté commun CA, situé entre les deux autres AE, AB, appelés côtés *non communs* ou *extérieurs*. Ces côtés extérieurs peuvent être ou ne pas être en ligne droite.

IV (fig. 12). Une ligne droite AB est perpendiculaire ou oblique à une autre ligne droite CD, selon qu'elle fait avec celle-ci deux angles adjacents ABC, ABD égaux ou inégaux. Dans les deux cas, le point d'intersection B des droites AB, CD est le pied de la perpendiculaire ou de l'oblique.

V. Les deux angles adjacents que fait une droite AB avec une autre droite CD pouvant être égaux ou inégaux, on appelle *angle droit* celui qui est égal à son adjacent, *angle aigu* celui qui est moindre que son adjacent et *angle obtus* celui qui est plus grand que son adjacent. Une droite perpendiculaire à une autre fait avec elle deux angles droits, et une droite oblique à une autre fait avec elle un angle aigu et un angle obtus.

VI. Lorsque quatre angles qui ont le même sommet comprennent tout le plan, on appelle *angles opposés par le sommet* les angles non adjacents dont les côtés sont en ligne droite (fig. 13).

VII. On appelle *segment* d'une droite une portion de cette droite, *sécante* une droite qui rencontre deux droites, et *transversale* une droite qui rencontre plus de deux droites.

VIII (fig. 14). Deux droites AB, CD font avec une sécante EF huit angles, quatre *internes* G, H, K, L compris entre ces droites et quatre *externes* N, O, P, Q situés en dehors de ces droites.

Ces huit angles prennent deux à deux les dénominations suivantes. On appelle 1° angles *internes* ou *externes du même côté* deux angles tels que G et H, ou N et O, tous deux internes ou externes, situés d'un même côté de la sécante : 2° angles *correspondants* deux angles tels que G et O, H et N, l'un interne, l'autre externe, situés d'un même côté de la sécante; 3° angles *alternes-internes* deux angles internes tels que G et L, H et K, situés de part et d'autre de la sécante; 4° angles *alternes-externes* deux angles externes tels que N et Q, P et O, situés de part et d'autre de la sécante.

10. THÉORÈME (fig. 15). *Par un point quelconque C, pris sur une droite AB, on peut mener à cette ligne dans chacune des régions du plan qu'elle détermine, 1° une perpendiculaire, 2° une seule perpendiculaire.*

1° Je trace dans une quelconque des deux régions du plan une droite quelconque CD. Si les angles adjacents DCA, DCB sont égaux, la droite CD est perpendiculaire à AB. Dans le cas contraire, et en supposant l'angle DCB < DCA, je fais tourner dans le plan la figure DCB autour du point C jusqu'à ce que le côté CD coïncide avec CA. L'angle DCB étant moindre que l'angle DCA, lorsque CD est sur CA, le côté CB est entre CA et CD suivant une droite CD′ et l'angle D′CA = DCB. Je trace la droite CE, bissectrice de l'angle DCD′, et j'ai angle ECD′ = ECD et angle D′CA = DCB. Ajoutant membre à membre ces égalités, il vient angle ECD′ + D′CA = angle ECD + DCB ou angle ECA = ECB. Donc la droite CE est perpendiculaire à AB, et on peut du point C mener à la droite

AB dans une quelconque des régions du plan qu'elle détermine une perpendiculaire.

2° Toute autre droite CD, tracée dans la région de la droite CE perpendiculaire à AB, est oblique à cette ligne; car, l'angle DCB $<$ ECB ou ECA est, à plus forte raison, moindre que DCA; donc, on ne peut mener du point C, dans la région de la perpendiculaire CE, qu'une seule perpendiculaire à AB.

Scolie (fig. 16). Si d'un point C, pris sur une droite AB, on mène à cette ligne dans une même région une oblique CD et une perpendiculaire CE, la perpendiculaire est située dans le plus grand angle que l'oblique CD fait avec la droite AB.

11. Théorème (fig. 17). *Lorsque deux droites* AB, CD *font en se coupant au point* E *deux angles adjacents égaux* AED, AEC, *ou un angle droit* AED, *chacun des quatre segments est perpendiculaire à la droite qu'il coupe, et les deux droites sont dites* perpendiculaires l'une à l'autre.

En effet, si je rabats sur le plan la figure ADB autour de la droite AB, à cause des angles égaux AED, AEC, ED coïncide avec EC, et les angles adjacents BED, BEC qui coïncident étant égaux, EB est comme AE perpendiculaire à CD. Si je rabats ensuite sur le plan la figure CBD autour de la droite CD, les droites EB, EA, perpendiculaires à CD coïncident, parce que par le point E on ne peut mener à CD d'un même côté qu'une perpendiculaire, et les angles adjacents AEC et BEC, AED et BED qui coïncident deux à deux étant égaux deux à deux, CE et DE sont perpendiculaires à AB.

Corol. *Lorsque deux droites font en se coupant deux angles adjacents inégaux ou un angle aigu, chacun des quatre segments est oblique à la droite qu'il coupe, et les deux droites sont dites* obliques l'une à l'autre; *car si un seul segment était perpendiculaire à la droite qu'il coupe, chacun des quatre segments serait, d'après le théorème précédent, perpendiculaire à la droite qu'il coupe, ce qui est contraire à l'hypothèse.*

12. Théorème (fig. 18). *D'un point* A *extérieur à une droite indéfinie* BC, *on peut mener à cette ligne, 1° une perpendiculaire, 2° une seule perpendiculaire.*

1° Je rabats sur le plan autour de la droite BC une portion de la région qui contient le point A, et je la relève après avoir marqué sur l'autre région le point A′ rencontré par le point A. Je trace la droite AA′ qui rencontre la droite BC en un point D, et je dis que AD est perpendiculaire à BC. En effet, si je rabats sur le plan la figure BDA autour de la droite BD ou BC, le point A, revenant sur le point A′, les droites DA, DA′ coïncident, ainsi que les angles BDA, BDA′; donc les droites BC et AA′, qui font deux angles adjacents égaux BDA, BDA′, sont perpendiculaires l'une à l'autre, et AD est perpendiculaire à BC; donc du point A extérieur à la droite BC on peut mener à cette ligne une perpendiculaire.

2° Toute autre droite AE, différente de la perpendiculaire AD, est oblique à la droite BC. Je prolonge AE jusqu'en un point F, je trace la droite EA′ et je rabats sur le plan la figure EDA autour de la droite ED ou BC. Le point A étant revenu sur le point A′ (1°), la droite EA coïncide avec EA′ et l'angle DEA avec l'angle DEA′; donc l'angle DEA est moindre que l'angle DEF; donc les droites CB et AF, qui font les angles adjacents inégaux CEA, CEF, sont obliques l'une à l'autre, et la droite AE est oblique à la droite BC; donc du point A extérieur à la droite BC on ne peut mener à cette ligne qu'une perpendiculaire.

Corol. *Si d'un point* A *extérieur à une droite* BC *on mène à cette ligne la perpendiculaire* AD *et une oblique* AE, *l'angle* AED, *dans lequel est située la perpendiculaire* AD, *est moindre que son adjacent* AEB; *car la perpendiculaire* EL, *menée à* BC *par le point* E, *ne pouvant pas rencontrer la perpendiculaire* DA, *est située dans l'angle* AEB; *donc l'angle* AED, *moindre que l'angle* LED *ou* LEB, *est*, *à plus forte raison*, *moindre que l'angle* AEB.

SCOLIE. Lorsque deux droites AE, BC font un angle aigu AEC, la perpendiculaire AD, menée d'un point A de l'une AE à l'autre BC, est située dans l'angle aigu AEC.

13. THÉORÈME (fig. 19). *Tous les angles droits sont égaux.*

Soient la droite CD perpendiculaire à la droite AB et la droite GH perpendiculaire à la droite EF; je dis que les angles droits ACD et EGH sont égaux. Je suppose que AC = EG : je transporte la figure ABD sur la figure EFH, et je fais coïncider la droite AC avec son égale EG, en plaçant le point A sur le point E et le point C sur le point G. La droite AB coïncidera avec la droite EF, et CD, perpendiculaire à AB, devenant perpendiculaire à EF qui coïncide avec AB, est sur GH perpendiculaire à EF, puisqu'on ne peut mener du point G dans la région du point H qu'une perpendiculaire à EF; donc les angles droits ACD, EGH qui coïncident sont égaux.

COROL. I. *Deux droites perpendiculaires l'une à l'autre font quatre angles égaux.* II. *Si une droite* CL *est oblique à une droite* AB, *l'angle aigu* LCB *est moindre qu'un angle droit*, *et l'angle obtus* LCA *est plus grand qu'un angle droit*; *car si*, *par le point* C, *je mène à la droite* AB *une perpendiculaire* CD, *qui est située dans le plus grand angle* LCA, *j'ai angle* LCB $<$ DCB *et* LCA $>$ DCA.

SCOLIE. I. L'angle droit est *un* dans son espèce; tandis que l'angle aigu et l'angle obtus sont variables. C'est pourquoi on prend l'angle droit pour unité de mesure des angles.

II. Deux angles sont dits *supplémentaires* ou *supplément* l'un de l'autre lorsque leur somme égale deux angles droits; et *complémentaires* ou *complément* l'un de l'autre lorsque leur somme égale un angle droit.

14. THÉORÈME. *1° Deux angles sont égaux s'ils ont le même supplément ou des suppléments égaux; 2° réciproquement, deux angles égaux ont le même supplément ou des suppléments égaux.*

1° Soient A et B, deux angles ayant le même supplément C, je dis que A = B. En effet, j'ai A + C = 2 angles droits et B + C = 2 angles droits; les derniers membres de ces égalités sont égaux (13); donc les premiers sont aussi égaux; donc A + C = B + C; d'où, retranchant C de chaque membre, A = B.

2° Soient A et A′, deux angles égaux, C le supplément de A, et C′ le supplément de A′; je dis que C = C′. En effet, j'ai A + C = 2 angles droits et A′ + C′ = 2 angles droits; or, 2 angles droits = 2 angles droits; donc A + C = A′ + C′; d'où, retranchant des deux membres les quantités égales A et A′, C = C′.

15. THÉORÈME. *1° Deux angles sont égaux s'ils ont le même complément ou des compléments égaux; 2° réciproquement, deux angles égaux ont le même complément ou des compléments égaux.*

La démonstration est la même que la précédente, pourvu qu'on change le mot *supplément* par le mot *complément*, et les mots *deux angles droits* par les mots *un angle droit*.

16. THÉORÈME (fig. 16). *Deux angles adjacents qui ont les côtés extérieurs en ligne droite sont supplémentaires.*

Soient les angles DCA, DCB dont les côtés AC et CB sont en ligne droite; je dis que ces angles sont supplémentaires. En effet, si DC était perpendiculaire à AB, j'aurais angle DCA + angle DCB = 2 angles droits; et si CD est oblique à AB et l'angle DCA > DCB, je mène à AB la perpendiculaire CE qui est située dans l'angle DCA, et j'ai angle DCA + DCB = angle ECA + ECD + DCB = angle ECA + ECB = 2 angles droits; donc les angles adjacents DCA, DCB sont supplémentaires.

COROL. I. *Si, d'un point C d'une droite AB, on trace dans une même région du plan un nombre quelconque de droites CF, CE, CD, la somme des angles adjacents consécutifs est égale à deux angles droits; car angle ACF + FCE + ECD + DCB = angle ACD + DCB = 2 angles droits.*

II. *Si, d'un point C pris sur une droite AB, on trace dans les deux régions du plan un nombre quelconque de droites, la somme des angles consécutifs situés dans ces régions est égale à quatre angles droits; car la somme des angles situés dans chaque région est égale à deux angles droits.*

III. *La somme de tous les angles faits sur un plan autour d'un point C est égale à quatre angles droits, lorsque ces angles comprennent tout le plan; car en prolongeant un côté dans la direction de C, on est dans le cas précédent.*

17. THÉORÈME (fig. 16). *Deux angles adjacents supplémentaires ont les côtés extérieurs en ligne droite.*

Soient les angles supplémentaires DCA, DCB; je dis que les côtés extérieurs AC, CB sont en ligne droite. Je nomme C*x* le prolongement de la droite AC. D'après le théorème précédent, angle DCA + DC*x* = 2 angles droits, et, par hypothèse, angle DCA + DCB = 2 angles droits; donc, angle DCA + DC*x* = angle DCA + DCB; d'où, retranchant DCA de chaque membre, angle DC*x* = DCB; donc l'angle DC*x* coïncide avec l'angle DCB, et par conséquent C*x* avec CB; donc, CB est le prolongement de AC, et les côtés AC, CB sont en ligne droite.

COROL. *Si la somme de plusieurs angles consécutifs ACF, FCE, ECD, DCB, ayant le même sommet C, est égale à deux angles droits, les côtés extérieurs AC, CB sont en ligne droite; car les angles adjacents DCA, DCB sont supplémentaires.*

18. THÉORÈME (fig. 20). *Lorsque quatre angles de même sommet AED, BED, CEB, CEA valent ensemble quatre angles droits: 1° les angles non adjacents qui ont les côtés en ligne droite sont égaux deux à deux; 2° réciproquement, si les angles non adjacents sont égaux deux à deux, leurs côtés sont en ligne droite.*

1° Soient les lignes droites AB, CD. Les angles opposés par le sommet AED, CEB sont égaux comme ayant le même complément AEC, et les angles opposés par le sommet AEC, BED sont égaux comme ayant le même complément CEB.

2° Soient les angles opposés par le sommet AED et CEB, AEC et DEB égaux deux à deux. On a, par hypothèse, en remplaçant l'angle CEB par l'angle égal AED, AED + AEC + AED + DEB = 4 angles droits; donc AED + AEC = 2 angles droits, et CD est une ligne droite, et AED + DEB = 2 angles droits, et AB est une ligne droite.

19. THÉORÈME (fig. 20). *Si deux angles non adjacents et de même sommet, tels que AED et CEB, sont égaux et ont les côtés DE, CE sur une même droite, les deux autres côtés AE, EB sont aussi en ligne droite.*

En effet, la ligne DEC étant droite, les angles AED, AEC sont supplémentaires. Or, l'angle CEB = AED; donc les angles CEB, CEA sont supplémentaires, et, par suite, les côtés AE, EB sont en ligne droite.

20. THÉORÈME (fig. 21). *Deux angles de même sommet, qui ont les côtés*

perpendiculaires chacun à chacun, sont égaux s'ils sont intérieurs aux angles droits, et supplémentaires s'ils sont extérieurs l'un à l'autre.

1º Les angles BAC, DAE dont les côtés AB et AD, AC et AE sont perpendiculaires deux à deux, et qui sont intérieurs aux angles droits BAD, CAE sont égaux, comme ayant pour complément le même angle CAD (15).

2º AL étant le prolongement de DA, les angles BAC, LAE dont les côtés BA et AL, CA et AE sont perpendiculaires, deux à deux, et qui sont extérieurs l'un à l'autre, sont supplémentaires ; car l'angle DAE étant le supplément de l'angle LAE, l'angle BAC, égal à l'angle DAE (1º), est le supplément de l'angle LAE.

21. THÉORÈME (fig. 22). *Lorsque deux droites AB, CD sont rencontrées par une sécante EF, si deux angles internes situés d'un même côté de la sécante sont supplémentaires, les angles internes situés de l'autre côté de la sécante sont supplémentaires.*

Soient les angles supplémentaires G et H, je dis que les angles K et L sont aussi supplémentaires. En effet, les angles adjacents G et K, H et L sont supplémentaires deux à deux ; donc, leur somme est égale à quatre angles droits ; mais, par hypothèse, G + H = 2 angles droits ; donc K + L = 2 angles droits ; donc les angles K et L sont supplémentaires.

22. THÉORÈME (fig. 22). *Si deux droites AB, CD font avec une sécante EF des angles internes du même côté supplémentaires, 1º les angles correspondants sont égaux ; 2º les angles alternes-internes sont égaux ; 3º les angles alternes-externes sont égaux ; 4º les angles externes du même côté sont supplémentaires.*

1º Les angles correspondants, tels que G et O, sont égaux, comme ayant le même supplément H ; car, par hypothèse, G a pour supplément l'angle H, et O a aussi pour supplément son adjacent H ; 2º les angles alternes-internes, tels que G et L, sont égaux, par la même raison, comme ayant le même supplément H ; 3º les angles alternes-externes, tels que O et P, sont égaux. En effet, O est égal à l'angle G, son correspondant (1º), et P est égal à l'angle G qui lui est opposé par le sommet ; donc les angles O et P, égaux chacun à l'angle G, sont égaux entre eux ; 4º les angles externes, tels que N et O, sont supplémentaires. En effet, les quatre angles N, G, H et O, valent ensemble quatre angles droits. Or, par hypothèse, les angles G et H valent deux angles droits ; donc les angles N et O valent deux angles droits.

23. THÉORÈME (fig. 22). *Réciproquement, deux droites AB, CD font avec une sécante EF des angles internes du même côté supplémentaires, 1º si les angles correspondants sont égaux ; 2º si les angles alternes-internes sont égaux ; 3º si les angles alternes-externes sont égaux ; 4º si les angles externes du même côté sont supplémentaires.*

Les angles internes G et H sont supplémentaires : 1º si les angles correspondants, tels que G et O, sont égaux ; parce que l'angle H, supplément de l'angle O, est le supplément de l'angle G, égal à l'angle O ; 2º si les angles alternes-internes tels que G et L sont égaux ; parce que l'angle H, supplément de l'angle L, est le supplément de l'angle G, égal à l'angle L ; 3º si les angles alternes-externes, tels que O et P, sont égaux ; parce que l'angle H, supplément de l'angle O, et par conséquent de l'angle P, égal à l'angle O, est le supplément de l'angle G, égal à l'angle P qui lui est opposé par le sommet ; 4º si les angles externes du même côté, tels que N et O, sont supplémentaires ; parce que les quatre angles N, G, H, O, égalant quatre angles droits, et les angles N et O, égalant deux angles droits par hypothèse, les angles G et H égalent deux angles droits.

24. Théorème (fig. 23). *Lorsque deux angles égaux ont les côtés égaux chacun à chacun, les droites qui joignent les extrémités des côtés de chaque angle sont égales, et font avec les côtés égaux des angles égaux deux à deux.*

Soient 1o les angles égaux EDF, E′DF ayant les côtés DE, DE′ égaux et le côté DF commun. Je trace les droites EF, E′F, et je dis que EF = E′F, angle DEF = DE′F, et angle DFE = DFE′. Je rabats sur le plan la figure DE′F autour de DF. L'angle E′DF étant égal à l'angle EDF et le côté DE′ au côté DE, DE′ est sur la ligne DE et le point E′ sur le point E ; donc les droites EF, E′F, dont les extrémités coïncident, sont égales ; et les angles DEF et DE′F, DFE et DFE′, qui coïncident deux à deux, sont égaux deux à deux.

Soient 2o les angles égaux BAC, EDF n'ayant aucun côté commun, AB = DE et AC = DF. Je trace les droites BC, EF, et je dis que BC = EF, angle ABC = DEF et angle ACB = DFE. Je transporte la figure DEF sur ABC et je fais coïncider le côté DE avec le côté AB, égal à DE, en plaçant le point D sur le point A et le point E sur le point B. A cause de angle EDF = BAC et de DF = AC, DF est sur la ligne AC et le point F sur le point C ; donc les droites BC, EF, dont les extrémités coïncident, sont égales, et les angles ABC et DEF, ACB et DFE, qui coïncident deux à deux, sont égaux deux à deux.

Si les angles égaux, tels que BAC, E′DF, avaient les côtés égaux AB et DE′, AC et DF, disposés en sens contraire, le résultat serait le même, parce qu'en rabattant sur le plan la figure DE′F autour de DF, on aurait le cas précédent.

25. Théorème (fig. 24). *Si sur les côtés d'un angle quelconque DAE on prend des segments égaux AB et AB′, AC et AC′, les droites qui joignent les points opposés B et C′, C et B′ se rencontrent sur la bissectrice de cet angle.*

Soit O le point où la droite BC′ rencontre la bissectrice AF de l'angle DAE. Je trace de part et d'autre de la droite BC′ les droites OB′ et OC, et je rabats sur le plan autour de la droite AF la figure FAE. A cause des angles égaux FAE, FAD, le côté AE est sur le côté AD, et à cause de AB′ = AB et de AC′ = AC, le point B′ est sur le point B et le point C′ sur le point C, et, par suite, OB′ coïncidant avec OB et OC′ avec OC, les angles BOC, B′OC′ sont égaux ; donc les angles non adjacents BOC, B′OC′ sont égaux et ont les côtés BO et OC sur la droite BC′ ; donc les deux autres côtés B′O et OC sont en ligne droite (19) ; donc les droites BC′ et CB′ se rencontrent sur la bissectrice de l'angle DAE.

Scolie. On voit combien il est facile de tracer la bissectrice d'un angle.

26. Théorème (fig. 25). *Si deux droites AB, CD se rencontrent en un point O, 1o les bissectrices des angles adjacents sont perpendiculaires l'une à l'autre ; 2o les bissectrices des angles opposés par le sommet sont en ligne droite.*

1o Soient OE et OF les bissectrices des angles adjacents COA et COB. Les angles COA et COB valent ensemble deux angles droits ; donc leurs moitiés EOC, FOC égalent un angle droit ; donc les bissectrices OE, OF des angles adjacents COA, COB sont perpendiculaires l'une à l'autre.

2o Les bissectrices OF, OH des angles opposés par le sommet COB, DOA sont en ligne droite. Je trace la droite OE bissectrice de l'angle COA. Les bissectrices OE, OF des angles adjacents COA, COB font l'angle droit EOF (1o) ; de même les bissectrices OE, OH des angles adjacents AOC, AOD font l'angle droit EOH ; donc les angles EOF, EOH sont supplémentaires; donc ils ont les côtés FO, OH en ligne droite.

SCOLIE (fig. 22). Les bissectrices des angles correspondants égaux, faits par deux droites et une sécante, font avec celle-ci des angles correspondants égaux et, par suite, des angles internes du même côté supplémentaires (23).

LES PERPENDICULAIRES ET LES OBLIQUES ET, PAR SUITE, LES PLUS COURTES LIGNES MENÉES D'UN POINT A UN AUTRE ET D'UN POINT A UNE DROITE.

DÉFINITIONS. I. On appelle *lieu géométrique* de points une ligne ou une surface contenant tous les points qui ont une même propriété.

II (*fig.* 26). La *projection* d'un point A sur une droite indéfinie et extérieure EF est le pied C de la perpendiculaire AC menée du point A à la ligne EF; et la *projection* d'une droite AB sur la droite EF est la distance CD des projections C et D de ses extrémités A et B sur cette ligne. Il suit de là : 1° que la projection d'une droite BD perpendiculaire à une droite EF sur cette ligne est le point D, pied de la perpendiculaire BD ; 2° que la projection d'une droite CB oblique à une droite EF sur cette ligne est la portion CD de la droite EF, comprise entre le pied de l'oblique et le pied de la perpendiculaire menée de l'extrémité B à la ligne EF. Ainsi, la projection CD de l'oblique BC sur EF est plus grande que le point D, projection sur EF de la perpendiculaire BD.

III. Deux droites menées d'un point à une troisième droite sont dites également ou inégalement *inclinées* sur celle-ci, selon qu'elles font avec elle deux angles égaux ou inégaux. Dans ce dernier cas, celle qui fait avec la droite qu'elle rencontre le plus petit angle est la plus *inclinée* sur cette ligne.

27. THÉORÈME (fig. 27). *Si d'un point pris hors d'une ligne droite on mène à cette ligne la perpendiculaire et une oblique quelconque, la perpendiculaire est plus courte que l'oblique.*

Je mène du point A à la droite EF la perpendiculaire AB et l'oblique AC, et je dis que AB est moindre que AC. En effet, soit AD la bissectrice de l'angle BAC, qui fait avec la droite CB l'angle ADB, dans lequel est la perpendiculaire AB, moindre que son adjacent ADC. Je rabats sur le plan la figure ADB autour de la droite AD. Les angles DAB, DAC étant égaux, AB est sur AC, et l'angle ADB étant moindre que ADC, DB est entre DC et DA, et le point B, qui est à la fois sur AC et sur DB, est sur un point L situé entre A et C; donc, AB = AL; mais AL est moindre que AC; donc la perpendiculaire AB est moindre que l'oblique AC.

COROL. *Deux droites égales menées d'un point à une autre droite sont obliques à cette ligne.*

28. THÉORÈME. *La ligne droite est moindre que toute ligne brisée qui a les mêmes extrémités.*

Soient 1° (*fig.* 28) la ligne droite AB et la brisée de deux côtés ACB; je dis que AB est moindre que AC + CB. Du point C je mène à la droite indéfinie AB une perpendiculaire qui la rencontrera en un des points A ou B, B, par exemple, ou en un point D situé entre A et B, ou en un point E pris sur le prolongement de AB. D'après le théorème précédent j'ai, dans le premier cas, AB < AC, et, à plus forte raison, AB < AC + CB; dans le deuxième, AD < AC et BD < CB; d'où, évidemment, AD + BD, c'est-à-dire AB < AC + CB; et dans le troisième, AE, et, à plus forte raison, AB < AC, et, à plus forte raison encore, AB < AC + CB. Donc, dans tous les cas, AB est moindre que AC + CB.

Soient 2° (*fig.* 29) la droite AB et BCDEA, une brisée quelconque de plus de deux côtés, plane ou gauche, convexe ou non convexe ; je dis que la droite AB est moindre que la brisée BCDEA. Je trace les droites AC, AD et j'ai (1°) AB < AC + BC, AC < AD + CD, AD < DE + EA ; d'où, ajoutant membre à membre, AB + AC + AD < AC + BC + AD + CD + DE + EA, et en retranchant AC + AD de chaque membre de cette dernière inégalité, AB < BC + CD + DE + EA.

Corol. 1 (fig. 30). *La somme de deux droites* AB, CD *qui se coupent en un point* E *est plus grande que celle des droites opposées* AC, BD, *qui joignent les extrémités des premières;* car j'ai AE + CE > AC et EB + ED > BD ; d'où, ajoutant membre à membre, AB + CD > AC + BD.

II (fig. 31). Dans un même plan, *toute ligne brisée convexe* ABCD *est moindre qu'une ligne brisée quelconque* AEFGD *qui l'enveloppe et qui a les mêmes extrémités;* car si l'on prolonge les droites AB, BC jusqu'à la rencontre de la ligne brisée AEFGD aux points H et K, les inégalités AB + BH < AE + EH, BC + CK < BH + HFK, CD < CK + KGD, donnent, en les ajoutant membre à membre, AB + BH + BC + CK + CD < AE + EH + BH + HFK + CK + KGD ; d'où, retranchant BH et CK de chaque membre de cette dernière inégalité, AB + BC + CD < AE + EH + HFK + KGD, ou ABCD < AEFGD.

III. Dans un même plan, *une ligne brisée convexe est moindre qu'une ligne brisée quelconque qui l'enveloppe de toutes parts, alors même qu'elle aurait des points communs avec celle-ci;* ce qu'on prouve comme dans le cas précédent.

29. Théorème (fig. 32). *La ligne droite est moindre que toute ligne courbe qui a les mêmes extrémités.*

Soient 1° la droite AB et la courbe convexe ACB ; je dis que AB est moindre que ACB. Je trace les droites CA, CB qui sont dans l'intérieur de la courbe, puis, des points D et E des courbes AC, BC, les droites DA et DC, EB et EC, puis encore, des points F, G, H, L des courbes AD, DC, CE, EB, les droites FA, FD, GD, GC, HC, HE, LE, LB, et ainsi de suite indéfiniment. D'après un corollaire précédent, j'ai brisée ACB < ADCEB, brisée ADCEB < AFDGCHELB, et ainsi de suite, sans limite possible.

Cela posé, les brisées inscrites dans la courbe ACB, qui est leur limite commune, deviennent de plus en plus grandes à mesure qu'on double le nombre de leurs côtés, et, par suite, à mesure que leurs formes se rapprochent davantage de celle de la courbe ; donc, évidemment la brisée qui aurait la forme de la courbe, si l'on pouvait arriver jusque-là, serait la plus grande de toutes ; donc la courbe est plus grande que chacune de ces brisées inscrites, et, à plus forte raison, plus grande que la droite AB ; donc la droite AB est moindre que la courbe convexe ACB.

Soient 2° (*fig.* 33) la droite AB et la courbe non convexe plane ou à double courbure ADB ; je dis que AB est moindre que ADB. Toute courbe non convexe étant nécessairement composée de parties convexes, soient AC, CD, DE, EB les parties convexes de la courbe ADB. Je trace les droites AC, CD, DE, EB situées dans l'intérieur des petites courbes convexes. J'ai (1°) AC < courbe AC, CD < courbe CD, DE < courbe DE, EB < courbe EB. Ajoutant membre à membre ces inégalités, il vient : brisée ACDEB < courbe ACDEB ; mais la droite AB est moindre que la brisée ACDEB; donc la droite AB est moindre que la courbe ACDEB ou ADB.

30. THÉORÈME (fig. 34). *La ligne droite AB est moindre que toute ligne mixte ACDEB qui a les mêmes extrémités.*

En effet, je trace la droite CB et j'ai (28 et 29) AB $<$ AC $+$ CB et CB $<$ CDEB; d'où, ajoutant membre à membre et retranchant ensuite CB de chaque membre de la nouvelle égalité, AB $<$ ACDEB.

COROLLAIRE REMARQUABLE. *La ligne droite étant moindre que toute autre ligne brisée, courbe ou mixte qui a les mêmes extrémités, marque la distance ou,* comme on le dit vulgairement, *le plus court chemin d'un point à un autre.*

SCOLIE. La distance d'un point A à un point B étant mesurée par la longueur de la droite AB, un point A est dit également ou inégalement distant de deux points B et C, selon que les droites AB, AC sont égales ou inégales.

31. THÉORÈME (fig. 35). *La perpendiculaire menée d'un point à une droite extérieure est moindre que toute autre ligne menée du même point à cette droite, et réciproquement.*

1° Soient AB la perpendiculaire menée du point A à la droite EF, L une autre ligne quelconque tracée du point A au point B, AC une oblique menée du point A à un point quelconque C de la droite EF, et L' une autre ligne quelconque tracée du point A au point C. On a, d'après ce qui précède, AB $<$ L, AB $<$ AC, AC $<$ L', et à cause de AB $<$ AC, AB $<$ L'; donc on a AB $<$ L, AB $<$ AC et AB $<$ L'; donc la perpendiculaire AB est moindre que toute autre ligne menée du point A à la droite EF.

2° Réciproquement, *une ligne AB moindre que toute autre ligne tracée du point A à la droite EF est perpendiculaire à EF;* car, si je nomme x le point où la perpendiculaire à EF, menée du point A, rencontre cette droite, Ax est (1°) moindre que toute autre ligne menée du point A à la ligne EF. Mais, par hypothèse, AB est cette plus courte ligne; donc AB coïncide avec Ax et est perpendiculaire à la droite EF.

COROL. *La perpendiculaire menée d'un point à une droite étant moindre que toute autre ligne menée du même point à cette droite, marque la* distance, *ou,* comme on le dit, *le plus court chemin d'un point à une droite.*

SCOLIE. La distance d'un point A à une droite étant mesurée par la longueur de la perpendiculaire menée du point A à cette droite, un point est également ou inégalement distant de deux droites, selon que les perpendiculaires menées de ce point à ces lignes sont égales ou inégales.

32. THÉORÈME (fig. 36). *Si une droite CL fait avec deux droites égales CA, CB deux angles quelconques égaux LCA, LCB, 1° les droites menées d'un point quelconque D de la droite CL aux extrémités A et B des droites CA, CB sont égales de même que CA et CB, et font avec celles-ci et avec CL des angles égaux deux à deux; 2° de deux droites menées d'un point quelconque E pris en dehors de la droite CL et dans l'intérieur de l'angle ACB aux points A et B, celle qui rencontre CL est la plus grande et fait avec la seconde droite qu'elle rencontre le plus petit angle.*

1° Soient les droites DA, DB menées du point D aux points A et B des droites égales CA, CB; je dis que DA $=$ DB, que angle DAC $=$ DBC et que angle CDA $=$ CDB. En effet, je rabats sur le plan la figure CBD autour de la droite CD. A cause de angle DCB $=$ DCA et de CB $=$ CA, CB est sur CA et le point B sur le point A; donc les droites DA,

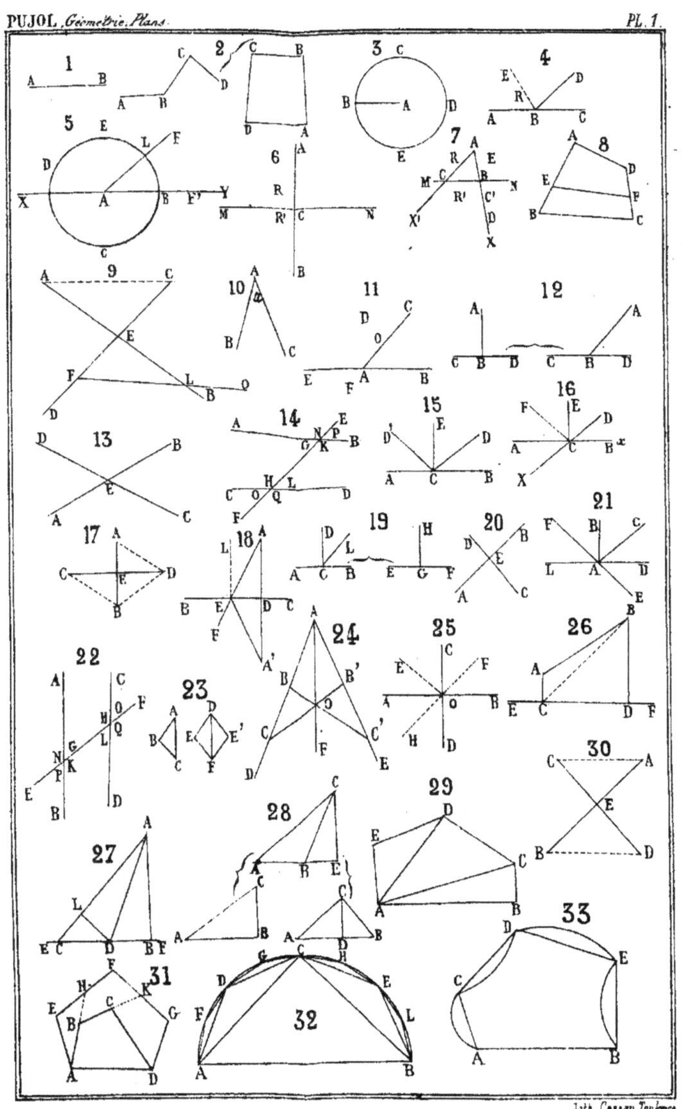

DB qui coïncident sont égales, et les angles DAC et DBC, CDA et CDB, qui coïncident deux à deux, sont égaux deux à deux.

2° Soient les droites EA, EB menées du point E aux points A et B; je dis que la droite EA, qui rencontre la droite CL au point F, est plus grande que la droite EB, et que l'angle EAC est moindre que l'angle EBC. En effet, je trace la droite FB qui est égale à FA (1°) et j'ai d'abord EF + FB ou EF + FA, c'est-à-dire EA $>$ EB, et ensuite, à cause de angle FAC = FBC (1°), angle FAC ou EAC $<$ EBC.

Scolie. Si une droite CL fait avec deux droites CA, CB des angles égaux LCA, LCB, son prolongement CL' fait avec ces mêmes lignes des angles L'CA, L'CB égaux comme ayant des suppléments égaux LCA, LCB.

Corol. I. *Toute droite indéfinie LCL' qui fait avec deux droites égales CA, CB des angles quelconques égaux LCA et LCB, et par suite L'CA et L'CB est le lieu géométrique de tout point du plan d'où l'on peut mener aux extrémités de ces lignes des droites égales et faisant avec elles des angles égaux.* D'où il suit, parce qu'une droite est déterminée par deux points, que *toute droite indéfinie qui a deux points chacun également distant des extrémités de deux droites égales CA, CB, fait avec elles des angles égaux et passe par le point C.*

II. Comme cas particulier du corollaire précédent, *toute droite indéfinie LCL', perpendiculaire à une droite AB et passant par son milieu C, est le lieu géométrique de tout point du plan d'où l'on peut mener aux extrémités de la droite AB des droites égales et faisant avec elle et avec la perpendiculaire des angles égaux deux à deux;* d'où il suit que *toute droite indéfinie ayant deux points, chacun également distant des extrémités d'une droite AB, est perpendiculaire à cette droite et passe par son milieu.*

III. *Si une droite CL fait avec deux droites égales CA, CB deux angles égaux LCA, LCB, la portion du plan comprise entre les droites indéfinies CL et CB, par exemple, est le lieu géométrique de tout point E, tel que la droite EA, qui rencontre CL, est plus grande que la droite EB et fait avec CA l'angle EAC* $<$ EBC.

33. Théorème (fig. 37). *Si d'un point A extérieur à une droite indéfinie mn on mène à cette ligne la perpendiculaire AC et d'autres droites quelconques AB, AD, AE, 1° les droites qui ont des projections égales sont égales et également inclinées sur la droite mn; 2° de deux droites qui ont des projections inégales, celle qui a la plus grande projection est la plus grande et la plus inclinée sur la droite mn.*

1° Soit la projection DC de la droite AD, égale à la projection BC de la droite AB; je dis que AD = AB et que angle ADC = ABC. En effet, la droite AC fait avec les droites égales CD et CB les angles égaux ACD, ACB; donc, d'après le théorème précédent, AD = AB et angle ADC = ABC.

2° Soit d'abord la projection DC de l'oblique AD, plus grande que le point C projection de la droite AC perpendiculaire à *mn;* on a (27) AD $>$ AC, et évidemment angle ADC $<$ ACD. Soit ensuite la projection EC de la droite AE sur *mn* plus grande que la projection BC d'une autre droite quelconque AB; je dis qu'on aura AE $>$ AB et angle AEB $<$ ABE. En effet, par le point L, milieu de la droite EB, je mène à cette ligne l'oblique LA, qui fait avec LC l'angle ALC, dans lequel est située la perpendiculaire AC moindre que l'angle ALE, et la perpendiculaire indéfinie LF, qui, étant située dans l'angle obtus ALE, rencontre la droite AE en un point I situé entre A et E. La droite FL fait avec les droites égales LB, LE les angles égaux FLB, FLE; donc, d'après le théorème précédent, on a AE $>$ AB et angle AEB $<$ ABE.

Corol. *1º D'un point extérieur à une droite indéfinie mn on peut mener à cette ligne un nombre indéfini de droites égales deux à deux, mais non pas trois droites égales, parce que trois droites ne peuvent pas avoir sur mn des projections égales; 2º si deux droites AB, AD menées du point A à une droite indéfinie mn sont égales, toutes les droites tracées du point A aux points de la droite mn compris entre B et D sont moindres chacune que AB ou AD, et toutes les droites menées du point A aux autres points de mn, en dehors du segment BD, sont plus grandes chacune que AB ou AD.*

34. Théorème (fig. 37). *Réciproquement, si d'un point A, extérieur à une droite mn, on mène à cette ligne différentes droites, 1º les droites égales ou également inclinées sur mn ont des projections égales; 2º de deux droites inégales ou inégalement inclinées sur mn la plus grande ou la plus inclinée sur mn a la plus grande projection.*

1º Les droites AD, AB égales ou également inclinées sur mn ont des projections égales; car la perpendiculaire à DB, menée par son milieu C, étant le lieu de tout point d'où l'on peut mener aux extrémités D et B des droites égales ou également inclinées sur mn, passe par le point A.

2º Si l'on a AE > AB ou angle AEB < ABE, la droite AE a sur mn une projection plus grande que celle de la droite AB. En effet, la perpendiculaire à la droite EB, menée par son milieu L, étant le lieu de tout point, d'où on peut mener aux points E et B des droites égales et également inclinées sur EB, et ne pouvant passer, d'après l'hypothèse, ni par le point A ni par un autre point pris sur le prolongement de EA, rencontre la droite EA en un point I, situé entre E et A; donc, si du point A on mène à EB, l'oblique AL qui fait avec LB l'angle aigu ALB, et la perpendiculaire AC qui rencontre la partie indéfinie LB en un point C, on aura évidemment EC > BC; donc la droite AE a sur mn une projection EC plus grande que la projection BC de la droite AB.

Corollaire important. *D'après les deux derniers théorèmes, deux droites étant menées d'un point à une autre droite mn, 1º les droites égales sont également inclinées sur mn, et les droites également inclinées sur mn sont égales; car, dans les deux cas, elles ont sur mn des projections égales; 2º de deux droites inégales la plus grande est la plus inclinée sur mn, et la plus inclinée sur mn est la plus grande; car, dans les deux cas, cette droite a sur mn la plus grande projection.*

35. Théorème (fig. 33). *Lorsque de deux points A et B, pris hors d'une droite indéfinie mn, on mène à ses différents points C, D, E les droites AC et BC, AD et BD, AE et BE, si les droites AC et BC font avec la droite mn les angles égaux ACm et BCn, 1º la somme des droites AC, BC est moindre que celle des droites AD, BD menées des points A et B à un autre point quelconque D de la droite mn; 2º la somme des droites AD, BD est moindre que celle des droites AE, BE, dont le point E est plus éloigné du point C que le point D.*

Je prolonge la droite BC d'une longueur CA′ égale à CA, et je trace les droites DA′, EA′ et la droite AA′ qui rencontre la droite mn au point L. Les angles ACL et A′CL égaux chacun à l'angle BCD, le premier par hypothèse et le second comme lui étant opposé par le sommet, sont égaux entre eux; donc la droite LC, faisant avec les droites égales CA, CA′ les angles égaux LCA, LCA′, on a (32) LA = LA′ et angle CLA = CLA′; donc la droite CL ou EL est perpendiculaire au milieu de AA′, et par suite, les obliques DA et DA′, EA et EA′ sont égales deux à deux. Cela posé, on a 1º A′C + BC < A′D + BD ou AC + BC < AD + BD; 2º A′D + DB < A′E + BE ou AD + BD < AE + BE.

Corol. *Étant donnés deux points A et B situés d'un même côté d'une droite*

*indéfinie mn , si l'on mène du point A à cette droite la perpendiculaire AL pro-
longée d'une longueur LA′ égale à LA, la droite BA′ rencontre la droite mn en
un point C tel que les droites CA, CB sont également inclinées sur cette ligne;*
car les angles ACL et BCD égaux chacun à l'angle LCA′, sont égaux entre
eux.

36. Théorème. *1o Les perpendiculaires menées aux côtés d'un angle, d'un
point quelconque de sa bissectrice, sont égales et déterminent sur les côtés des
segments égaux; 2o de deux perpendiculaires aux côtés d'un angle menées d'un
point extérieur à la bissectrice, mais situé dans l'angle, celle qui rencontre la
bissectrice ou les côtés de l'angle est la plus grande.*

1o (*fig.* 39). Soient DE et DF les perpendiculaires aux côtés de l'angle
BAC, menées d'un point quelconque D de sa bissectrice AP. Je rabats la
figure PAC autour de la droite AP. A cause des angles égaux PAC, PAB,
le côté AC coïncide avec le coté AB, et la droite DF, perpendiculaire à
la droite AC, devenant perpendiculaire à la droite AB, coïncide avec
DE perpendiculaire à AB; donc les perpendiculaires DE et DF qui coïncident sont égales et les segments AE et AF qui coïncident sont égaux.

2o (*fig.* 40). Soient AP la bissectrice de l'angle BAC, O un point quelconque situé dans l'angle BAC en dehors de la bissectrice AP, et AM le
prolongement de BA; je mène au côté AC la perpendiculaire OH et au
côté AB indéfiniment prolongé une perpendiculaire qui serait OA ou
OIM, si l'angle OAB était droit ou obtus, et qui sera, comme dans le
cas présent, OLN si l'angle OAB est aigu. J'aurais, dans le 1er cas (27),
OA > OH et dans le 2e OI et, à plus forte raison, OM > OH; enfin, j'ai
dans le 3e cas OLN > OH. En effet, je mène du point L à la droite AC
la perpendiculaire LK égale à LN (1o) et je trace la droite OK qui est
plus grande que OH. Cela posé, j'ai OL + LK > OK ou OL + LN, c'est-
à-dire ON > OK et, à plus forte raison, ON > OH.

Scolie. Le point A de la bissectrice AP de l'angle BAC étant commun
aux côtés AB, AC est également distant de ces côtés.

Corol. I. *La bissectrice d'un angle est le lieu géométrique de tout point
compris dans l'angle également distant des côtés de cet angle;* d'où il suit, parce
qu'une droite est déterminée par deux points, *qu'une droite indéfinie qui a deux
points chacun également distant des côtés d'un angle est la bissectrice de cet
angle.*

II. *Les deux droites qui sont les bissectrices des angles opposés par le sommet,
formés par deux droites qui se coupent, sont le lieu géométrique de tout point
du plan également distant des côtés de ces angles.*

DROITES CONCOURANTES ET DROITES PARALLÈLES.

Définition. Deux droites indéfinies situées dans un même plan sont
concourantes si elles se rencontrent et *parallèles* si elles ne se rencontrent pas.

37. .Théorème (fig. 41). *Si deux droites BC, BA sont l'une perpendiculaire
et l'autre oblique à une droite AC, les perpendiculaires à AC, menées par le
point A et par un point quelconque O situé entre A et C, rencontrent la droite
AB.*

La perpendiculaire à la droite AC, menée par le point A, rencontrant
cette droite au point A, je dis que la perpendiculaire à AC, menée par le
point O, rencontre aussi la droite AB; car, si je trace la droite BO, oblique à la droite AC, l'angle BOC, dans lequel est située la perpendiculaire BC, étant moindre que son adjacent BOA, il est évident que la

perpendiculaire indéfinie menée à AC par le point O, étant située dans l'angle obtus BOA, rencontre nécessairement la droite AB en un point I situé entre A et B.

CoROL. I. *Lorsque deux droites indéfinies* AE, AF *font un angle aigu* EAF, *si par les différents points de l'une* AE *on mène des perpendiculaires à cette droite, les premières, à partir du point* A, *forment une série de droites qui rencontrent l'autre droite* AF; car si par un point quelconque B pris sur AF je mène une perpendiculaire à AE, cette perpendiculaire étant située dans l'angle aigu FAE, rencontrera la droite AE en un point C, et les droites BC, BA étant l'une perpendiculaire et l'autre oblique à la droite AC ou AE, toutes les perpendiculaires AE, menées par le point A et par tout point O compris entre A et C, rencontrent la droite AB ou AF.

II. *Lorsque deux droites indéfinies* AE, AF *font un angle aigu* EAF, *si une perpendiculaire à la droite* AE, *menée par un de ses points* D, *prolongée indéfiniment, ne rencontrait pas la droite* AF, *aucune des perpendiculaires à la partie* DE *de la droite* AE, *menée par un point quelconque* L, *ne la rencontrerait*; car si elle la rencontrait en un point H, les droites HL et HA étant l'une perpendiculaire et l'autre oblique à la droite AL, la perpendiculaire à AL, menée par le point D situé entre A et L, rencontrerait AH ou AF, ce qui est contre l'hypothèse.

Scolie important qui est la base du théorème suivant. Lorsque deux droites indéfinies AE, AF font un angle aigu EAF, si on mène à l'une d'elles AE par ses différents points des perpendiculaires indéfinies, il arrivera nécessairement ou que toutes ces perpendiculaires rencontreront la droite AF, ou qu'elles formeront deux séries de droites dont les unes, à partir du point A, rencontreront la droite AF, et dont les autres, à partir d'un autre point, ne la rencontreront pas, et, par suite, que la série des perpendiculaires qui, à partir du point A, rencontrent AF, aura pour limite une dernière perpendiculaire.

38. THÉORÈME (fig. 41). *Lorsque deux droites indéfinies* AE, AF *font un angle aigu* EAF, *toutes les perpendiculaires à l'une* AE, *menées par ses différents points et prolongées indéfiniment, rencontrent l'autre* AF.

Il en sera évidemment comme l'indique le théorème, si la série des perpendiculaires à AE qui, à partir du point A, rencontrent AF, n'a pas une limite possible, CB, par exemple. Or, il en est ainsi : je prends sur BF, prolongement de AB, un point quelconque H. Je trace la droite HC, qui fait avec CE l'angle HCE moindre que l'angle droit BCE, et je mène ensuite du point H à la droite indéfinie AE une perpendiculaire qui, étant située dans l'angle aigu HCE, rencontrera la partie CE de la droite AE en un point L. Enfin, je marque sur la droite AL un point D situé entre C et L. Cela posé, les droites HL, HA étant, l'une perpendiculaire et l'autre oblique à la droite AL, la perpendiculaire à AL ou AE, menée par le point D, rencontre la droite AH ou AF; donc la série des perpendiculaires à AE qui, à partir du point A, rencontrent la droite AF, n'a pas une limite possible CB; donc toutes les perpendiculaires à la droite indéfinie AE rencontrent la droite indéfinie AF.

Scolie. Le théorème précédent, qu'on trouve dans un ouvrage publié par nous en 1844, et dont la démonstration élémentaire a pour base une raison échappée par sa simplicité aux recherches des géomètres, est la partie essentielle du théorème connu sous le nom de *demande* ou de *postulatum* d'Euclide. Il sert à compléter la théorie des parallèles.

39. THÉORÈME (fig. 42). *D'un point quelconque* C, *extérieur à une droite* AB, *on peut mener à cette ligne, 1° une parallèle; 2° une seule parallèle.*

1° Je mène du point C à la droite AB la perpendiculaire CD, et à la droite CD la perpendiculaire EF. Les droites indéfinies EF, AB ne se rencontrent pas, parce qu'il n'y a dans le plan aucun point d'où l'on puisse mener deux perpendiculaires à une droite CD; donc elles sont parallèles, et l'on peut mener du point C une parallèle à la droite AB.

2° Toute autre droite HCL, menée par le point C n'est pas parallèle à AB; car, d'après le théorème précédent, les droites indéfinies CD, CL, faisant l'angle aigu LCD, toute perpendiculaire DA menée à CD rencontre la droite CL; donc on ne peut mener du point C qu'une parallèle à AB.

CoroL. *Si deux droites sont parallèles, 1° toute autre droite indéfinie qui rencontre l'une rencontre aussi l'autre; 2° toute autre droite indéfinie parallèle à l'une est parallèle à l'autre ou ne la rencontre pas;* car, s'il en était autrement, on aurait, dans chacun de ces deux cas, deux parallèles menées d'un point à une droite.

40. THÉORÈME (fig. 43). *Deux droites AB, CD sont parallèles, si elles font avec une sécante EF deux angles internes du même côté supplémentaires.*

Soient les angles internes supplémentaires *a* et *b*, et O le milieu de EF. Les angles alternes-internes *a* et *a'*, *b* et et *b'* sont égaux deux à deux, comme ayant deux à deux des suppléments égaux. Je fais tourner dans le plan la figure BEFD autour du point O, jusqu'à ce que OF coïncide avec la partie égale OE, et, par conséquent, OE avec OF. A cause des angles égaux *a* et *a'*, *b* et *b'* qui coïncident deux à deux, FD coïncide avec EA et EB avec FC. Donc, ou les droites AB, CD se rencontrent de part et d'autre de la sécante EF, ou elles ne se rencontrent d'aucun côté; or, elles ne se rencontrent pas de part et d'autre de la sécante, puisqu'il n'y a pas dans un plan deux points qu'on puisse joindre par deux droites; donc elles ne se rencontrent d'aucun côté; donc elles sont parallèles.

CoroL. I. *Deux droites rencontrées par une sécante sont parallèles dans les quatre cas suivants: 1° si deux angles correspondants sont égaux; 2° si deux angles alternes-internes sont égaux; 3° si deux angles alternes-externes sont égaux; 4° si deux angles externes d'un même côté sont supplémentaires;* car, dans chacun de ces cas, elles font avec la sécante des angles internes du même côté supplémentaires (23).

II. *Deux droites perpendiculaires à une troisième sont parallèles.*

41. THÉORÈME (fig. 43). Réciproquement, *deux droites parallèles AB, CD font avec une sécante quelconque EF des angles internes du même côté supplémentaires.*

Sur la droite EF je fais l'angle *x*EF supplément de l'angle CFE. D'après le théorème précédent, E*x* est parallèle à FC. Or, EA est aussi parallèle à FC, et la seule parallèle à FC qu'on peut mener par le point E; donc EA coïncide avec E*x*, et l'angle AEF est le supplément de l'angle CFE.

CoroL. I. *Deux droites parallèles, faisant avec une sécante quelconque des angles internes du même côté supplémentaires, font aussi avec elle (22), 1° des angles correspondants égaux; 2° des angles alternes-internes égaux; 3° des angles alternes-externes égaux; 4° des angles externes du même côté supplémentaires.*

II. *Si deux droites sont parallèles, toute sécante perpendiculaire ou oblique à l'une est perpendiculaire ou oblique à l'autre.*

42. THÉORÈME connu sous le nom de *demande* ou *postulatum* d'Euclide (fig. 44). *Deux droites quelconques AE, CF qui font avec une sécante AC deux*

angles internes du même côté, dont la somme est moindre que deux angles droits, sont concourantes.

Sur la droite CA je fais l'angle CAL, supplément de l'angle FCA. La droite AL étant parallèle à CF (40), la droite AE qui rencontre AL, rencontre CF parallèle à AL ; donc les droites AE, CF sont concourantes.

43. THÉORÈME (fig. 45). Réciproquement, *si deux droites concourantes AB, AC sont rencontrées par une sécante quelconque EF, la somme des angles internes situés du côté du point de concours A est moindre que deux angles droits.*

Je mène du point F, la droite FL parallèle à la droite EA. Les angles internes AEF, LFE étant supplémentaires (41), la somme des angles internes AEF, AFE, est évidemment moindre que deux angles droits.

COROL. *La sécante EFD de deux droites concourantes AE, AF fait avec chacune d'elles, AF par exemple, l'angle extérieur AFD égal à la somme des angles intérieurs non adjacents FAE et FEA*; car la droite FL étant parallèle à la droite EA, les angles AFL et FAE sont égaux comme alternes-internes, et les angles DFL et FEA comme correspondants ; donc angle AFL = FAE et angle DFL = FEA ; d'où, ajoutant membre à membre, angle AFD = angle FAE + FEA.

44. THÉORÈME. *1° Deux droites respectivement perpendiculaires à deux droites parallèles sont parallèles ; 2° deux droites respectivement perpendiculaires à deux droites concourantes sont concourantes.*

1° (*fig.* 46) Les droites EF, GH, respectivement perpendiculaires aux droites parallèles AB, CD, sont parallèles, parce que si je prolonge la droite GH jusqu'au point L, où elle rencontre AB parallèle à CD (39), la droite GL étant perpendiculaire à AB (41), les droites EF, LHG sont perpendiculaires à AB.

2° (*fig.* 47) Les droites DE, FL, respectivement perpendiculaires aux droites AB, AC, sont concourantes, parce que si elles ne l'étaient pas, les droites AB, AC, perpendiculaires à deux parallèles, seraient parallèles (1°) ; ce qui est contre l'hypothèse.

45. THÉORÈME (fig. 48). *Les droites parallèles comprises entre deux droites parallèles sont égales.*

Soient les parallèles AB, CD, comprises entre les parallèles AC, BD, je dis que AB = CD et que AC = BD. Je trace la sécante BC, qui fait avec les parallèles AB, CD les angles alternes-internes égaux *a* et *a'*, et avec les parallèles AC, BD les angles alternes-internes égaux *b* et *b'*. Je fais tourner autour du point O, milieu de BC, la figure BDC, jusqu'à ce que OC coïncide avec la partie égale OB, et, par conséquent, OB avec OC. A cause des angles égaux *a* et *a'*, *b* et *b'*, CD est sur BA et BD sur CA, et le point D, qui doit être à la fois sur BA et sur CA, coïncide avec le point A. Donc les droites BA et CD, CA et BD qui coïncident deux à deux, sont égales deux à deux ; donc les parallèles comprises entre deux droites parallèles sont égales.

COROL. *Deux perpendiculaires menées de deux points quelconques d'une droite à sa parallèle sont égales comme parallèles comprises entre parallèles, et c'est ce qu'on exprime lorsqu'on dit que deux parallèles sont partout également distantes.*

46. THÉORÈME. *1° Deux droites comprises entre deux parallèles égales sont parallèles ; 2° deux droites comprises entre deux parallèles inégales, étant prolongées, se rencontrent du côté de la petite parallèle.*

1° (*fig.* 49) Soient les droites AB, CD comprises entre les parallèles égales AC, BD ; je dis que les droites AB, CD sont parallèles. Je mène du point C à la droite AB une parallèle qui, comme AB, est rencontrée par la droite indéfinie BD en un point que je nomme x. D'après le théorème précédent, on a Bx = AC; mais, par hypothèse, BD = AC; donc Bx = BD, et le point x, coïncidant avec le point D, les droites AB, CD sont parallèles.

2º (*fig.* 50) Soient les parallèles inégales EC, BD et EC < BD. Sur la droite CE prolongée je prends CA = DB, et je trace la droite AB qui est parallèle à CD (1º). Les angles internes ABD, CDB, que les parallèles AB, CD font avec la sécante BD, sont supplémentaires; donc la somme des angles EBD, CDB est moindre que deux angles droits, et les droites BE, DC prolongées, concourent du côté de la petite parallèle (42).

47. Théorème (fig. 51). *Deux angles qui ont les côtés parallèles deux à deux sont égaux, si les côtés parallèles sont dirigés dans le même sens ou en sens contraire, et supplémentaires, si deux des côtés parallèles sont dirigés dans le même sens et les deux autres en sens contraire.*

Soient les parallèles AB, CL coupées par les parallèles BLE, HDF. 1º Les angles ABE, CDF dont les côtés AB et CD, BE et DF sont parallèles et dirigés deux à deux dans le même sens sont égaux comme égaux chacun à l'angle correspondant CLE; et les angles ABE, LDH dont les côtés AB et LD, BE et DH sont parallèles et dirigés deux à deux en sens contraire, sont égaux comme égaux chacun à l'angle CDF; car les angles ABE et CDF sont égaux comme ayant les côtés parallèles et dirigés deux à deux dans le même sens, et les angles LDH et CDF sont égaux comme opposés par le sommet.

2º Les angles ABE, CDH qui ont les côtés parallèles AB, CD dirigés dans le même sens, et les côtés parallèles BE, DH dirigés en sens contraire, sont supplémentaires. En effet, l'angle ABE est égal à l'angle CDF (1º). Or, l'angle CDH est le supplémentaire de l'angle adjacent CDF; donc l'angle CDH est le supplémentaire de l'angle ABE.

48. Théorème (fig. 51). *Lorsque deux angles ont les côtés parallèles deux à deux, 1º les bissectrices des angles égaux sont parallèles; 2º les bissectrices des angles supplémentaires sont perpendiculaires l'une à l'autre.*

1º Les bissectrices des angles correspondants égaux AHD, CDF, formant évidemment avec la droite HF des angles correspondants égaux, sont parallèles (40), et les bissectrices des angles égaux ABE, CDF sont parallèles, comme étant parallèles à la bissectrice de l'angle correspondant commun CLE.

2º Les bissectrices des angles supplémentaires ABE, CDH sont perpendiculaires l'une à l'autre. En effet, la perpendiculaire à une droite rencontre sa parallèle et lui est perpendiculaire; donc la bissectrice de l'angle CDH, perpendiculaire à la bissectrice de l'angle adjacent CDF, est perpendiculaire à la bissectrice de l'angle ABE, parallèle (1º) à celle de l'angle égal CDF.

49. Théorème (fig. 52). *Deux angles de différents sommets, qui ont les côtés perpendiculaires chacun à chacun, sont 1º égaux, si deux des côtés non perpendiculaires sont dirigés dans le même sens et les deux autres en sens contraire; 2º supplémentaires, si les côtés non perpendiculaires sont dirigés deux à deux dans le même sens ou en sens contraire.*

Soient les droites DE, DL respectivement perpendiculaires aux droites GB, HC. 1º Les angles BAC, EDF dont les côtés non perpendiculaires AC et DE sont dirigés dans le même sens par rapport à la droite AB, et les deux autres AB et DF, en sens contraire par rapport à la droite AC, sont égaux. La sécante de deux droites qui se rencontrent fait du côté du point de rencontre avec chacune de ces droites un

angle extérieur égal à la somme des deux angles intérieurs non adjacents (43) ; donc angle AFL = FAI + FIA, et angle DEB = EDI + EID.
Or, les angles droits AFL et DEB sont égaux ; donc FAI + FIA = EDI +
EID : d'où, à cause des angles FIA et EID égaux, comme opposés par le
sommet, FAI ou BAC = EDI ou EDF.

2º Les angles CAG et EDF dont les côtés non perpendiculaires AG et
DF, AC et DE sont dirigés, deux à deux, dans le même sens par rapport aux droites AC et AB, sont supplémentaires ; de même que les angles BAH et EDF dont les côtés non perpendiculaires AH et DE, AB et
DF sont dirigés, deux à deux, en sens inverse par rapport aux droites
AB et AC ; car les angles BAC et EDF étant égaux (1º), chacun des
angles CAG et BAH, ayant pour supplément BAC, a pour supplément EDF.

50. THÉORÈME (fig. 53). *Lorsque deux angles ont les côtés perpendiculaires
chacun à chacun, 1º les bissectrices des angles égaux sont perpendiculaires l'une
à l'autre ; 2º les bissectrices des angles supplémentaires sont parallèles.*

1º Les bissectrices des angles égaux, tels que EDF et CAB, qui se rencontrent en un point O, sont perpendiculaires ; car on a angle extérieur
DOK = ODI + OID, et angle droit AFL = FAI + FIA, d'où, à cause
de ODI + OID = FAI + FIA, angle DOK = AFL.

2º Les bissectrices des angles supplémentaires, tels que EDF et GAC
ou HAB, sont parallèles ; car la bissectrice de l'angle EDF est (1º) perpendiculaire à la bissectrice AK de l'angle BAC, et la bissectrice de
l'angle GAC ou HAB est aussi perpendiculaire à celle de l'angle BAC,
supplément de chacun de ces angles (26).

DROITES SYMÉTRIQUES.

DÉFINITIONS (*fig.* 54 et 55). I. Deux points A et A′ sont *symétriques* par
rapport à un troisième point C, nommé *centre de symétrie,* lorsque le
point C divise en deux parties égales la droite AA′, et *symétriques* par
rapport à une droite BCD, nommée *axe de symétrie,* lorsque cette droite
divise en deux parties égales la droite AA′ et lui est perpendiculaire.

II. Deux droites et généralement deux lignes quelconques, droites,
brisées, courbes ou mixtes, sont *symétriques* par rapport à un *centre*
ou par rapport à un *axe,* lorsque tous leurs points sont symétriques,
deux à deux, par rapport à ce centre ou par rapport à cet axe.

51. THÉORÈME (fig. 56). *Deux droites AB, A′B′ qui ont les extrémités A et
A′, B et B′ symétriques par rapport à un centre O sont 1º égales et parallèles ;
2º symétriques par rapport au centre O.*

1º Les droites AB, A′B′ sont égales et parallèles. Je fais tourner dans
le plan autour du point O la figure OB′A′ jusqu'à ce que la portion OA′
de la droite AA′ coïncide avec son égale OA. A cause des angles AOB,
A′OB′ égaux, comme opposés par le sommet, OB′ est sur OB, et, à cause
de OB′ = OB, le point B′ est sur le point B ; donc les droites AB, A′B′
coïncident ainsi que les angles A et A′ ; donc les droites AB et A′B′
sont égales, et parallèles puisqu'elles font avec la sécante AA′ les angles
alternes-internes égaux A et A′.

2º Tout point C d'une de ces droites AB a son symétrique sur l'autre
A′B′, par rapport au centre O. Je trace la droite CO, que je prolonge
jusqu'à la rencontre de la droite A′B′ au point C′. Je fais tourner dans
le plan la figure OC′A′ autour du point O, jusqu'à ce que la droite OA′

coïncide avec son égale OA. A cause des angles A et A′ qui sont égaux (1º), la droite A′C′ est sur AB, et, à cause des angles AOC, A′OC′ égaux comme opposés par le sommet, OC′ est sur OC, et le point C′ qui est à la fois sur AB et sur OC est sur le point C ; donc C′O = CO, et le point C′ est le symétrique du point C par rapport au centre O.

Scolie. Lorsque deux droites AB, A′B′ sont symétriques par rapport à un centre O, il suit : 1º de ce que CO = C′O, que toute droite menée par le centre O et terminée aux droites AB, A′B′, rencontre, comme CC′, deux points symétriques par rapport au point O, et est divisée par ce point en parties égales ; 2º de ce que CA = C′A′ et CB = C′B′, que deux points tels que C et C′ pris sur les droites AB, A′B′ sont symétriques par rapport au centre O, s'ils sont également distants des extrémités symétriques A et A′ ou B et B′.

52. **Théorème** (fig. 57). *Deux droites AB, A′B′, dont les extrémités A et A′, B et B′ sont symétriques par rapport à un axe LDN, sont 1º égales et concourantes en un même point de l'axe, si elles ne sont pas parallèles ; 2º symétriques par rapport à cet axe.*

1º Les droites AB, A′B′ sont égales et concourent en un même point de l'axe, si elles ne sont pas parallèles. Je rabats la figure DA′B′N autour de l'axe DN. A cause des angles en D et en N égaux comme droits, DA′ est sur DA et NB′ sur NB, et, à cause de DA′ = DA et de NB′ = NB, le point A′ est sur le point A et le point B′ est sur le point B ; donc les droites AB et A′B′ qui coïncident sont égales, et les angles A et A′, B et B′ qui coïncident deux à deux, étant égaux deux à deux, les droites AB et A′B′ sont parallèles, si deux de ces angles égaux B et B′ sont droits, et se rencontrent, si ces angles égaux ou leurs supplémentaires adjacents sont aigus, en un point commun à l'axe NL, lieu géométrique de tout point du plan d'où l'on peut mener aux extrémités de la droite BB′ des droites faisant avec elle des angles égaux (32. *Corol.*, *II*).

2º Tout point C d'une de ces droites AB a son symétrique sur l'autre A′B′ par rapport à l'axe LN. Du point C je mène à la droite DN la perpendiculaire CE, située entre les perpendiculaires AD, BN, et je la prolonge jusqu'à la rencontre de la droite A′B′ au point C′. Je rabats sur le plan la figure DA′C′B′N autour de l'axe DN. Les droites AB, A′B′ coïncidant (1º), le point C′ est sur AB, et, à cause des angles droits en E, EC′ est sur EC ; donc le point C′, qui doit être à la fois sur AB et sur EC, est sur le point C ; donc C′E = CE, et le point C′ est le symétrique du point C, par rapport à l'axe LN.

Corollaire relatif aux deux théorèmes précédents. *1º Le symétrique d'une droite par rapport à un centre est une ligne droite égale et parallèle à la première, et le symétrique d'une droite par rapport à un axe est une ligne droite égale à la première et concourant avec elle sur l'axe, quand elle n'est pas parallèle à cette droite ; 2º une droite n'a qu'un seul symétrique par rapport à un centre ou par rapport à un axe ; 3º les symétriques de trois points en ligne droite, par rapport à un centre ou par rapport à un axe, sont en ligne droite ; 4º deux angles qui ont les côtés symétriques chacun à chacun, par rapport à un centre ou par rapport à un axe, sont égaux,* dans le premier cas, comme angles alternes-internes formés par deux parallèles et une sécante ou comme ayant les côtés parallèles chacun à chacun et dirigés en sens contraire, et, dans le second cas, parce que, si l'on rabat l'un autour de l'axe, il coïncide avec l'autre.

DROITES PROPORTIONNELLES.

DÉFINITION. Quatre droites A, B, C, D sont proportionnelles, lorsque, étant rapportées à l'unité de mesure, le rapport de la 1re à la 2e est égal au rapport de la 3e à la 4e, c'est-à-dire lorsque A : B :: C : D ou A : B = C : D.

On sait que de deux rapports qui ont le même antécédent celui qui a le plus petit conséquent est le plus grand, et celui qui a le plus grand conséquent est le plus petit.

53. **LEMME** (fig. 58). *Lorsque deux droites AG, AK issues d'un même point A sont rencontrées par un nombre quelconque de parallèles FH, BC, GK, si l'une AG est divisée en parties égales, l'autre AK est divisée aussi en parties égales.*

Je mène du point F à la droite AK une parallèle qui rencontre BC au point I, et je transporte la figure AFH sur FBI, de manière que la droite AF coïncide avec son égale FB. A cause des angles FAH et BFI, AFH et FBI égaux deux à deux, comme correspondants formés par des parallèles et une sécante, AH est sur FI, FH sur BI et le point H, qui doit être à la fois sur FI et sur BI, sur le point I ; donc les droites AH et FI qui coïncident sont égales. Or, les droites HC et FI sont égales comme parallèles comprises entre parallèles ; donc AH = HC. En menant du point B à la droite AK une parallèle qui rencontre GK en un point, on démontre de même que AH = CK ; donc la droite AK est, comme la droite AG, divisée en parties égales.

54. **THÉORÈME.** *Lorsque deux droites qui se rencontrent en un point A sont coupées par deux parallèles, les deux segments consécutifs, formés sur chacune d'elles par le point A et les parallèles, sont proportionnels ou forment des rapports égaux.*

1er Cas où les parallèles sont situées d'un même côté du point A.

Soient 1o (*fig.* 58) les droites AD, AE coupées par les parallèles BC, DE, et les segments AB, BD ayant une mesure commune comprise 2 fois sur AB et 3 fois sur BD. Je divise la droite AD en 5 parties égales, et par les points de division F, G, L je mène à la droite BC et, par conséquent, à la droite DE, les parallèles FH, GK, LN, qui sont parallèles entre elles. D'après le lemme précédent, les parallèles qui divisent la droite AD en 5 parties égales divisent aussi la droite AE en 5 parties égales ; donc on a AB : BD = 2 : 3, et AC : CE = 2 : 3 ; donc AB : BD = AC : CE.

Soient 2o (*fig.* 59) les droites AD, AE, coupées par les parallèles BC, DE, et les segments AB, BD n'ayant pas de mesure commune. D'après l'axiome I, AB : BD = AC : CE, si tout rapport AB : BF > AB : BD est plus grand que AC : CE, et si tout rapport AB : BF' < AB : BD est moindre que AC : CE. Or, il en est ainsi :

D'abord AB : BF > AB : BD est plus grand que AC : CE. Je divise AB en parties égales moindres chacune que FD, et je porte ces divisions sur BD. Un point de division étant entre F et D, soient O ce point et OL une parallèle à BC, qui rencontre AE au point L situé entre C et E. J'ai (1o) AB : BO = AC : CL. Or, AB : BF est plus grand que AB : BO ; donc AB : BF est plus grand que AC : CL et, à plus forte raison, plus grand que AC : CE.

En second lieu, AB : BF' < AB : BD est moindre que AC : CE. Je divise AB en parties égales moindres chacune que DF' et je porte ces divisions sur BF′. Un point de division étant entre D et F′, soient O′ ce point et O′L′ la parallèle à BC qui rencontre le prolongement de AE au point L′. J'ai (1°) AB : BO′ = AC : CL′. Or, AB : BF′ est moindre que AB : BO′; donc AB : BF′ est moindre que AC : CL′ et, à plus forte raison, moindre que AC : CE; donc on a AB : BD = AC : CE; donc (1er cas) AB : BD = AC : CE.

2e *Cas* (fig. 60) *où les parallèles* BC, DE *qui coupent les droites* BAD, CAE *sont situées de part et d'autre du point* A.

Je dis que BA : AD = CA : AE. Je prolonge la droite BC et je mène du point D à la droite EC une parallèle qui, comme EC, est rencontrée par BC en un point F, et du point E à la droite DB une parallèle qui, comme DB, est rencontrée par CB en un point L, et je remarque que les droites CF et DE, BL et DE sont égales deux à deux comme parallèles comprises entre parallèles. Cela posé, la droite CA étant parallèle à FD, et la droite BA à LE, j'ai (1er cas) BA : AD = BC : CF ou DE, et CA : AE = CB : BL ou DE; donc, à cause du rapport commun, BA : AD = CA : AE ou AB : AD = AC : AE.

COROLLAIRE REMARQUABLE. *Dans le 1er cas, la proportion* AB : BD : : AC : CE *donne, parce que le 1er terme est au 3e comme la somme des deux premiers termes est à celle des derniers,* AB : AC : : AD : AE; *d'où, en transposant les moyens,* AB : AD : : AC : AE. *On a aussi, dans le 2e cas, comme on vient de le voir,* AB : AD : : AC : AE; *donc, lorsque deux droites qui se rencontrent en un point* A *sont coupées par deux parallèles* BC, DE *situées d'un même côté ou de part et d'autre de ce point, les distances du point* A *aux points* B *et* D, C *et* E, *où les parallèles* BC, DE *coupent ces droites, forment des rapports égaux.*

SCOLIE. Dans le 1er cas, la proportion AB : BD : : AC : CE donne 1°, en faisant des moyens les extrêmes et des extrêmes les moyens, DB : BA : : EC : CA; 2°, en transposant les moyens, AB : AC : : BD : CE; 3° enfin, d'après la raison énoncée dans le corollaire, AD : AE : : AB : AC : : BD : CE; d'où encore AD : AB : : AE : AC et AD : BD : : AE : CE. La proportion du 2e cas AB : AD : : AC : AE donne des résultats analogues.

55. THÉORÈME (fig. 61). Réciproque du corollaire précédent et par suite du théorème (54). *Lorsque deux droites qui se rencontrent en un point* A *sont coupées par deux droites* BC, DE *situées d'un même côté ou de part et d'autre de ce point, si les distances du point* A *aux points d'intersection des droites* BC, DE *forment des rapports égaux, ces droites sont parallèles.*

La figure 61 représente les deux cas auxquels s'applique la même démonstration. Je mène par le point D à la droite BC une parallèle qui, comme BC, est rencontrée par la droite indéfinie AE en un point que je nomme x. D'après le corollaire précédent et l'hypothèse, AB : AD = AC : Ax, et AB : AD = AC : AE; donc AC : Ax = AC : AE; donc Ax = AE et le point x coïncide avec le point E; donc la droite DE est parallèle à BC.

56. THÉORÈME (fig. 62). *Les segments consécutifs de deux droites qui n'ont pas d'extrémité commune, compris entre trois parallèles, sont proportionnels.*

Soient les droites AB, CD coupées par les parallèles AC, EF, BD; je dis que AE : EB = CF : FD. Je trace la droite AD qui rencontre la droite EF parallèle à AC et à BD au point L. D'après le n° 54 et le scolie, AE : EB = AL : LD, et CF : FD = AL : LD; donc AE : EB = CF : FD.

SCOLIE. La proportion AE : EB : : CF : FD donne, comme ci-dessus,

1º BE : EA :: DF : FC; 2º AE : CF :: EB : FD; 3º AB : CD :: AE : CF :: EB : FD.

57. THÉORÈME (fig. 62). Réciproquement, *si les segments consécutifs de deux droites AB, CD, compris entre trois droites AC, EF, BD, dont deux sont parallèles, sont proportionnels, la troisième droite est parallèle aux deux autres.*

1º Si les droites AC, EF sont parallèles, je mène par le point B à la droite AC, et par conséquent à EF, une parallèle qui, comme AC, rencontre la droite indéfinie CD en un point x. J'ai, d'après le théorème précédent, AE : EB = CF : Fx, et, par hypothèse, AE : EB = CF : FD; donc CF : Fx = CF : FD; donc Fx = FD, et le point x coïncide avec le point D; donc la droite BD est parallèle aux droites AC et EF.

2º Si les droites AC, BD sont parallèles, je mène par le point E à la droite AC et par conséquent à BD une parallèle qui rencontre CD en un point x. Les proportions AE : EB :: Cx : xD et AE : EB :: CF : FD fournies par le théorème précédent et par l'hypothèse donnent, parce que la somme des deux premiers termes est à celle des derniers comme le 1er est au 3e, AB : CD = AE : Cx et AB : CD = AE : CF; donc AE : Cx = AE : CF; donc Cx = CF et le point x coïncide avec le point F; donc la droite EF est parallèle à AC et à BD.

COROL. *La droite qui joint les milieux de deux droites comprises entre deux parallèles est parallèle à ces dernières.*

58. THÉORÈME. *Lorsque deux droites quelconques, qui se rencontrent ou ne se rencontrent pas, sont coupées par un nombre quelconque de parallèles, les segments opposés forment des rapports égaux.*

Ce théorème est une conséquence évidente des nos 54 et 56.

59. THÉORÈME (fig. 63). *Deux parallèles comprises entre deux droites, qui se rencontrent en un point situé d'un même côté de ces parallèles ou entre elles, sont proportionnelles aux distances de ce point aux intersections de chacune d'elles.*

Soient, dans chacun des deux cas indiqués par les figures, les parallèles DE, BC comprises entre les droites DB, EC qui se rencontrent en un point A ; je dis que dans chacun des deux cas on a, d'après la démonstration suivante, DE : BC = AD : AB = AE : AC. Je mène du point B à la droite AE une parallèle qui rencontre la droite DE, prolongée dans le 2e cas, en un point F, et je remarque que les droites BC, FE sont égales comme parallèles comprises entre parallèles. Cela posé, je déduis (54. SCOLIE) des parallèles BF et AE, DE : FE ou BC = DA : BA, ou DE : BC = AD : AB, et des parallèles BC et DE, AD : AB = AE : AC; donc DE : BC = AD : AB = AE : AC; d'où encore, en remplaçant les extrêmes par les moyens, et réciproquement, BC : DE = AB : AD = AC : AE.

COROL. (fig. 62). *La droite EF qui joint les milieux de deux droites AB, CD, comprises entre deux parallèles AC, BD, est égale à la moitié de ces parallèles; car, la droite EF étant parallèle à AC et à BD (57), si l'on trace la droite AD qui rencontre la droite EF au point L, on a EL : BD = AE : AB et LF : AC = DF : DC; d'où, à cause de AE = $\frac{1}{2}$ AB et de DF = $\frac{1}{2}$ DC, EL = $\frac{1}{2}$ BD et LF = $\frac{1}{2}$ AC, et, en ajoutant membre à membre les deux dernières égalités,*

$$EF = \frac{1}{2} BD + \frac{1}{2} AC = \frac{1}{2} (BD + AC).$$

60. THÉORÈME (fig. 64). *Les segments opposés de deux parallèles, compris entre des droites qui se rencontrent en un point situé d'un même côté de ces parallèles ou entre elles, sont proportionnels.*

Soient les parallèles AB, CD coupées par les droites AC, EF, GH,

BD qui se rencontrent au point O, je dis que AE : CF = EG : FH = GB : HD. En effet, on a (59) AE : CF = OE : OF, EG : FH = OE : OF ; donc AE : CF = EG : FH. Or, EG : FH = OG : OH = GB : HD ; donc AE : CF = EG : FH = GB : HD.

61. THÉORÈME (fig. 64). *Réciproquement, si les segments opposés et inégaux de deux parallèles AB, CD, compris entre des droites AC, EF, GH, BD, sont proportionnels, ces droites concourent en un même point.*

Soient AE : CF = EG : FH = GB : HD, CF < AE et O le point de rencontre des droites AC, EF comprises entre les parallèles inégales AE, CF ; je dis que les autres droites GH et BD passent aussi par le point O. Je trace la droite GO qui, prolongée dans le 2ᵉ cas, rencontre, comme dans le 1ᵉʳ, la droite FD en un point x. Le théorème précédent et l'hypothèse donnent AE : CF = EG : Fx et AE : CF = EG : FH ; donc EG : Fx = EG : FH ; donc Fx = FH, et le point x coïncide avec le point H ; donc la droite GH, qui coïncide avec la droite Gx, passe comme celle-ci par le point O. On prouve de même que la droite BD passe par le point O.

62. THÉORÈME (fig. 65). *Deux droites AB, AC, issues d'un même point, sont proportionnelles aux distances de leurs extrémités B et C aux points où les bissectrices de leur angle et de son adjacent supplémentaire rencontrent la sécante qui passe par ces mêmes extrémités.*

Soient AL le prolongement de BA et D et D′ les points où les bissectrices AD, AD′ des angles CAB, CAL rencontrent la sécante BC ; je dis que AB : AC = BD : CD = BD′ : CD′. Par le point C je mène à la droite AB une parallèle qui rencontre la bissectrice indéfinie AD au point E et la bissectrice AD′ au point E′, et je remarque 1° que les parallèles AB, CE faisant avec la bissectrice AE de l'angle BAC les angles égaux BAE, CEA, on a angle CAE = CEA et, par suite (34), CA ou AC = CE ; 2° que les parallèles LA, CE′ faisant avec la bissectrice AE′ de l'angle CAL les angles égaux LAE′, CE′A, on a angle CAE′ = CE′A et, par suite, CA ou AC = CE′. Cela posé, on déduit (59) des parallèles AB, CE comprises entre les droites AE, BC qui se rencontrent au point D, AB : CE ou AC = BD : CD, et des parallèles BA, CE′ comprises entre les droites BC, AE′ qui se rencontrent au point D′, AB : CE′ ou AC = BD′ : CD′ ; donc AB : AC = BD : CD = BD′ : CD′.

TRANSVERSALES DE TROIS DROITES QUI SE COUPENT DEUX A DEUX.

63. THÉORÈME (fig. 66). *Les distances des sommets d'une ligne brisée ABC aux points d'intersection D, E, F d'une transversale de deux de ses côtés et du prolongement du troisième ou des prolongements des trois côtés forment six segments tels que les produits des trois segments non consécutifs sont égaux, c'est-à-dire que* AD × BF × CE = AE × CF × BD.

Je mène du point C à la droite AB une parallèle qui rencontre la transversale DEF au point I. Les parallèles AD, CI comprises entre les droites AC, DI qui se rencontrent au point E donnent AD : CI = AE : CE. De même, les parallèles CI, BD comprises entre les droites BC, DI, qui se rencontrent au point F, donnent CI : BD = CF : BF. Multipliant terme à terme ces proportions et supprimant ensuite dans le premier rapport le facteur commun CI, on a AD : BD = AE × CF : CE × BF ; d'où AD × BF × CE = AE × CF × BD.

SCOLIE. Pour déterminer avec facilité les trois segments non consécutifs qui forment les membres de l'égalité précédente, on part des sommets A, B, C qui fournissent les trois premiers AD $\times$ BF $\times$ CE, et ensuite des sommets A, C, B qui donnent les trois derniers AE $\times$ CF $\times$ BD, ou réciproquement.

64. THÉORÈME (fig. 66). Réciproquement, *si les distances des sommets d'une ligne brisée ABC à trois points D, E, F pris sur deux de ses côtés et le prolongement du troisième ou sur les prolongements des trois côtés, forment six segments tels que les produits des trois segments non consécutifs soient égaux, les points D, E, F sont sur une transversale ou en ligne droite.*

Je trace la droite DF et je nomme x le point où cette droite rencontre la droite AC ou son prolongement. D'après le théorème précédent, Ax $\times$ CF $\times$ BD $=$ AD $\times$ BF $\times$ Cx et, par hypothèse, AE $\times$ CF $\times$ BD $=$ AD $\times$ BF $\times$ CE. Divisant ces égalités, membre à membre, et supprimant dans la nouvelle égalité les facteurs communs aux termes de chaque rapport, il vient Ax : AE $=$ Cx : CE, d'où, dans le 1er cas, Ax $+$ Cx : AE $+$ CE $=$ Cx : CE, ou AC : AC $=$ Cx : CE; et, dans le 2e cas, Ax $-$ Cx : AE $-$ CE $=$ Cx : CE ou AC : AC $=$ Cx : CE; donc, dans les deux cas, Cx $=$ CE et le point x coïncide avec le point E, donc les points D, E, F sont sur une transversale DEF ou en ligne droite.

65. THÉORÈME (fig. 67). *Si les droites AE, BF, DC, menées des sommets d'une brisée ABC aux côtés opposés, ou à un de ses côtés BC et aux prolongements des deux autres, se rencontrent en un point O, les distances des sommets A, B, C aux points d'intersection D, E, F forment sur ces droites six segments tels que les produits des trois segments non consécutifs sont égaux; et réciproquement.*

1° La transversale DOC des côtés de la brisée ABE ou de leurs prolongements donne (63) AD $\times$ BC $\times$ EO $=$ AO $\times$ EC $\times$ BD. De même, la transversale FOB des côtés de la brisée ACE ou de leurs prolongements donne AF $\times$ CB $\times$ EO $=$ AO $\times$ EB $\times$ CF. Divisant ces égalités membre à membre et supprimant ensuite dans chaque rapport les facteurs communs, on a AD : AF $=$ EC $\times$ BD : EB $\times$ CF; d'où AD $\times$ BE $\times$ CF $=$ AF $\times$ CE $\times$ BD.

2° Réciproquement, si les distances des sommets d'une brisée ABC à trois points D, E, F pris sur ses côtés ou sur un côté BC et les prolongements des deux autres forment six segments tels que les produits des trois segments non consécutifs soient égaux, les droites AE, BF, CD se rencontrent en un même point.

Soit O le point de rencontre des droites BF, CD. Je trace la droite indéfinie AO qui rencontre le côté CB en un point que je nomme x. D'après le théorème précédent, AD $\times$ Bx $\times$ CF $=$ AF $\times$ Cx $\times$ BD, et, par hypothèse, AD $\times$ BE $\times$ CF $=$ AF $\times$ CE $\times$ BD. Divisant ces égalités, membre à membre, et supprimant ensuite dans chaque rapport les facteurs communs, on a Bx : BE $=$ Cx : CE; d'où Bx $+$ Cx : BE $+$ CE $=$ Bx : BE, ou BC : BC $=$ Bx : BE; donc Bx $=$ BE et le point x coïncide avec le point E; donc la droite indéfinie AO passe par le point E et les droites CD, BE, AE se rencontrent en un même point.

TRANSVERSALES DE QUATRE DROITES ISSUES D'UN MÊME POINT ET DIVISION HARMONIQUE DES LIGNES DROITES.

DÉFINITIONS (*fig.* 68). I. On dit qu'une droite AB est divisée *harmoniquement* ou en *proportion harmonique* par deux points D et D′, si l'on a AD′ $-$ AB : AB $-$ AD : : AD′ : AD, ou BD′ : BD : : AD′ : AD, et, par

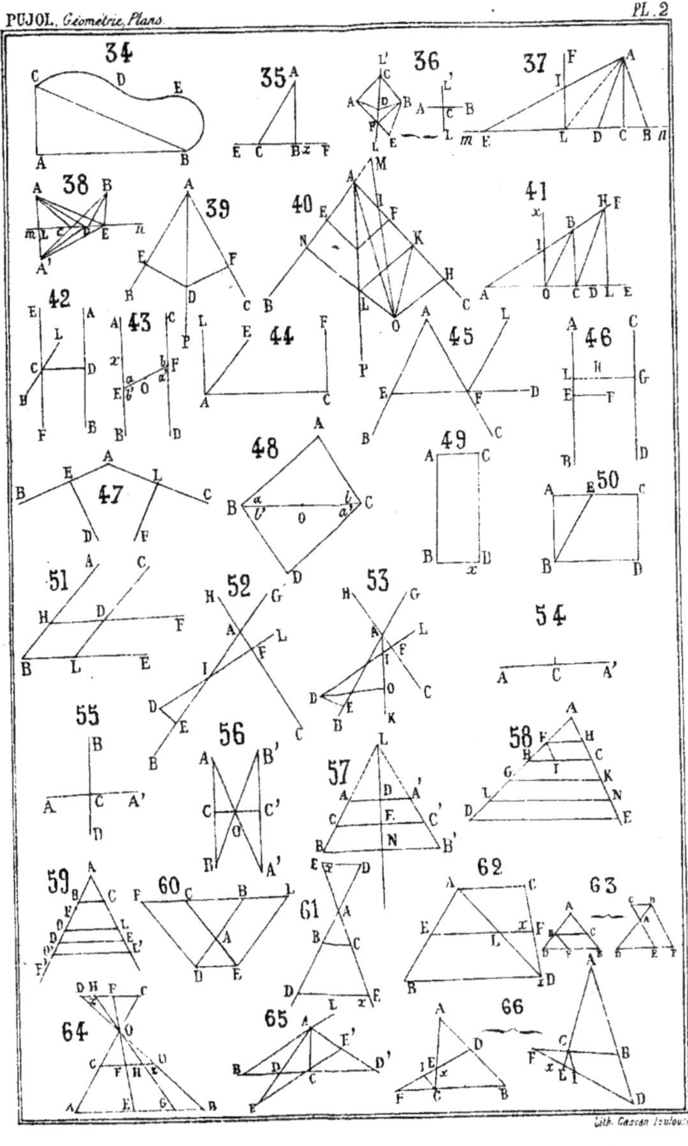
34
35
36
37
38
39
40
41
42
43
44
45
46
47
48
49
50
51
52
53
54
55
56
57
58
59
60
61
62
63
64
65
66

suite, en transposant les extrêmes et les moyens, si $AD : AD' :: BD : BD'$, c'est-à-dire si le 1er segment AD est à la ligne entière AD' comme le 2e segment BC est au 3e BD; d'où il suit que si la droite AB est divisée harmoniquement par les points D et D', la droite DD' est aussi divisée harmoniquement par les points A et B; car la proportion $AD : AD' :: BD : BD'$ donne $AD : BD :: AD' : BD'$, c'est-à-dire $AD' - DD' : DD' - BD' :: AD' : BD'$.

II. Si une droite AB est divisée harmoniquement par deux points D et D' et, par suite, la droite DD' par les points A et B, on nomme les points D et D' *conjugués harmoniques* par rapport aux points A et B ou à la droite AB, et les points A et B *conjugués harmoniques* par rapport aux points D et D' ou à la droite DD'.

III. On dit encore que quatre droites issues d'un même point forment un *faisceau harmonique* lorsqu'elles divisent harmoniquement une transversale quelconque, et on nomme *conjuguées harmoniques* les droites qui passent par les points conjugués harmoniques.

66. **Théorème** (fig. 68). *Si quatre droites Oa, Od, Ob, Od', issues d'un même point O, sont rencontrées par des transversales, le rapport du premier segment d'une transversale quelconque à cette transversale, divisé par celui du deuxième segment au troisième, est constant.*

1er Cas où les transversales, telles que AD' et AE', ont une même extrémité A.

Je dis que $(AD : AD') : (BD : BD') = (AE : AE') : (CE : CE')$. En effet, les distances des sommets de la brisée ABC aux points D, E, O de la transversale DEO des côtés AB, AC et du prolongement de BC donnent (63) $AD \times BO \times CE = AE \times CO \times BD$. De même, les distances des mêmes sommets aux points D', E', O de la transversale D'E'O' des prolongements des trois côtés de la brisée ABC donnent $AD' \times BO \times CE' = AE' \times CO \times BD'$. Divisant membre à membre ces égalités et supprimant ensuite dans chaque rapport les facteurs communs,

il vient $\dfrac{AD \times CE}{AD' \times CE'} = \dfrac{AE \times BD}{AE' \times BD'}$ ou $\dfrac{AD}{AD'} \times \dfrac{CE}{CE'} = \dfrac{AE}{AE'} \times \dfrac{BD}{BD'}$; d'où la proportion $(AD : AD') : (BD : BD') = (AE : AE') : (CE : CE')$.

2e Cas où les transversales n'ont pas d'extrémité commune.

Soient 1º les transversales parallèles ad', AD'; je dis que $(ad : ad') : (bd : bd') = (AD : AD') : (BD : BD')$; car on déduit (60), d'abord de $ad : AD = dd' : DD'$, parce qu'un antécédent est à son conséquent comme la somme des antécédents est à celle des conséquents $ad : AD = ad' : AD'$, d'où (1) $ad : ad' = AD : AD'$; et puis de $bd : BD = bd' : BD'$, (2) $bd : bd' = BD : BD'$. Divisant, membre à membre, les égalités (1) et (2), on a $(ad : ad') : (bd : bd') = (AD : AD') : (BD : BD')$.

Soient 2º les transversales non parallèles ad', AE'; je dis que $(ad : ad') : (bd : bd') = (AE : AE') : (CE : CE')$. En effet, je mène, par le point A, la transversale AD' parallèle à ad', et j'ai (1º) $(ad : ad') : (bd : bd') = (AD : AD') : (BD : BD')$ et (1er cas) $(AE : AE') : (CE : CE') = (AD : AD') : (BD : BD')$; d'où, à cause du rapport commun, $(ad : ad') : (bd : bd') = (AE : AE') : (CE : CE')$.

Corol. I. *Si dans l'égalité* $(AD : AD') : (BD : BD') = (AE : AE') : (CE : CE')$, *on avait* $AD : AD' = BD : BD'$, *on aurait évidemment* $AE : AE' = CE : CE'$; *donc quatre droites OA, OD, OB, OD', qui divisent harmoniquement une transversale AD', divisent harmoniquement toute autre transversale AE'.*

II. *Si quatre droites OA, OD, OB, OD' forment un faisceau harmonique, leurs prolongements du côté de O forment un faisceau qui est harmonique; car en le faisant tourner dans le plan autour du point* O , *il peut coïncider avec le faisceau harmonique.*

III. *Etant donné un point* A *extérieur à un angle* DOD′ , *si l'on mène par ce point une sécante* ADD′ *et qu'on la fasse tourner dans le plan autour de* A , *la droite* OB , *conjuguée harmonique de la droite* OA , *est le lieu géométrique des points conjugués harmoniques de* A *par rapport aux points d'intersection de la sécante des côtés de l'angle* DOD′ ; *car la transversale* AE′ , *une des positions de la sécante* ADD′ , *étant divisée harmoniquement par le faisceau* OA, OD, OB, OD′ , *le point* C *de la droite* OB *est le conjugué harmonique du point* A *par rapport aux points* E *et* E′ . *A cause de cette propriété , on a donné au point* A *le nom de* pôle *de la droite* OB *et à cette droite celui de* polaire *du point* A *par rapport à l'angle* DOD′ .

67. THÉORÈME (fig. 68). *Trois droites* OA , OD , OD′ *étant rencontrées par deux transversales* ADD′ , AEE′ , *si l'on joint les points d'intersection* D *et* E′ , E *et* D′ *par les droites* DE′ , ED′ , *qui se rencontrent au point* I *et qu'on trace la droite* OI , *qui rencontre la droite* AD′ *au point* B , *les droites* OA, OD, OB, OD′ *forment un faisceau harmonique, et, par suite, la droite* OB , *conjuguée harmonique de la droite* OA , *est la polaire du point* A *par rapport aux côtés de l'angle* DOD′ .

En effet, la transversale E′EA des côtés OD′, OD de la brisée OD′D et du prolongement du troisième D′D donne (63) $OE \times DA \times D'E' = OE' \times D'A \times DE$ et les droites OB, D′E, DE′ menées des sommets de la brisée OD′D aux côtés opposés donnent (65) $OE \times DB \times D'E' = OE' \times D'B \times DE$. Divisant ces égalités membre à membre et supprimant ensuite les facteurs communs aux termes de chaque rapport, il vient $DA : DB = D'A : D'B$ ou $AD : BD = AD' : BD'$. Donc les droites OA, OD, OB, OD′, qui divisent harmoniquement la transversale AD′, forment un faisceau harmonique, et, par suite, la droite OB est la polaire du point A par rapport aux côtés de l'angle DOD′.

COROL. I. *Quatre droites* OA, OD, OB, OD′ , *rencontrées par deux transversales* AD′, AE′ , *forment un faisceau harmonique lorsque les droites* ED′, DE′ , *qui joignent les points opposés d'intersection de la* 2e *et de la* 4e , *se rencontrent sur la* 3e ; *et réciproquement, si quatre droites* OA, OD, OB, OD′ , *rencontrées par deux transversales* AD′, AE′ , *forment un faisceau harmonique, les droites* ED′, DE′ , *qui joignent les points opposés d'intersection de la* 2e *et de la* 4e , *se rencontrent sur la* 3e OB ; car I étant ce point de rencontre, si je nomme x celui où la droite menée par les points O et I rencontre AD′, Ox sera, d'après ce qui précède, la conjuguée harmonique de la droite OA. Or, par hypothèse, OB est la conjuguée harmonique de la droite OA ; donc la droite OB coïncide avec la droite Ox et le point I est sur OB.

II. *La droite* OIB *étant la polaire du point* A *par rapport à l'angle* DOD′ , *si l'on trace la droite* AI *qui rencontre la droite* E′D′ *en un point* N , *la droite* AN *est la polaire du point* O *par rapport à l'angle* E′AD′ , *et, par suite, les droites* AO , AE′ , AN , AD′ *forment un faisceau harmonique.*

SCOLIE. Lorsque quatre droites OA , OD , OB , OD′ rencontrées par une transversale AD′ forment un faisceau harmonique, la 3e OB est la polaire du point A par rapport à l'angle DOD′ , et la 2e OD est la polaire du point D′ par rapport à l'angle BOA.

PROBLÈME (fig. 65). *Prouver par le* n° 62 *que deux droites* AB , AC *et les bissectrices* AD , AD′ *de leurs angles adjacents forment un faisceau harmonique , parce qu'elles divisent harmoniquement la transversale* BDCD′ .

LIVRE DEUXIÈME.

La circonférence, et la ligne droite et la ligne brisée, comprenant les sécantes, les tangentes, les droites extérieures, les angles et leurs bissectrices, les perpendiculaires, les parallèles, les symétriques, les proportionnelles, les transversales et la division harmonique des lignes droites, relatives à un cercle et à plusieurs cercles situés dans un même plan.

LA CIRCONFÉRENCE.

DÉFINITIONS. I. La *circonférence* est une ligne plane fermée dont tous les points sont également distants d'un point intérieur appelé *centre*. C'est la ligne décrite par l'extrémité A d'une droite OA, tournant dans le plan autour du point O, jusqu'à ce que le point A soit revenu à sa place.

Le *compas* est l'instrument dont on se sert pour décrire sur un plan des circonférences, comme la *règle* est celui qu'on emploie pour tracer des lignes droites.

II. Un *cercle* est la portion de plan limitée par une circonférence.

III. Toute droite menée du centre à un point quelconque de la circonférence est un *rayon* de la circonférence ou du cercle. En vertu de la définition I, tous les rayons d'un même cercle sont égaux.

On désigne une circonférence ou un cercle par son centre ou par un de ses rayons.

IV. On appelle *arc* une portion quelconque de la circonférence, et *quadrant* un arc égal au quart de la circonférence.

V. On divise la circonférence en 360 parties égales appelées *degrés*, le degré en 60 parties égales appelées *minutes*, et la minute en 60 parties égales appelées *secondes*.

L'expression 2º, 3′, 4″, s'énonce : deux degrés, trois minutes, quatre secondes.

D'après cette division, le quadrant est un arc de 90º, et la demi-circonférence un arc de 180º.

68. THÉORÈME (fig. 69). *Toute circonférence O est 1º une ligne courbe, c'est-à-dire qui n'a pas trois points* A, E, B *en ligne droite; 2º une ligne courbe convexe.*

1º Les rayons OA, OB étant des obliques égales menées du centre à la droite indéfinie qui passe par les points A et B, et les autres droites menées du centre aux autres points de la droite AB étant moindres ou plus grandes chacune que OA ou OB, selon que ces points sont entre A et B ou sur les prolongements de AB (33), les points compris entre A et B sont dans le cercle et les autres en dehors ; donc la circonférence O qui n'a pas trois points A, E, B en ligne droite est une ligne courbe.

2º Je prends sur la circonférence O des points quelconques A, B, C, D et je trace les droites AB, BC, CD. La ligne brisée ABCD, située (1º) dans l'intérieur de la circonférence est convexe, puisque en prolongeant un quelconque de ses côtés tous les autres sont par rapport à celui-ci dans une même région ; donc, d'après la définition de la ligne courbe convexe, la circonférence O est convexe.

COROL. I. *Une droite ne peut rencontrer une circonférence en plus de deux points.*

II. *Toute droite qui a deux points* A *et* B *sur une circonférence divise en deux parties la circonférence et le cercle.*

69. THÉORÈME. *La circonférence est le lieu géométrique des points du plan distants du centre d'une longueur égale au rayon.*

Car, toute droite menée au centre d'un point quelconque de la circonférence est égale au rayon, et toute droite menée au centre d'un autre point intérieur ou extérieur au cercle, étant moindre ou plus grande que le rayon, n'est pas égale au rayon.

COROL. I. *Deux cercles de même rayon, c'est-à-dire qui ont des rayons égaux, ont les circonférences égales;* car si l'on fait coïncider leurs centres, les circonférences qui les limitent, étant chacune le lieu des points distants du centre d'une longueur égale au même rayon, coïncident dans toute leur étendue, ainsi que les deux cercles, qui par suite sont égaux.

II. *Si l'on fait tourner un cercle dans son plan autour du centre, tout arc* AB *de sa circonférence coïncide successivement avec les parties suivantes; car chaque point de l'arc* AB, *demeurant pendant la révolution également distant du centre, occupe successivement le lieu des points suivants.*

SCOLIE. Il suit de ce qui précède que les arcs d'un même cercle ou de deux cercles égaux ont la même courbure et que, de même que deux lignes droites coïncident dans leur étendue respective si elles ont deux points communs, et, par suite, sont égales si elles ont les mêmes extrémités, ainsi, deux arcs d'un même cercle ou de deux cercles égaux placés l'un sur l'autre dans le même sens coïncident dans leur étendue respective s'ils ont deux points communs, et, par suite, sont égaux s'ils ont les mêmes extrémités.

70. THÉORÈME (fig. 70). *Par trois points* A, B, C, *non situés sur une même droite, on peut faire passer :* 1º *une circonférence;* 2º *une seule.*

1º Je trace les droites AB, BC et, par leurs milieux, D et E, je mène à ces lignes concourantes les perpendiculaires DF, EL qui se rencontrent en un point O (44). Ce point étant commun à chacune des perpendiculaires DF, EL, est également distant des points A, B, C; donc la circonférence, décrite du point O comme centre avec le rayon OA, passe par les points A, B, C.

2º La circonférence décrite du point O comme centre est la seule qui passe par les points A, B, C; car les perpendiculaires DO, EO, ne se rencontrant pas en un second point, tout autre point pris sur une de ces lignes ou en dehors sera, tout au plus, également distant de deux des trois points A, B, C.

COROL. I. *Les perpendiculaires aux milieux de deux droites* AB, BC *qui ont leurs extrémités* A, B, C *sur une circonférence, se rencontrent au centre et le déterminent; d'où un moyen simple de déterminer le centre d'une circonférence ou d'un arc, et un point également distant de trois points non en ligne droite.*

II. *Deux circonférences qui ont trois points communs coïncident et, par suite, deux circonférences ne peuvent pas avoir plus de deux points communs.*

LA LIGNE DROITE ET LA LIGNE BRISÉE RELATIVES A UN CERCLE.

Droites sécantes, tangentes et extérieures, relatives à un cercle.

DÉFINITIONS. I. On appelle *sécante* toute droite qui rencontre une circonférence en deux points, et droite *inscrite* dans un cercle, toute sécante qui a ses extrémités sur la circonférence de ce cercle.

II. La droite inscrite dans le cercle, considérée par rapport aux deux arcs avec lesquels elle a les extrémités communes, est la *corde* ou la *sous-tendante* de chacun de ces arcs.

III. Toute corde qui passe par le centre est un *diamètre*. Le diamètre d'un cercle étant égal au double du rayon, tous les diamètres d'un même cercle sont égaux.

IV. Un *segment* de cercle est la portion de cercle comprise entre un arc et sa corde nommée *base* du segment; et un *secteur* de cercle est la portion de cercle comprise entre le centre et deux rayons.

V. On appelle *tangente* à une circonférence une droite indéfinie qui n'a avec cette ligne qu'un point commun nommé *point de contact*, ou encore une sécante dont les deux points d'intersection n'en font qu'un; et droite *extérieure* toute droite indéfinie dont tous les points sont en dehors de la circonférence.

71. THÉORÈME (fig. 71). *Dans un même cercle, 1° toute corde est moindre que chacun des arcs qu'elle sous-tend; 2° tout diamètre est plus grand que toute corde qui ne passe pas par le centre.*

1° La corde AC est moindre que la ligne courbe AEC ou ADC qui a les mêmes extrémités (29); 2° le diamètre AB est plus grand que toute corde AC, car, si l'on trace le rayon OC, on a AO + OC > AC, ou AB > AC.

72. THÉORÈME (fig. 71). *1° Tout diamètre AB divise en deux parties égales la circonférence et le cercle; 2° toute corde AC qui ne passe pas par le centre divise en deux parties inégales la circonférence et le cercle.*

1° Je rabats le segment ADB autour de la droite AB. Les arcs ADB, ACB dont les extrémités coïncident sont égaux (69). De même les segments ADB, ACB qui coïncident dans toute leur étendue sont égaux; donc le diamètre AB divise en deux parties égales la circonférence et le cercle.

2° L'arc AEC < AECB ou BDA est, à plus forte raison, moindre que l'arc CBDA, et le segment AEC < AECB ou BDA est, à plus forte raison, moindre que le segment CBDA; donc la corde AC divise en deux parties inégales la circonférence et le cercle.

COROL. *1° Toute droite inscrite qui divise la circonférence en deux parties égales est un diamètre; 2° toute droite moindre que le diamètre est inscriptible dans le cercle.*

SCOLIE. Lorsqu'on parle d'un arc sous-tendu par une corde qui ne passe pas par le centre, on parle généralement du plus petit; ce qui a lieu dans les théorèmes suivants.

73. THÉORÈME (fig. 72). *Dans le même cercle ou dans des cercles de même rayon, 1° deux arcs égaux ont des cordes égales; 2° un plus grand arc a une plus grande corde.*

1° Soient les arcs égaux AB, A′B′; je dis que les cordes AB, A′B′ sont égales. Je transporte le segment AEB sur le segment A′E′B′ et je fais coïncider l'arc AB avec son égal A′B′ en plaçant le point A sur le point A′ et le point B sur le point B′. Les deux arcs AB, A′B′ coïncident dans toute leur étendue; donc les cordes AB, A′B′ dont les extrémités coïncident sont égales.

2° Soit l'arc AC > AB; je dis que la corde AC est plus grande que la corde AB. Je trace le rayon OC et le rayon OB qui rencontre la droite AC au point D. Les points O et B étant situés de part et d'autre de AC, la somme des droites AC, OB qui se coupent au point D est plus grande que celle des droites AB, OC qui joignent les extrémités opposées des premières (28) ; donc, j'ai AC + OB > AB + OC ; d'où, supprimant le rayon dans chaque membre, AC > AB.

COROL. *La corde qui joint les milieux des arcs non sous-tendus par deux cordes égales est un diamètre.*

SCOLIE. 1° Un arc AC, double d'un arc AB, n'a pas une corde double ; car la corde AC est moindre que la corde AB + BC ; ce qui prouve que le rapport de deux arcs d'un même cercle ou de deux cercles égaux n'est pas égal à celui de leurs cordes ; 2° de deux arcs plus grands chacun qu'une demi-circonférence, le plus grand a la plus petite corde.

74. THÉORÈME (fig. 72). *Dans le même cercle ou dans des cercles de même rayon , 1° deux cordes égales sous-tendent des arcs égaux ; 2° une plus grande corde sous-tend un plus grand arc.*

1° Soient les cordes égales AB , A′B′ ; je dis que les arcs AB, A′B′ sont égaux. Je transporte le segment AEB sur le segment A′E′B′ et je fais coïncider la corde AB avec son égale A′B′ en plaçant le point A sur le point A′ et le point B sur le point B′. Les arcs de même rayon AB, A′B′ dont les extrémités coïncident sont égaux.

2° Soit la corde AC > A′B′ ; je dis que l'arc AC est plus grand que l'arc A′B′. Je prends sur la corde AC > A′B′ la partie AI égale à A′B′ et je fais tourner dans le plan la droite AI autour du point A. Cette droite rencontrera l'arc AC en un point B situé entre A et C. La corde AB étant égale à A′B′, l'arc AB = l'arc A′B′ (1°). Or, j'ai arc AC > arc AB ; donc, j'ai arc AC > arc A′B′.

75. THÉORÈME (fig. 73). *Si d'un point A, extérieur ou intérieur à un cercle, on mène à la circonférence une sécante ABC passant par le centre O et une autre droite quelconque AD , la droite AB est plus petite et la droite AC plus grande que la droite AD.*

1° Si le point A est extérieur au cercle, je trace le rayon OD et j'ai d'abord AB + BO < AD + DO ; d'où, en retranchant de chaque membre le rayon, AB < AD ; et ensuite AO + OD > AD, ou AC > AD.

2° Si le point A est intérieur au cercle, j'ai d'abord, OD < OA + AD ou OA + AB < OA + AD ; d'où AB < AD ; et ensuite, AO + OD > AD ou AC > AD.

COROL. *1° La circonférence n'a qu'un centre ; 2° la plus petite et la plus grande de toutes les droites qu'on peut mener d'un point à une circonférence passent par le centre.*

76. THÉORÈME (fig. 74). *Si, d'un point quelconque C, pris sur le rayon OA d'un cercle O ou sur son prolongement AL, on mène à la circonférence des droites CB, CD, CE, 1° les droites CB, CD, dont les extrémités B et D sont également distantes du point A, sont égales ; 2° de deux droites CE, CD, dont les extrémités E et D sont inégalement distantes du point A, celle dont l'extrémité E est plus distante du point A est la plus grande.*

1° CB = CD. En effet, je trace le diamètre AON, les droites égales AB, AD qui déterminent les arcs égaux AB, AD, et je rabats la figure CABN autour de la droite CAON. La demi-circonférence ABN coïncide avec la demi-circonférence ADN, et, par suite, l'arc AB avec son égal AD ; donc, les droites soit extérieures, soit intérieures CB et CD dont les extrémités coïncident sont égales, ou CB = CD.

2° La droite CE est plus grande que la droite CD. En effet, je trace le rayon OE et le rayon OD qui rencontre la droite intérieure EC au point I. J'ai, dans le cas de la droite extérieure CE, CE + OE > CD + OD (28) ; d'où, en supprimant le rayon dans chaque membre, CE > CD ; et dans le cas de la droite intérieure CE, CE + OD > CD + OE (28) ; d'où, en supprimant le rayon dans chaque membre, CE > CD.

Corol. *De tout point autre que le centre extérieur ou intérieur à un cercle, on peut mener à la circonférence des couples de droites égales, mais non pas trois droites égales.*

Scolie. Si d'un point C, extérieur à une circonférence ON, comme centre avec le rayon CO plus grand que CA et moindre que CN, on décrit une circonférence, cette circonférence rencontre la circonférence ON en deux points situés de part et d'autre de la droite CN et également distants du point C.

77. **Théorème** (fig. 75). *Par un point quelconque C d'une circonférence O, on peut mener à cette courbe 1° un tangente ; 2° une seule.*

1° Je trace le rayon OC, et, par le point C, je mène à ce rayon la perpendiculaire indéfinie BCD. La droite BCD est tangente à la circonférence O. En effet, le rayon OC perpendiculaire à BD est moindre que toute autre droite menée du point O à la droite BDA ; donc, tout point de la droite BD autre que le point C est en dehors de la circonférence ; donc la droite BD, qui n'a que le point C commun avec la circonférence O, est tangente à cette circonférence, et l'on peut mener par le point C une tangente à la circonférence O.

2° Toute autre droite ECF menée par le point C étant oblique au rayon OC est une sécante ; car la perpendiculaire OP menée du centre O à la droite ECF, étant moindre que l'oblique AC, a son pied P dans l'intérieur du cercle ; donc la droite ECF rencontre dans son prolongement du côté de P la circonférence en un second point ; donc par le point C on ne peut mener qu'une tangente à la circonférence O.

Corol. *Il suit de la démonstration précédente que la perpendiculaire menée à l'extrémité d'un rayon est tangente à la circonférence.*

78. **Théorème** (fig. 76). *D'un point C, extérieur à un cercle O, on peut mener à la circonférence 1° deux tangentes ; 2° deux seules tangentes.*

1° Soient CIL la sécante qui passe par le centre et A et B les points où la circonférence décrite du point C, comme centre, avec le rayon CO > CI et < CL, rencontre la circonférence O (76). J'inscris dans le cercle C, qui a un diamètre 2CO > IL, diamètre du cercle O, les droites OD, OD′ égales chacune à IL et rencontrant évidemment la circonférence O aux points E et F, milieux de ces droites ; je trace les droites CE, CF et je dis que ces lignes sont tangentes à la circonférence O. En effet, la droite CE, ayant chacun des points C et E également distant des extrémités de la droite OD, est perpendiculaire à l'extrémité du rayon OE de la circonférence OL ; donc, d'après le corollaire précédent, la droite CE est tangente à la circonférence OL. Par une raison semblable, la droite CF est perpendiculaire à l'extrémité du rayon OF, et, par suite, tangente à la circonférence O. Donc, d'un point C, extérieur à un cercle O, on peut mener deux tangentes à sa circonférence.

2° On ne peut mener du point C à la circonférence OL que les deux tangentes CE, CF ; car toute autre droite menée par le point C est une sécante si elle passe entre CE et CF, et une droite extérieure à la circonférence si elle passe en dehors de ces lignes.

Scolie. On appelle *ligne de contact* de deux tangentes, issues d'un même point, la ligne droite qui passe par les deux points de contact.

79. **Théorème** (fig. 76). *Les tangentes CE, CF, menées d'un point C à une circonférence O, sont égales.*

Je trace la sécante CIL qui passe par le centre, et je rabats sur le plan la figure CEL, qui comprend le demi-cercle IEL, autour de la sécante CL. La demi-circonférence IEL coïncidant avec la demi-circonférence IBL qui a les mêmes extrémités, le point E, qui est sur la demi-circonférence IBL, coïncide avec le point F, sans quoi on aurait trois tangentes menées du point C à la circonférence O, ce qui est impossible ; donc les tangentes CE, CF coïncident ; donc elles sont égales.

80. Théorème (fig. 77). *La somme de deux tangentes AB, AC, issues d'un point A, extérieur à une circonférence O, est plus grande que l'arc BIC qui a les mêmes extrémités, et, par suite, chaque tangente est plus grande que la moitié de cet arc.*

Je mène d'abord par le point I, milieu de l'arc BC, une tangente qui rencontre les droites AB, AC aux points D et E ; puis, par les points G et H, milieux des arcs BI et CI, des tangentes qui rencontrent BD et DI aux points L et N, et EI et EC aux points R et P, et ainsi de suite indéfiniment. Je nomme A la 1re ligne brisée BAC, B la 2e BDEC, C la 3e BLNRPC, D la 4e et ainsi de suite. Toute ligne brisée enveloppante étant plus grande que toute ligne brisée convexe qui a les mêmes extrémités, j'ai A > B, B > C, C > D, et ainsi de suite ; donc ces lignes brisées deviennent de plus en plus petites à mesure que leurs formes se rapprochent de celle de l'arc qui est leur limite commune ; donc la ligne brisée dont la forme se confondrait avec celle de l'arc BIC, si l'on pouvait arriver jusque-là, serait la plus petite de toutes ; donc l'arc BIC est plus petit que chacune de ces lignes brisées ; donc la somme des tangentes AB, AC est plus grande que l'arc BIC qui a les mêmes extrémités.

81. Théorème (fig. 78). *La plus petite de toutes les droites qu'on peut mener d'une ligne droite extérieure AB à une circonférence O est la portion extérieure DC de la perpendiculaire menée du centre à cette droite.*

Je trace les droites DE, OLF et FK. D'abord, la droite DC qui passe par le centre est moindre que toute droite DE qui n'y passe pas (75). Puis, on a DC moindre que la droite FL qui passe par le centre ; car la droite OD, perpendiculaire à AB, étant moindre que OF, on a DC < FL. Enfin, on a DC moindre que la droite FK qui ne passe pas par le centre ; car, FL, qui passe par le centre, étant moindre que FK, on a, à plus forte raison, DC < FK.

ANGLES RELATIFS A UN CERCLE.

Définitions. On appelle 1o *angle au centre* un angle qui a son sommet au centre d'un cercle et pour côtés deux rayons ; 2o *correspondants* l'un à l'autre l'angle au centre et l'angle compris entre ses côtés ; 3o angle *inscrit* dans un cercle un angle qui a son sommet sur la circonférence et pour côtés deux cordes, et angle *inscrit* dans un arc un angle qui a son sommet sur l'arc et pour côtés deux cordes aboutissant aux extrémités de l'arc ; 4o angle *circonscrit* à un cercle un angle formé par deux tangentes, et angle *circonscrit* à un arc un angle formé par deux tangentes comprenant cet arc entre le sommet et les points de contact.

82. Théorème (fig. 79). *Dans un même cercle ou dans des cercles égaux, à des angles au centre égaux correspondent des arcs égaux, et réciproquement.*

1o Soient les angles égaux AOB, COD ; je dis que les arcs AB, CD sont égaux. Je fais tourner dans le plan le secteur OCD autour du point O jusqu'à ce que le rayon OC coïncide avec le rayon OA. Les angles COD et AOB étant égaux, le rayon OD coïncide avec le rayon OB ; donc les arcs AB, CD dont les extrémités coïncident sont égaux.

2° Réciproquement, *à deux arcs égaux* AB, CD *correspondent des angles au centre égaux* AOB, COD. Je fais tourner dans le plan le secteur OCD autour du point O jusqu'à ce que le rayon OC coïncide avec le rayon OA. L'arc CD décrit avec le même rayon que l'arc AB est sur l'arc AB, et à cause de arc CD = arc AB, le point D est sur le point B ; donc les arcs AB, CD dont les extrémités coïncident sont égaux.

On démontre de même que, *dans un même cercle ou dans des cercles égaux, deux secteurs égaux ont leurs arcs égaux.*

Corol. (fig. 80). *A un angle au centre droit* AOB *correspond un quadrant ; car si l'on prolonge un côté* AO *de manière qu'il devienne un diamètre* AC, *on a deux angles au centre* AOB, BOC, *qui sont droits et par conséquent égaux, à chacun desquels correspond la moitié de la demi-circonférence* ABC, *c'est-à-dire un quadrant.*

Scolie. Un angle au centre est droit lorsque l'arc correspondant est un quadrant ; il est obtus ou aigu si l'arc correspondant est plus grand ou moindre qu'un quadrant.

83. Théorème. *Dans le même cercle ou dans des cercles égaux, le rapport de deux angles au centre est égal à celui des arcs correspondants.*

1er cas (*fig.* 81) où les arcs AB, BC correspondant aux angles au centre AOB, BOC ont une mesure commune AD comprise deux fois sur l'arc AB et trois fois sur l'arc BC. Je joins les points de division D, E, F au centre O par les rayons OD, OE, OF. Les cinq angles au centre sont égaux comme correspondant à cinq arcs égaux ; donc, AOB : BOC = 2 AOD : 3 AOD = 2 : 3, et AB : BC = 2 AD : 3 AD = 2 : 3 ; donc, AOB : BOC = AB : BC.

2e cas (*fig.* 82) où les arcs AB, BC correspondant aux angles au centre AOB, BOC sont incommensurables. J'aurai AOB : BOC = AB : BC, si tout rapport AOB : BOL > AOB : BOC est plus grand que AB : BC, et si tout rapport AOB : BOL′ < AOB : BOC est moindre que AB : BC. Or, il en est ainsi :

1° AOB : BOL > AOB : BOC est plus grand que AB : BC. Je divise l'arc AB en parties égales moindres chacune que l'arc LC, et je porte ces divisions sur l'arc BC. Un point de division I étant entre L et C, je trace le rayon OI, et j'ai (1er cas) AOB : BOI = AB : BI ; mais AOB : BOL est plus grand que AOB : BOI ; donc AOB : BOL est plus grand que AB : BI, et, à plus forte raison, plus grand que AB : BC.

2° AOB : BOL′ < AOB : BOC est moindre que AB : BC. Je divise l'arc AB en parties égales moindres chacune que l'arc CL′, et je porte ces divisions sur l'arc BL′. Un point de division I′ étant entre C et L′, je trace le rayon OI′, et j'ai (1er cas) AOB : BOI′ = AB : BI′ ; mais, AOB : BOL′ est moindre que AOB : BOI′ ; donc, AOB : BOL′ est moindre que AB : BI′, et, à plus forte raison, moindre que AB : BC. Donc, dans tous les cas, AOB : BOC = AB : BC.

Scolie. On démontre de la même manière que le rapport de deux secteurs AOB, BOC est égal à celui de leurs arcs AB, BC.

84. Théorème (fig. 82). *Dans tout cercle, si l'angle droit est l'unité des angles et le quadrant l'unité des arcs, le rapport abstrait d'un angle au centre à l'angle droit est égal au rapport abstrait de l'arc correspondant à l'angle au quadrant ; ce que nous exprimerons en disant que l'angle au centre a la mesure de l'arc correspondant.*

Soient AOB un angle au centre quelconque, AB l'arc correspondant,

D l'angle droit et Q le quadrant. On a, d'après le théorème précédent, angle $\widehat{AOB} : D = $ arc $\widehat{AB} : Q$.

Corol. *L'angle droit a la mesure d'un quadrant, et deux angles supplémentaires ont la mesure de la moitié de la circonférence.*

Scolie. I. Si un arc AB correspondant à un angle au centre AOB est de 10°, par exemple, comme le quadrant est de 90°, on a, pour mesure de l'arc AB, 10 : 90 ou 1 : 9, c'est-à-dire la 9ᵉ partie du quadrant, et pour mesure de l'angle AOB, la 9ᵉ partie d'un angle droit.

II. Si un arc correspondant à un angle au centre contient des degrés avec des fractions de degré, minutes ou secondes, ou simplement des fractions de degré, on réduit l'arc et le quadrant ou 90°, chacun en fraction de la plus petite espèce, et le rapport de ces deux nombres donne la mesure de l'arc, et, par suite, de l'angle correspondant.

85. Théorème (fig. 83). *Tout angle qui a son sommet sur la circonférence et pour côtés une tangente et une corde a la mesure de la moitié de l'arc compris entre ses côtés ou, en d'autres termes, est égal à l'angle au centre correspondant à la moitié de cet arc.*

Soit 1° l'angle EAB ayant son sommet A sur la circonférence, et pour côtés la tangente BAC et le diamètre AOE. La droite OA étant moindre que toute autre ligne menée du point O à la tangente BAC qui a tous ses points autres que A extérieurs au cercle, est perpendiculaire à cette ligne ; donc l'angle EAB est droit et a la mesure d'un quadrant ou de la moitié de la demi-circonférence ADE comprise entre ses côtés.

Soient 2° les angles DAB, DAC ayant leur sommet commun sur la circonférence, et pour côtés la tangente BAC et la corde AD. Je trace le diamètre AOE et le rayon OD. Les droites égales OA, OD formant avec la droite AD les angles égaux OAD, ODA (34) et l'angle extérieur DOE, formé par la sécante AE des droites DA, DO et la droite DO, étant égal à la somme de ces deux angles, l'angle DAO ou DAE est égal à la moitié de l'angle DOE et a la mesure de la moitié de l'arc DE. Or (1°), l'angle droit BAD $+$ DAE a la mesure de $\frac{1}{2}$ arc AD $+$ $\frac{1}{2}$ arc DE ; donc, l'angle BAD a la mesure de la moitié de l'arc AD compris entre ses côtés ; et comme deux angles supplémentaires ont la mesure de la moitié de la circonférence, l'angle DAC, supplément de l'angle DAB, a la mesure de la moitié de l'arc DEA compris entre ses côtés.

86. Théorème (fig. 83). *Tout angle inscrit DAE a la mesure de la moitié de l'arc DE compris entre ses côtés.*

Soit AC une droite tangente à la circonférence. D'après ce qui précède, les angles DAE, EAC dont la somme est égale à l'angle DAC, ont ensemble la mesure des moitiés des arcs DE et EA, et l'angle EAC a la mesure de la moitié de l'arc EA ; donc, l'angle inscrit DAE a la mesure de la moitié de l'arc DE compris entre ses côtés.

Corol. I. *Tout angle EAL qui a pour côtés une corde AE et le prolongement AL d'une autre corde DA étant le supplément de l'angle DAE qui a la mesure de la moitié de l'arc DE a la mesure de la moitié du reste de la circonférence, c'est-à-dire de la moitié des arcs AE et AD compris entre ses côtés et leurs prolongements.*

II. *Dans un même cercle, les angles qui ont pour côtés une tangente et une corde ou deux cordes sont égaux s'ils interceptent entre leurs côtés des arcs égaux ; car ils ont la même mesure ou des mesures égales.*

III. *Dans un même cercle, les angles inscrits dans le même arc ou dans des arcs égaux sont égaux ; et réciproquement, deux angles inscrits égaux interceptent entre leurs côtés des arcs égaux.*

IV. *Un angle inscrit est droit s'il est inscrit dans une demi-circonférence ; car il a pour mesure un quadrant ; il est obtus ou aigu s'il est inscrit dans un arc plus grand ou moindre qu'une demi-circonférence.*

V. *La droite qui joint les extrémités des côtés d'un angle droit BAC est un diamètre de la circonférence menée par les trois points B, A, C, et les côtés de l'angle sont des cordes menées du point A aux extrémités de ce diamètre.* Ce corollaire sert à démontrer des théorèmes très-importants.

Scolie. Un arc de cercle est dit capable d'un angle lorsque les angles inscrits dans cet arc sont égaux à cet angle.

87. Théorème · (fig. 84). *Tout angle BAC, formé par deux cordes qui se rencontrent dans le cercle, a la mesure de la moitié de la somme des arcs BC et ED compris entre ses côtés et leurs prolongements.*

Je trace la corde DC. L'angle extérieur CAB formé par la sécante DB des droites CD, CA et la droite CA, est égal à la somme des angles intérieurs ADC ou BDC, ACD ou ECD. Or, les angles inscrits BDC, ECD ont les mesures des moitiés des arcs BC et ED ; donc l'angle BAC a la mesure de la moitié des arcs BC et ED compris entre ses côtés et leurs prolongements.

88. Théorème (fig. 85). *Tout angle formé par deux tangentes, ou par une tangente et une sécante, ou par deux sécantes qui se rencontrent en dehors du cercle, a la mesure de la moitié de la différence des arcs compris entre ses côtés.*

1er cas où l'angle A est formé par deux tangentes AB, AC. Je prolonge la droite AB jusqu'au point L et je trace la corde BC. La somme des angles intérieurs A et BCA étant égale à l'angle extérieur LBC, formé par la sécante AL des droites CA, CB et la droite CB, l'angle A $=$ angle LBC — BCA. Or, l'angle LBC, formé par la tangente LB et la corde BC, a la mesure de la moitié de l'arc BFC, et l'angle BCA, formé par la tangente AC et la corde CB, a la mesure de la moitié de l'arc BC ; donc l'angle A ou BAC, a la mesure de la moitié de la différence des arcs BFC et BC compris entre ses côtés.

Le 2e et le 3e cas se démontrent d'une manière semblable.

Corol. I. *Tous les angles circonscrits à des arcs égaux sont égaux comme ayant des mesures égales ; et réciproquement, tous les angles égaux circonscrits à un même cercle, ayant des mesures égales, comprennent entre leurs côtés des arcs égaux.*

II. *Un angle circonscrit est droit lorsque l'arc le plus rapproché du sommet compris entre ses côtés est égal à un quadrant. Il est obtus ou aigu si cet arc est moindre ou plus grand qu'un quadrant.*

Scolie. I (*fig.* 86). Tout arc ACB dans lequel est inscrit un angle ACB est le lieu géométrique des sommets des angles égaux à ACB dont les côtés, dirigés dans le même sens que ceux de ACB, passent par les points A et B, car, de tous les angles dont les côtés ainsi dirigés passent par les points A et B, celui, tel que ADB, dont le sommet est sur l'arc ACB est égal à l'angle ACB, comme inscrit dans le même arc, et celui, tel que AIB ou AFB, dont le sommet est à l'intérieur ou à l'extérieur du cercle, n'est pas égal à l'angle inscrit ACB, puisque, d'après les deux derniers théorèmes, il a une mesure plus grande ou moindre que celle de l'angle ACB.

II. Les côtés d'un angle circonscrit terminés à la circonférence sont égaux ; car, deux tangentes issues d'un même point et terminées à la circonférence sont égales (79).

89. Théorème (fig. 87). *Deux angles BAC, EDF, circonscrits à des arcs égaux BC, EF, ont les quatre côtés AB, AC, DE, DF égaux.*

Je trace les rayons OE, OF, et je fais tourner dans le plan autour du

point O la figure OFDE, jusqu'à ce que l'arc EF coïncide avec l'arc égal
BC. Comme on ne peut mener qu'une tangente d'un point de la circonférence, les droites BA et ED, CA et FD, tangentes deux à deux au
même arc BC qui coïncide avec l'arc EF, coïncident deux à deux; donc
les quatre côtés AB, DE, AC, DF sont égaux.

BISSECTRICES DES ANGLES ET PERPENDICULAIRES RELATIVES A UN CERCLE.

90. THÉORÈME (fig. 88). *La droite AO, qui joint le sommet de l'angle équilatéral BAC inscrit dans l'arc BAC au centre du cercle, est perpendiculaire au
milieu de la corde BC qu'elle rencontre au point L, et divise en parties égales
l'arc BAC, l'angle inscrit et l'angle au centre BOC formé par les rayons OB et OC.*

1° Les droites AB et AC, OB et OC étant égales deux à deux, la droite
AO, dont chaque point A et O est également distant des extrémités de
la corde BC, est perpendiculaire au milieu de cette ligne.

2° Je rabats sur le plan la figure ACO autour de la droite AO. A cause
des angles égaux ALC, ALB et de LC = LB (1°), LC coïncide avec LB ;
donc les arcs AB et AC et les angles OAB et OAC, AOB et AOC, qui
coïncident deux à deux, sont égaux deux à deux; donc la droite AO
divise en deux parties égales l'arc BAC, l'angle inscrit et l'angle au centre BOC.

91. THÉORÈME (fig. 89). *La droite AO, qui joint le sommet d'un angle BAC
circonscrit à un arc BC, au centre du cercle, est perpendiculaire au milieu de
la corde BC qu'elle rencontre au point L, et divise en parties égales l'arc BC
qu'elle rencontre au point F, l'angle circonscrit et l'angle au centre BOC formé
par les rayons OB et OC.*

Les tangentes AB et AC étant égales, la démonstration est la même
que celle du théorème précédent.

SCOLIE. Le sommet de l'angle circonscrit, le centre et les milieux de
l'arc et de sa corde, étant sur une même droite perpendiculaire à la
corde, toute droite qui passe par deux de ces points passe par les deux
autres et est perpendiculaire à la corde.

92. THÉORÈME (fig. 89). *La tangente à une circonférence est perpendiculaire
au rayon qui passe par le point de contact.*

La tangente a tous ses points, autres que le point de contact, extérieurs à la circonférence ; donc le rayon qui passe par le point de contact est la ligne la plus courte qu'on puisse mener du centre à la tangente ; donc ce rayon est perpendiculaire à la tangente, et, par suite, la
tangente est perpendiculaire à ce rayon.

SCOLIE. Ce théorème est la réciproque de cette proposition connue :
*la perpendiculaire à l'extrémité d'un rayon est une tangente à la circon-
férence.*

93. THÉORÈME (fig. 90). *Le diamètre ED, perpendiculaire à une corde AB,
divise en deux parties égales cette corde et les arcs qu'elle sous-tend.*

Je rabats sur le plan le demi-cercle EBD autour du diamètre ED ; l'arc
EBD coïncide avec l'arc EAD qui a les mêmes extrémités, et les angles
ECB, ECA étant égaux comme angles droits, CB est sur CA et le point
B sur le point A ; donc les droites CB et CA qui coïncident sont égales,
et les arcs DB et DA, EB et EA qui coïncident deux à deux, sont égaux
deux à deux.

COROL. *Le rayon perpendiculaire à une corde divise en parties égales cette
corde et l'arc qu'elle sous-tend, et, par suite, 1° la perpendiculaire à une corde
menée par son milieu passe par le centre; 2° la moitié d'un arc pouvant être*

divisée en parties égales, et ainsi de suite, tout arc peut être divisé en parties égales moindres chacune qu'une quantité donnée.

Scolie. Le centre d'un cercle, le milieu d'une corde et les milieux des deux arcs qu'elle sous-tend, sont sur une même droite perpendiculaire à la corde, et, par suite, toute droite qui passe par deux de ces points passe par les autres et est perpendiculaire à la corde.

94. Théorème. *Deux diamètres perpendiculaires l'un à l'autre divisent la circonférence en quatre parties égales;* car, les quatre angles droits qu'ils déterminent étant égaux, les quatre arcs correspondants sont égaux (82).

95. Théorème (fig. 91). *Deux sécantes, menées d'un point A aux extrémités d'un diamètre BC, sont perpendiculaires ou obliques l'une à l'autre, selon que le point A est sur la circonférence ou n'y est pas.*

En effet, les droites AB, AC font, dans le premier cas, un angle qui a la mesure d'un quadrant, c'est-à-dire un angle droit; donc elles sont perpendiculaires l'une à l'autre; et elles font, dans le second cas, un angle qui a la mesure d'un arc plus grand ou moindre qu'un quadrant, selon que le point A est intérieur ou extérieur au cercle (87 et 88), c'est-à-dire un angle obtus ou un angle aigu; donc elles sont obliques l'une à l'autre.

Scolie (*fig.* 92). Ce théorème fournit un nouveau moyen de mener, d'un point extérieur C, deux tangentes à une circonférence O; car, si du point D, milieu de la droite CO, comme centre, on décrit avec le rayon DO une circonférence qui coupe la première aux points A et B, et qu'on trace les droites CA et OA, CB et OB, les droites CA et CB, perpendiculaires aux extrémités des rayons OA, OB du cercle O, sont tangentes à la circonférence O.

96. Théorème (fig. 93). *Dans un même cercle ou dans des cercles de même rayon, 1° deux cordes égales sont également distantes du centre; 2° de deux cordes inégales la plus grande est la plus rapprochée du centre.*

1° Soient les cordes égales AB, A′B′, et, par suite, les arcs égaux AB, A′B′; je dis que les droites OE, OF perpendiculaires à ces cordes sont égales. Je trace les rayons OA, OB, OA′, OB′, et je fais tourner dans le plan autour du point O le secteur OA′B′, jusqu'à ce que le point B′ soit sur le point B, et, par suite, le point A′ sur le point A. Les cordes AB, A′B′ coïncident ainsi que leurs milieux E et F; donc les perpendiculaires OE, OF qui coïncident sont égales.

2° Soit la corde CD plus grande que la corde AB; je dis que la droite OL perpendiculaire à CD est moindre que la droite OE perpendiculaire à AB. La droite OE ayant deux points O et E, situés de part et d'autre de la droite CD, rencontre cette droite en un point I; donc on a (34) OL < OI, et, à plus forte raison, OL < OE.

97. Théorème (fig. 93). Réciproquement, dans un même cercle ou dans deux cercles *de même rayon, 1° deux cordes également distantes du centre sont égales; 2° de deux cordes inégalement distantes du centre la plus rapprochée du centre est la plus grande.*

1° Soient les perpendiculaires égales OE, OF menées du centre O aux cordes AB, A′B′; je dis que ces cordes sont égales. Je fais tourner dans le plan autour du point O le secteur OA′B′, jusqu'à ce que la droite OF coïncide avec son égale OE. Dans cette position, la droite OF, qui est perpendiculaire au milieu de A′B′, est aussi, comme OE, perpendiculaire au milieu de AB; donc les cordes AB, A′B′ coïncident; donc elles sont égales.

2° Si la droite OL perpendiculaire à la corde CD est moindre que la

droite OF perpendiculaire à la corde A′B′, la corde CD est plus grande
que la corde A′B′. Sur OF > OL je prends OL′ = OL, et je mène par
le point L′ à OF une perpendiculaire qui, étant parallèle à A′B′, rencontre le grand arc B′ABA′ aux points C′, D′. Les cordes CD, C′D′ également distantes du centre sont égales (1°). Or, la corde C′D′ est plus
grande que la corde A′B′ (72) ; donc la corde CD est plus grande que
la corde A′B′.

98. THÉORÈME (fig. 94). *La plus courte des cordes qu'on peut tracer par un
point I, pris dans l'intérieur d'un cercle O, est la corde AB, perpendiculaire au
rayon OD qui passe par ce point.*

En effet, toute autre corde CIE faisant avec OI l'angle aigu OIC, la
perpendiculaire menée du point O à cette droite la rencontre en un point
P situé entre I et C. Or, on a OP moindre que la droite OI perpendiculaire à AB ; donc la corde AB est plus éloignée du centre que la corde
CE ; donc elle est moindre que CE.

99. THÉORÈME (fig. 95). *La perpendiculaire, menée du milieu d'un arc à sa
corde, est plus grande que toute perpendiculaire à la corde, menée d'un autre
point de l'arc ; et de deux perpendiculaires menées à la corde, de deux points
inégalement distants du milieu de l'arc, celle dont le point en est le plus rapproché est la plus grande.*

Soient les droites CD, EF, GH perpendiculaires à la corde AB de l'arc
AEB, et C le milieu de l'arc ; je dis qu'on a CD > EF et EF > GH. Je
mène, des points C et E, à la perpendiculaire CD qui passe par le centre,
les perpendiculaires CN, EI, et du point G à la perpendiculaire EF la
perpendiculaire GL. Les parallèles ID, EF comprises entre les parallèles
EI, FD étant égales, ainsi que les parallèles LF, GH comprises entre les
parallèles GL, HF, on a évidemment CD > ID, et, par conséquent, CD
> EF, et EF > LF, et, par conséquent, EF > GH.

PARALLÈLES RELATIVES AU CERCLE.

100. THÉORÈME (fig. 96). *Deux parallèles quelconques AB, CD, soit sécantes, soit l'une tangente et l'autre sécante, soit toutes les deux tangentes, interceptent sur la circonférence des arcs égaux.*

Je trace la droite BC. Les angles ABC, DCB, qui ont leurs sommets sur
la circonférence, sont égaux comme alternes-internes formés par les parallèles AB, CD et la sécante BC ; donc ils interceptent entre leurs côtés
des arcs égaux. (86, *corol. III.*)

101. THÉORÈME. *Les milieux de deux cordes parallèles et le centre du cercle
sont sur un diamètre perpendiculaire à ces cordes.*

En effet, la sécante de deux parallèles perpendiculaire à l'une est
aussi perpendiculaire à l'autre (44) ; donc le diamètre perpendiculaire
à l'une de ces cordes est perpendiculaire à l'autre, et, par suite, passe
par leurs milieux (93) ; donc les milieux de deux cordes parallèles et le
centre sont sur un diamètre perpendiculaire à ces cordes.

COROL. *La tangente à une circonférence et les cordes que le diamètre du point
de contact divise en deux parties égales sont parallèles ; car elles sont perpendiculaires à ce diamètre.*

102. THÉORÈME (fig. 97). *Les droites AD, BC, qui joignent les extrémités
opposées de deux cordes AB, CD égales et parallèles, sont des diamètres.*

Les arcs AB, CD sont égaux comme ayant des cordes égales, et les
arcs BD, AC sont égaux comme interceptés par deux parallèles ; donc

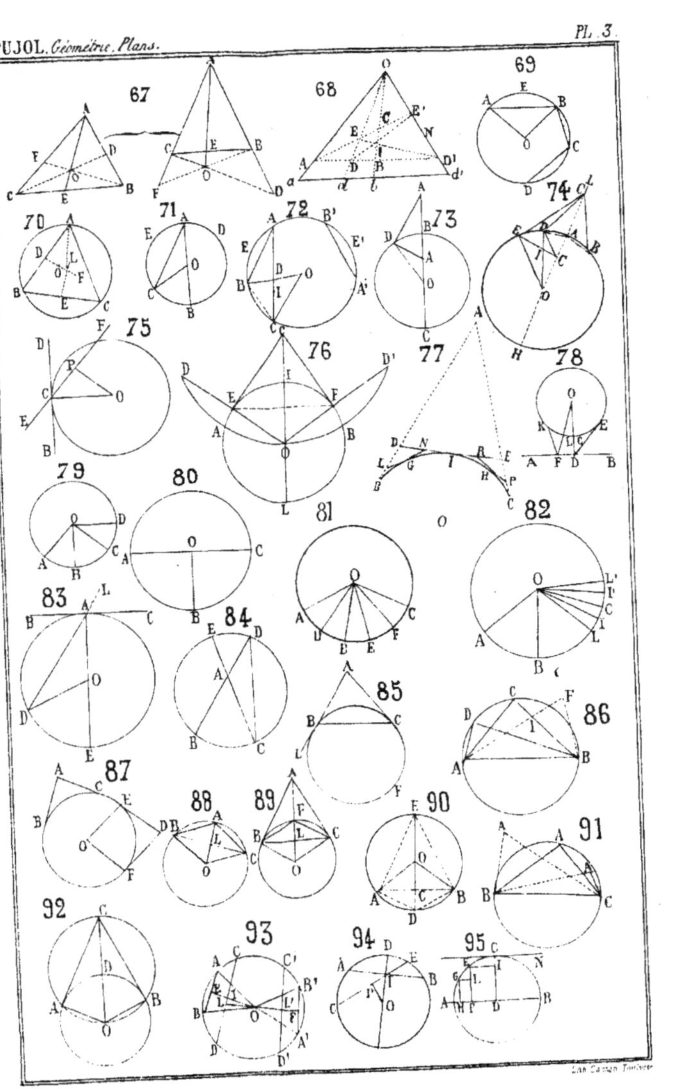
67
68
69
70
71
72
73
74
75
76
77
78
79
80
81
82
83
84
85
86
87
88
89
90
91
92
93
94
95

la droite AD qui divise la circonférence en deux parties égales AB + BD et DC + AC est un diamètre. De même, la droite CB est un diamètre.

103. Théorème. *Les tangentes à une circonférence menées par les extrémités d'un diamètre sont parallèles, et les tangentes menées par les extrémités de toute autre corde sont concourantes;* car les premières sont perpendiculaires au diamètre et les autres, qui sont perpendiculaires aux rayons menés du centre aux extrémités de la corde, forment avec elle deux angles internes du même côté, dont la somme est moindre que deux angles droits.

Corol. *La droite qui joint les points de contact de deux tangentes parallèles est un diamètre;* car, si elle ne passait pas par le centre, les tangentes seraient concourantes; ce qui est contre l'hypothèse.

LIGNES DROITES SYMÉTRIQUES RELATIVES A UN CERCLE, ET FIGURE COURBE SYMÉTRIQUE PAR RAPPORT A UN POINT OU PAR RAPPORT A UN AXE.

Définitions. Une figure courbe est 1° *symétrique* par rapport à un point intérieur, nommé *centre de symétrie* et *centre de la figure*, lorsque toute droite, passant par ce point et terminée de part et d'autre au *contour* ou *périmètre*, divise ce périmètre en deux parties symétriques par rapport à ce point; 2° *symétrique* par rapport à une ligne droite, nommée *axe de symétrie* et *axe de la figure*, lorsque cette droite divise le périmètre en deux parties symétriques par rapport à cette droite.

104. Théorème. *Les deux rayons dont se compose le diamètre d'un cercle sont symétriques par rapport au centre;* car les extrémités des rayons et les points consécutifs sont symétriques deux à deux, par rapport au centre de la circonférence.

105. Théorème (fig. 98). *Deux cordes égales et parallèles AB, CD sont symétriques, 1° par rapport au centre de la circonférence; 2° par rapport au diamètre EF qui passe par les milieux des arcs non sous-tendus par ces cordes.*

1° Je trace les cordes AC, BD qui, étant comprises entre les droites égales et parallèles AB, CD, sont égales et parallèles et sous-tendent des arcs égaux, et les droites AD, BC, qui sont des diamètres (102). Les cordes AB, CD ont leurs extrémités A et D, B et C symétriques deux à deux par rapport au centre O; donc elles sont symétriques par rapport à ce centre.

2° Les cordes AC, BD sont égales et parallèles (1°) et leurs milieux I, I′ sont sur un diamètre EF perpendiculaire à ces cordes (104); donc les points A et C, B et D sont symétriques deux à deux par rapport au diamètre EF; donc les cordes AB et CD, qui ont leurs extrémités A et C, B et D symétriques par rapport au diamètre EF, sont symétriques par rapport à ce diamètre (52).

106. Théorème (fig. 98). *Tout cercle OA est symétrique par rapport à son centre.*

Je trace un diamètre quelconque EOF. Le cercle OA est symétrique par rapport au centre O, si la droite EF divise son contour ou sa circonférence en deux parties EAF, ECF symétriques par rapport au point O, ou, en d'autres termes, si tout point A situé sur l'une EAF a son symétrique sur l'autre par rapport au point O. Or, il en est ainsi : car si l'on mène la droite AO et qu'on la prolonge jusqu'à la rencontre de la demi-circonférence ECF au point D, ce point est le symétrique du point A par rapport au centre O.

Corol. *Si une figure courbe, comme le cercle OA, est symétrique par rapport à un centre O, 1° toute droite EF, passant par le point O et terminée au con-*

tour, est divisée par le centre en deux parties égales, parce que ses extrémités E et F sont symétriques par rapport au centre O ; *2° cette droite divise la figure courbe en deux parties égales*, puisque, si l'on fait tourner dans le plan la partie ECDF autour du point O, jusqu'à ce que la droite OF coïncide avec son égale OE, chaque point du contour ECDF coïncidera avec son symétrique situé sur le contour FBAE.

Scolie. On nomme *diamètre* la droite qui divise en deux parties égales le contour d'une figure plane quelconque symétrique par rapport à un centre.

107. Théorème (fig. 98). *Tout cercle OA a pour axe de symétrie chacun de ses diamètres.*

Soit EF un diamètre du cercle OA. Le diamètre EF est un axe de symétrie du cercle OA, si les demi-circonférences EAF, ECF sont symétriques par rapport à EF, ou, en d'autres termes, si tout point A de la demi-circonférence EAF a son symétrique sur la demi-circonférence ACF. Or, il en est ainsi ; car, si l'on prend sur la demi-circonférence ECF l'arc EC, égal à l'arc EA, et que l'on trace la droite AC, qui rencontre EF au point I, le diamètre EF, qui passe par le milieu E de l'arc AEC, est perpendiculaire au milieu de la corde AC, et, par conséquent, les points A et C sont symétriques par rapport au diamètre EF.

Corol. *1° le cercle a un nombre indéfini d'axes de symétrie ; 2° tout axe de symétrie d'un cercle le divise en deux parties qui coïncident, si l'on rabat sur le plan une de ces parties autour de l'axe.*

LIGNES DROITES PROPORTIONNELLES RELATIVES A UN CERCLE.

Définitions. I. Deux nombres A et B sont inversement proportionnels à deux nombres C et D lorsque les deux premiers ou les derniers forment les extrêmes et les deux autres les moyens, comme A : D :: C : B, et, par suite, lorsque le produit des deux premiers est égal à celui des derniers.

II. Une droite divisée en deux parties inégales est dite divisée en moyenne et extrême si le grand segment est moyenne proportionnelle entre le petit segment, qui est un extrême de la proportion, et la droite entière, qui est l'autre extrême.

108. Théorème (fig. 99). *Si deux cordes AB, CD se rencontrent en un point E, les segments de la corde AB sont inversement proportionnels aux segments de la corde BC, et, par suite, le produit des segments de chaque corde est le même ou constant.*

Sur les droites ED, EB je prends EA′ = EA et EC′ = EC, et je trace les droites AC, A′ C′ et DB. Les angles égaux A′EC′, AEC, ayant les côtés égaux chacun à chacun, les droites A′C′, AC, qui joignent les extrémités de ces côtés, font avec les côtés égaux EA′, EA les angles égaux EA′C′ et A (24). Or, l'angle D est égal à l'angle A inscrit dans le même arc ; donc les angles correspondants EA′C′ et D, formés par les droites A′C′, DB et la sécante ED, sont égaux, et les droites A′C′ et DB sont parallèles ; donc (54), EA′ : ED :: EC′ : EB, ou EA : ED :: EC : EB ; d'où, EA × EB = EC × ED.

Corol. (fig. 100). *La perpendiculaire AD, menée d'un point quelconque A d'une circonférence O à un de ses diamètres BC, est moyenne proportionnelle entre les deux segments du diamètre, et, par suite, le carré de cette droite est égal au produit des segments du diamètre ;* car, si l'on prolonge la perpendiculaire AD jusqu'à la rencontre de la circonférence au point E, le diamètre

BC, perpendiculaire à la corde AE, coupant cette ligne en parties égales, la proportion BD : DE :: AD : DC devient BD : AD :: AD : DC; d'où AD² $=$ BD $\times$ DC.

109. **Théorème** (fig. 100). *Toute corde AB est moyenne proportionelle entre le diamètre BC, qui passe par une de ses extrémités, et sa projection sur ce diamètre, et, par suite, le carré de la corde AB est égal au produit du diamètre BC, par sa projection sur ce diamètre.*

Soient AD la perpendiculaire menée du point A au diamètre BC, et, par suite, DB la projection de la corde AB sur BC, et AC la droite qui fait avec AB l'angle droit inscrit BAC. Je prends sur les prolongements de BA et de CA, AB′ $=$ DB et AD′ $=$ AD, et je trace la droite B′D′. Les angles droits B′AD′ et BDA sont égaux et ont les côtés égaux chacun à chacun; donc les droites B′D′ et AB, qui joignent les extrémités de ces côtés sont égales, et font avec les côtés égaux AB′ et DB les angles égaux B′ et B (24); donc les droites B′D′ et BC, qui font avec la sécante B′B les angles alternes-internes égaux B′ et B, sont parallèles, et on a (59) BC : B′D′ :: AB : AB′, ou BC : AB :: AB : BD; d'où AB² $=$ BC $\times$ BD.

Corol. I. *Les carrés de deux cordes* C *et* C′ *issues d'une extrémité ou des deux extrémités d'un diamètre* D, *sont proportionnels aux projections* P *et* P′ *de ces cordes sur le diamètre;* car l'on a C² $=$ D $\times$ P, et C′² $=$ D $\times$ P′; d'où C² : C′² $=$ D $\times$ P : D $\times$ P′ $=$ P : P′.

II. *Le carré d'un diamètre BC est égal à la somme des carrés de deux cordes AB, AC, menées d'un point quelconque A de la circonférence aux extrémités de ce diamètre;* car BD et DC étant les projections des cordes AB et AC sur BC, on a BC $\times$ BD $=$ AB², et BC $\times$ DC $=$ AC²; d'où, ajoutant membre à membre, BC $\times$ BD $+$ BC $\times$ DC, ou BC $\times$ (BD $+$ DC), c'est-à-dire BC² $=$ AB² $+$ AC².

110. **Théorème** (fig. 101). *Si d'un point* A, *extérieur à un cercle* O, *l'on mène à ce cercle une tangente AB et une sécante quelconque AC, la tangente est moyenne proportionnelle entre la sécante et sa partie extérieure, et, par suite, le carré de la tangente est égal au produit de la sécante par sa partie extérieure.*

Sur les prolongements de DA et de BA je prends AB′ $=$ AB et AD′ $=$ AD, et je trace les droites B′D′, BD et BC. Les angles B′AD′ et BAD sont égaux et ont les côtés égaux chacun à chacun; donc les droites D′B′, DB, qui joignent les extrémités de ces côtés, font avec les côtés égaux AB′ et AB les angles égaux B′ et ABD (24). Or, l'angle ABD, formé par la tangente AB et la corde BD, ayant la mesure de la moitié de l'arc BD, est égal à l'angle inscrit C, qui a la même mesure; donc les angles B′ et C sont égaux ; donc les droites D′B′, BC, qui font avec la sécante B′C les angles alternes-internes égaux B′ et C, sont parallèles, et l'on a AC : AB′ :: AB : AD′, ou AC : AB :: AB : AD; d'où AB² $=$ AC $\times$ AD.

Corol. *La tangente est moindre que la sécante et plus grande que sa partie extérieure.*

111. **Théorème** (fig. 101). *Si une droite AB tangente à un cercle* O *est égale au diamètre, la partie extérieure AD de la sécante AC qui passe par le centre est égale au grand segment de la tangente AB divisée en moyenne et extrême.*

Sur AB $>$ AD je prends AI $=$ AD. La proportion AC : AB :: AB : AD, donnée par le théorème précédent, devient AI $+$ AB : AB :: AI $+$ IB : AI; d'où, parce que la différence des deux premiers termes est à celle des derniers comme le 2ᵉ est au 4ᵉ, AI : IB :: AB : AI, ou AB :

AI : : AI : IB; donc, AI ou AD est le grand segment de la tangente AB, divisée en moyenne et extrême.

Corol. *1° Pour diviser en moyenne et extrême une droite donnée AB, on mène à AB par une de ses extrémités B une perpendiculaire BO égale à la moitié de AB ; puis on décrit du point O comme centre, avec le rayon OB, une circonférence BDC, et l'on trace la sécante ADC passant par le centre. La droite AB, perpendiculaire au rayon OB, étant une tangente égale au diamètre, la partie extérieure AD de la sécante AC est le grand segment de la droite AB divisée en moyenne et extrême, et l'on détermine le 2e qui est égal à AB — AD. 2° Le grand segment AD de la droite AB est égal au produit de la moitié de cette ligne par l'excès de la racine carrée de 5 sur l'unité ;* car l'angle ABO étant droit, et, par suite, la circonférence menée par les points O, B, A, ayant pour diamètre AO et pour cordes BO et BA, on a (110) $AO^2 = BO^2 + BA^2$, et, en prenant le rayon BO pour 1, et, par suite, la droite AB égale au diamètre pour 2, $AO^2 = 1 + 4 = 5$; d'où $AO = \sqrt{5}$, et AO — DO, c'est-à-dire $AD = \sqrt{5} - 1 = 1 \times (\sqrt{5} - 1) = BO \times (\sqrt{5} - 1) = \frac{1}{2} AB \times (\sqrt{5} - 1)$.

112. Théorème (fig. 101). *Si d'un point A, extérieur à un cercle O, l'on mène à ce cercle deux sécantes quelconques ADC, AEF, le produit de chaque sécante par sa partie extérieure est le même ou constant, et, par suite, les sécantes sont inversement proportionnelles à leurs parties extérieures.*

Je mène du point A au cercle O la tangente AB, et j'ai (110) $AB^2 = AC \times AD$ et $AB^2 = AF \times AE$; d'où évidemment $AC \times AD = AF \times AE$, et, par suite, AC : AF : : AE : AD.

113. Théorème (fig. 102). *Lorsque deux droites AB, CD se rencontrent en un point E, situé entre leurs extrémités ou sur leurs prolongements, si le produit des distances du point E aux extrémités de chaque droite est constant, les quatre extrémités des droites AB, CD sont sur une circonférence.*

La droite EC n'étant pas, dans le 2e cas, tangente à la circonférence menée par les points A, B, D, puisqu'on aurait $ED^2 = EA \times EB$, tandis qu'on a $EC \times ED = EA \times EB$, soit, dans chacun des deux cas, x le point où la circonférence menée par les points A, D, B ou A, B, D rencontre la droite indéfinie EC. On a (108) et (112) $EA \times EB = Ex \times ED$, et, par hypothèse, $EA \times EB = EC \times ED$; donc $Ex \times ED = EC \times ED$; donc $Ex = EC$, et le point x coïncide avec le point C; donc la circonférence menée par les points A, D, B ou A, B, D passe par le point C, et les extrémités des droites AB, CD sont sur une circonférence.

114. Théorème (fig. 103). *Le lieu géométrique de tout point C dont les distances à deux points fixes A et B sont dans le rapport constant de deux droites m et n, est une circonférence qui a pour diamètre la distance des points D et D', où les bissectrices des angles adjacents BCA, BCE, faits par les droites AC, BC, rencontrent la droite indéfinie AB.*

Les droites CA, CB sont proportionnelles aux distances de leurs extrémités A et B aux points D et D', où les bissectrices de leur angle BCA et de son adjacent supplémentaire BCE rencontrent la sécante AB (62); donc CA : CB : : DA : DB : : D'A : D'B, et, par hypothèse, CA : CB : : m : n; donc, DA : DB : : m : n, et D'A : D'B : : m : n; donc les points D et D' font, comme le point C, partie du lieu indiqué. Or, les bissectrices CD, CD' des angles adjacents BCA, BCE étant perpendiculaires l'une à l'autre, l'angle DCD' est droit; donc la circonférence menée par les points D, C, D' a pour diamètre la droite DD', et le lieu géométrique de tout point C, dont les distances aux points fixes A et B sont dans le rapport constant des droites m et n, est une circonférence qui a pour diamètre la droite DD′.

TRANSVERSALES ET DIVISION HARMONIQUE DES DROITES RELATIVES A UN CERCLE.

Définitions. I. Nous appelons *transversale* toute droite qui coupe un cercle et des droites relatives à ce cercle.

II. Comme on l'a dit à la fin du livre I, une droite AB est divisée harmoniquement par deux points C et D situés, l'un entre A et B, et l'autre sur le prolongement de AB, lorsqu'on a la proportion AC : BC :: AD : BD.

Lemme (fig. 104). *1° Toute droite AB est divisée harmoniquement par deux points C et D, si la moitié OB de cette droite est moyenne proportionnelle entre les distances du point O aux points C et D, et, par suite, si $OB^2 = OC \times OD$; 2° réciproquement, si la droite AB est divisée harmoniquement par les points C et D, sa moitié OB est moyenne proportionnelle entre les distances du point O aux points C et D, et, par suite, $OB^2 = OC \times OD$.*

Des notions algébriques on déduit que, dans toute proportion, la somme des deux premiers termes est à leur différence comme la somme des deux derniers est à leur différence. Cela posé :

1° De la proportion donnée OB : OC :: OD : OB on déduit OB + OC : OB — OC :: OD + OB : OD — OB, ou AC : BC :: AD : BD.

2° De la proportion donnée AC : BC :: AD : BD, ou, à cause de AC = OB + OC = 2OC + BC et de AD = 2OB + BD, de la proportion 2OC + BC : BC :: 2OB + BD : BD, on déduit 2OC + 2BC : 2OC :: 2OB + 2BD : 2OB, et, en divisant les termes de chaque rapport par 2, OC + BC : OC :: OB + BD : OB, c'est-à-dire OB : OC :: OD : OB; d'où $OB^2 = OC \times OD$.

Corollaire important. *1° Tout diamètre AB d'un cercle O est divisé harmoniquement par deux points C et D, si le rayon OB, moitié de AB, est moyenne proportionnelle entre les distances du centre O aux points C et D, et, par suite, si $OB^2 = OC \times OD$; 2° réciproquement, si le diamètre AB est divisé harmoniquement par les points C et D, le rayon OB est moyenne proportionnelle entre les points C et D, et, par suite, $OB^2 = OC \times OD$.*

115. Théorème (fig. 104). *Si d'un point D, extérieur à un cercle O, on trace la sécante DBA passant par le centre, les tangentes DE, DF et la ligne de contact EF qui rencontre le diamètre AB au point C: 1° la droite EF est perpendiculaire à la sécante AD ou au diamètre AB ; 2° le diamètre AB est divisé harmoniquement par les points C et D.*

1° Chacun des points O et D de la droite AD est également distant des extrémités de la droite EF; car les tangentes sont égales et les rayons OE, OF sont égaux ; donc AD est perpendiculaire à EF, et EF est perpendiculaire à AD ou AB.

2° Je trace le rayon OE, qui est perpendiculaire à la tangente ED. L'angle OED étant droit, la droite OD est un diamètre de la circonférence menée par les points O, E, D, EO est la corde menée du point E à l'extrémité de OD, et OC la projection de EO sur OD ; donc (109) OE^2 ou $OB^2 = OC \times OD$, et, par suite (lemme), le diamètre AB est divisé harmoniquement par les points C et D.

Corol. *Lorsqu'un diamètre AB est divisé harmoniquement par les points C et D, la perpendiculaire à AB, tracée par le point C, passe par les points de contact des tangentes menées par le point D.*

116. Théorème (fig. 104). *Si une droite AB, dont O est le milieu, est divisée* *harmoniquement par les points* C *et* D, *le produit des distances du point* D *aux points* A *et* B *est égal à celui des distances du point* D *aux points* O *et* C, *c'est-à-dire que* DA $\times$ DB $=$ DO $\times$ DC.

Du point O, comme centre, je décris, avec le rayon OA, une circonférence qui a pour diamètre AB; je mène par le point C à AB une perpendiculaire qui passe par les points de contact des tangentes menées par le point D, et je trace le rayon OE, qui est perpendiculaire à la tangente ED. L'angle OED étant droit, la droite OD est le diamètre de la circonférence menée par les points O, E, D, ED une corde passant par l'extrémité D du diamètre OD, et DC la projection de ED sur OD ; donc (109) ED^2 $=$ DO $\times$ DC. Or (110), ED^2 $=$ DA $\times$ DB ; donc DA $\times$ DB $=$ DO $\times$ DC.

117. Théorème (fig. 105). *Si d'un point* D , *extérieur au cercle* OA , *on trace deux sécantes* DBA, DEF, *dont l'une* DBA *passe par le centre* O, *les points* C *et* L , *conjugués harmoniques du point* D *par rapport au diamètre* AB *et à la corde* FE, *sont sur une droite* CL *perpendiculaire à* AB.

Le point O′ étant le milieu de la corde FE, je trace la droite CL et la droite OO′, qui est perpendiculaire à FE ; je prends ensuite sur les prolongements de CD et de LD, DL′ $=$ DL et DC′ $=$ DC, et je trace la droite C′L′. Les angles LDC et L′DC′ étant égaux et ayant les côtés égaux chacun à chacun, les droites LC, L′C′ font, avec les côtés égaux DC, DC′, les angles égaux LCD, L′C′D. Cela posé, des égalités DA $\times$ DB $=$ DO $\times$ DC et DF $\times$ DE $=$ DO′ $\times$ DL, données par le théorème précédent, on déduit, à cause de DA $\times$ DB $=$ DF $\times$ DE (112), DO $\times$ DC $=$ DO′ $\times$ DL ; d'où, DO : DL :: DO′ : DC, ou DO : DL′ :: DO′ : DC′ ; donc les droites OO′, C′L′ sont parallèles (55), et les angles alternes-internes O′ et C′ sont égaux et par conséquent droits ; donc l'angle C égal à l'angle C′ est un angle droit, et la droite CL est perpendiculaire à AB.

Scolie. Lorsqu'un diamètre AB est divisé harmoniquement par les points C et D, on nomme le point D le *pôle* de la perpendiculaire à AB menée par le point C, et cette droite la *polaire* du point D, par rapport à AB. De même, le point C est le pôle de la perpendiculaire à AD menée par le point D, et cette droite est la polaire du point C, par rapport à AB.

Corol. *Un diamètre* AB *étant divisé harmoniquement par les points* C *et* D , *1° si le point* D, *conjugué harmonique du point* C , *par rapport à* AB , *est extérieur au cercle, sa polaire ou la perpendiculaire à* AB, *menée par le point* C , *est la ligne de contact des tangentes menées par ce point* (115).

2° Si le point D, *conjugué harmonique du point* C, *par rapport à* AB, *est sur le point* B *de la circonférence, la polaire du point* B *de la circonférence, par rapport à* AB, *est la tangente menée par ce point;* car, puisque OB^2 $=$ OC $\times$ OD (lemme), le point D étant sur B, le point C est aussi sur B, et, par suite, la polaire du point D, par rapport à AB, étant la perpendiculaire à AB menée par le point C, la polaire du point B, par rapport à AB, est la perpendiculaire à AB menée par le point B, c'est-à-dire la tangente menée par le point B (92).

3° Enfin, si le point D *est dans le cercle, puisque* OB^2 $=$ OC $\times$ OD *(lemme), le point* C *est en dehors, et la polaire du point* D, *passant par le point* C , *est extérieure au cercle et d'autant plus éloignée du centre que le point* D *en est plus rapproché.*

118. Théorème. *La polaire de tout point d'une droite, par rapport à un diamètre, passe par le pôle de cette droite.*

1er cas (*fig.* 106). Soient C le pôle de la droite EF extérieure au cercle

O, par rapport à AB, et EO une droite qui rencontre la circonférence aux points B′ et A′. 1° La polaire du point D de EF, par rapport à AB, coïncidant avec la perpendiculaire à AD, menée par le point C, conjugué harmonique du point D, passe par le pôle C de EF ; 2° la polaire de tout autre point E passe aussi par le pôle C. En effet, je mène à OE la perpendiculaire CL ; je prends sur OA et OA′, OL′ = OL et OC′ = OC, et je trace la droite C′L′. Les angles C′OL′ et COL étant égaux et ayant les côtés égaux chacun à chacun, les droites C′L′ et CL font avec les côtés égaux OL′ et OL les angles égaux et, par conséquent, droits L′ et L ; donc les droites C′L′ et ED, qui font avec la sécante L′D les angles droits L′ et D, sont parallèles, et l'on a OL′ : OD : : OC′ : OE, ou OL : OD : : OC : OE ; d'où OL $\times$ OE = OC $\times$ OD = OB^2 = OB′^{2} ; donc, d'après le lemme, le diamètre A′B′ est divisé harmoniquement par les points L et E, et LC, polaire du point E, par rapport à A′B′, passe par le pôle C de EF.

2e cas (*fig.* 107). Soient la droite EF qui coupe la circonférence O aux points I et F, et C le pôle de EF, par rapport à AB. La polaire du point D de EF, conjugué harmonique du point C, par rapport à AB, coïncidant avec la perpendiculaire à AC, menée par le point C, passe par le pôle C de EF ; et, comme IF est la ligne de contact des tangentes menées par le point C extérieur au cercle O, les polaires des points I et F, coïncidant avec les tangentes IC, FC, passent par le pôle C de EF. Enfin, si l'on trace la droite EO, qui rencontrera la circonférence aux points B′ et A′, on démontre, comme dans le 1er cas, que la polaire de tout autre point E de la sécante EF, par rapport à A′B′, passe par le pôle C de cette droite.

3e cas (*fig.* 107). Soient la droite EB qui touche la circonférence O au point B, la droite EO qui rencontre la circonférence aux points B′ et A′, et le rayon OB, qui est perpendiculaire à EB. 1° La polaire du point B, par rapport à AB, coïncidant avec la tangente EB, passe par le pôle B de cette droite ; 2° la polaire de tout autre point E de EB, par rapport à A′B′, passe aussi par le pôle B de cette droite. En effet, je mène à OE la perpendiculaire BL ; je prends sur OA et OA′, OL′ = OL et OA′ = OB, et je trace la droite A′L′. Les angles A′OL′, BOL, étant égaux et ayant les côtés égaux chacun à chacun, les droites A′L′ et BL font avec les côtés égaux OL′ et BL les angles égaux et par conséquent droits L′ et L ; donc les droites A′L′ et EB, qui font avec la sécante L′B les angles droits L′ et EBO, sont parallèles, et l'on a OL′ : OB : : OA′ : OE, ou OL : OB : : OB : OE ; d'où OL $\times$ OE = OB^2 = OB′^{2} ; donc le diamètre A′B′ est divisé harmoniquement par les points L et E, et la droite LB, polaire du point E, par rapport à A′B′, passe par le pôle B de la droite EB.

COROL. I. *Si des différents points d'une droite EF, extérieure à un cercle, on mène à ce cercle des couples de tangentes, les lignes de contact, étant les polaires de ces points, passent par le pôle de cette droite.*

II. *Les pôles de toutes les droites qui passent par un même point E, extérieur à un cercle, sont situés sur la polaire de ce point ;* car la polaire du point E passe par le pôle de chacune de ces droites.

III. *Si par un point E, extérieur à un cercle, on mène à ce cercle des sécantes quelconques dont aucune ne passe par le centre, les points de rencontre des tangentes menées par les points d'intersection de chaque sécante, étant les pôles des lignes de contact, et, par suite, des sécantes, sont situés sur la polaire du point E ;* car la polaire du point E passe par le pôle de toute droite menée par ce point.

119. Théorème (fig. 108). *Si l'on trace deux sécantes quelconques DBA, DEF, les droites AF, BE qui se rencontrent au point L, et les droites AE, BF qui se rencontrent au point I, la droite LI qui rencontre les sécantes aux points C′ et C est la polaire du point D, par rapport à AB et à FE.*

Je trace la droite LD. Les droites LD, LB, LC, LA forment un faisceau harmonique, parce que les droites BF et EA, qui joignent les points opposés d'intersection de la 2e LB et de la 4e LA, se rencontrent sur la 3e LC (67) ; donc la droite LC est la conjuguée harmonique de la droite LD ; donc le point C est le conjugué harmonique du point D, par rapport à AB, et le point C′ est le conjugué harmonique du point D par rapport à FE ; donc la droite LIC, qui passe par les points C′ et C, est la polaire du point D, par rapport à AB et à FE.

Si le point D des sécantes était pris dans le cercle, la démonstration et le résultat seraient les mêmes ; mais la polaire du point D serait extérieure au cercle.

Scolie remarquable. La polaire du point D, extérieur au cercle, étant la ligne de contact des tangentes menées par ce point, la polaire LIC détermine sur la circonférence les points de contact de ces tangentes ; de là un troisième moyen de tracer avec la règle des tangentes à un cercle par un point extérieur.

LA LIGNE DROITE ET LA LIGNE BRISÉE RELATIVES A PLUSIEURS CERCLES SITUÉS DANS UN MÊME PLAN.

Définitions. I. Deux circonférences sont : 1º *sécantes* si elles ont deux points communs, parce que ces points divisent chacune d'elles en deux parties ; 2º *tangentes* si elles n'ont qu'un point commun appelé point de *contact ;* 3º *tangentes extérieurement* ou *intérieurement* selon que, à l'exception du point de contact, tous les autres points de l'une sont extérieurs ou intérieurs à l'autre ; 4º *extérieures* ou *intérieures* l'une à l'autre selon que tous les points de l'une sont extérieurs ou intérieurs à l'autre ; 5º *concentriques* ou *excentriques* selon qu'elles ont le même centre ou des centres différents.

II. *La ligne des centres* est la droite qui passe par les centres de plusieurs circonférences.

120. Théorème (fig. 109). *Par deux points A et B, pris sur un plan, on peut faire passer des circonférences sécantes, ayant pour corde commune la droite AB.*

Car si, par le milieu I de la droite AB, je mène à cette ligne la perpendiculaire indéfinie OC, chacun des points O et C étant également distant des extrémités de la droite AB, la circonférence décrite du point O comme centre, avec le rayon OA, passe par le point B et a pour corde AB ; et la circonférence décrite du point C comme centre, avec le rayon CA, passe par le point B et a pour corde AB.

Corol. *De ce que la perpendiculaire au milieu de la corde AB, commune aux circonférences qui se coupent aux points A et B, passe par leurs centres O et C, il suit : 1º que les points d'intersection A et B sont situés de part et d'autre de la ligne des centres ; 2º que la ligne des centres est perpendiculaire au milieu de la corde commune AB.*

121. Théorème (fig. 110). *Par un point quelconque B, pris sur une circonférence OB, on peut faire passer des circonférences qui la touchent, soit extérieurement, soit intérieurement.*

Soient D et C, deux points pris l'un sur le rayon OB et l'autre sur son prolongement BL. Chacune des droites CB et DB est la plus courte des lignes qu'on peut mener du point extérieur C et du point intérieur D à la circonférence OB (75); donc la circonférence décrite du point C comme centre, avec le rayon CB, ayant le point B commun avec la circonférence OB et ses autres points extérieurs à cette ligne, la touche extérieurement : et la circonférence décrite du point D comme centre, avec le rayon DB, ayant le point B commun avec la circonférence OB et ses autres points intérieurs à cette ligne courbe, la touche intérieurement. Donc on peut faire passer par un point quelconque B de la circonférence OB des circonférences qui la touchent, soit extérieurement, soit intérieurement.

122. THÉORÈME (fig. 110). *Lorsque deux circonférences C et O, D et O se touchent extérieurement ou intérieurement en un point B, les centres et le point de contact sont en ligne droite.*

Je trace les rayons CB, OB. La circonférence C, tangente à la circonférence O, ayant tous ses points autres que le point B extérieurs à cette circonférence, le rayon CB est la plus courte des lignes qu'on peut mener du point C à la circonférence O; donc ce rayon prolongé passe par le centre O, et les points C, O, B sont en ligne droite. De même, la circonférence D, tangente à la circonférence O, ayant tous ses points autres que le point B intérieurs à cette circonférence, le rayon DB est la plus courte des lignes qu'on peut mener du point D à la circonférence O; donc ce rayon prolongé passe par le centre O, et les points D, O, B sont en ligne droite (75).

COROL. *La perpendiculaire à la ligne des centres de deux circonférences tangentes extérieurement ou intérieurement, menée par le point de contact, est une tangente commune à ces deux circonférences.*

123. THÉORÈME (fig. 111). *La distance des centres O et C de deux circonférences extérieures l'une à l'autre est plus grande que la somme de leurs rayons.*

Les circonférences extérieures O et C sont séparées par une portion du plan qui les contient; donc la droite OC, tracée du centre O au centre C, rencontre la circonférence O en un point A, et la circonférence C en un point B; donc OC = OA + AB + BC; donc la distance des centres des circonférences extérieures O et C est plus grande que la somme de leurs rayons OA et CB.

124. THÉORÈME (fig. 110). *La distance des centres de deux circonférences qui se touchent est égale à la somme ou à la différence de leurs rayons, selon qu'elles se touchent extérieurement ou intérieurement.*

Les centres et le point de contact de deux circonférences qui se touchent sont en ligne droite (122); donc OB et CB étant les rayons des circonférences O et C qui se touchent extérieurement au point B, on a OC = OB + CB; et OB et DB étant les rayons des circonférences O et D qui se touchent intérieurement au point B, on a OD = OB — DB.

125. THÉORÈME (fig. 109). *La distance OC des centres de deux circonférences sécantes O et C est moindre que la somme de leurs rayons, et plus grande que leur différence; et réciproquement, comme on le verra plus bas.*

Soient A et B, les points d'intersection, qui sont situés de part et d'autre de la ligne des centres. Je trace les rayons OA et CA, qui forment avec OC la ligne brisée OAC. On a (28) OC < OA + CA, et OC + CA > OA; d'où, retranchant CA de chaque membre, OC > OA — CA.

126. THÉORÈME (fig. 112). *La distance OC des centres de deux circonférences intérieures l'une à l'autre est moindre que la différence de leurs rayons OA, CB.*

La droite OC prolongée du côté de C, rencontrant les circonférences
C et O aux points B et A, j'ai OC = OA — CB — BA, et, en ajoutant
BA à chaque membre, OC + BA = OA — CB; d'où, évidemment, OC
< OA — CB.

Scolie. Les réciproques des cinq théorèmes précédents sont vraies
et se démontrent, soit directement, soit comme la proposition suivante :
Deux circonférences O et C sont sécantes si la distance des centres est
moindre que la somme de leurs rayons, et plus grande que leur différence.

En effet, les circonférences O et C sont sécantes, ou extérieures l'une
à l'autre, ou tangentes, soit intérieurement, soit extérieurement, ou intérieures l'une à l'autre; car les circonférences situées dans un même
plan n'ont pas d'autres positions possibles. Or, d'après les théorèmes
précédents, ces circonférences ne sont ni extérieures l'une à l'autre, ni
tangentes, soit extérieurement, soit intérieurement, ni intérieures l'une
à l'autre ; donc elles sont sécantes.

127. Théorème (fig. 113). *La plus courte des droites qu'on peut mener
d'une circonférence C à une circonférence O, extérieure ou intérieure, est la
partie AB de la ligne des centres CO, comprise entre les deux circonférences.*

Je trace les droites AE, DE comprises entre ces circonférences et la
droite OD qui rencontre la circonférence O au point I, et je remarque
qu'il a été démontré que la plus courte de deux droites menées d'un
point à une circonférence est celle qui passe par le centre ; cela
posé :

1° La droite AB qui passe par le centre O est moindre que la droite
AE qui n'y passe pas ;

2° La droite OBA, qui passe par le centre C, est moindre que la droite
OD qui n'y passe pas, et, par conséquent, la partie AB est moindre
que la partie DI. Or, DI qui passe par le centre O est moindre que DE ;
donc, à plus forte raison, AB est moindre que DE.

Scolie. Il est facile de démontrer que la plus grande droite qu'on
peut mener d'une circonférence à une autre avec laquelle elle n'a aucun
point commun passe par les centres de ces circonférences.

128. Théorème. *Si deux rayons parallèles sont dirigés en sens inverse dans
deux cercles extérieurs quelconques, et dans le même sens dans deux cercles inégaux extérieurs, tangents extérieurement ou sécants, la droite qui joint leurs
extrémités rencontre la ligne des centres en un point qui est le même, quelle
que soit la position des rayons parallèles.*

1° (*fig. 114*). Soient, dans les cercles quelconques A et B, les rayons
AC, BD parallèles et dirigés en sens contraire, et E le point où la droite
CD, qui a ses extrémités de part et d'autre de la ligne des centres AB,
rencontre cette ligne. Les parallèles AC, BD, comprises entre les droites
AB, CD qui se rencontrent au point E, donnent (59) : AC : BD :: AE
: BE; d'où AC + BD : AE + BE :: BD : BE, ou AC + BD : AB :: BD
: BE; donc, les trois premiers termes de cette dernière proportion étant
des quantités qui ne changent pas, quelle que soit la position des rayons
parallèles AC, BD, la quantité BE est aussi la même, et, par suite, le
point E est constant.

2° (*fig. 115*). Soient, dans les cercles inégaux A et B, les rayons AC, BD
parallèles et dirigés dans le même sens, et E le point où se rencontrent
dans leurs prolongements la ligne des centres AB et la droite CD, comprises entre les parallèles inégales AC, BD (46). Les parallèles AC, BD,

comprises entre les droites AB, CD qui se rencontrent au point E, donnent (59) $AC : BD :: AE : BE$; d'où $AC — BD : AE — BE :: BD : BE$, ou $AC — BD : AB :: BD : BE$; donc, les trois premiers termes de cette dernière proportion étant des quantités qui ne changent pas, quelle que soit la position des rayons parallèles AC, BD, la quantité BE est aussi la même, et, par suite, le point E est constant. Même démonstration, si les cercles sont tangents extérieurement ou sécants.

COROLLAIRE qui sert à démontrer le théorème suivant. *Les extrémités C et D des rayons parallèles AC, BD, dirigés dans le même sens ou en sens inverse, et le point E, où la ligne droite CD rencontre la ligne des centres, étant en ligne droite, toute droite qui passe par le point E et par un point quelconque D d'une des deux circonférences B, rencontre l'autre A en un point C, tel que le rayon AC est parallèle au rayon BD.*

129. THÉORÈME (fig. 115). *Lorsque la ligne des centres de deux cercles A et B et la droite qui joint les extrémités C et D de deux rayons parallèles se rencontrent en un point E, situé entre les cercles ou en dehors, la tangente menée du point E à l'une des deux circonférences est tangente à l'autre.*

Soit ED la tangente menée du point E à la circonférence B : cette droite prolongée rencontre la circonférence du cercle A en un point C, tel que les rayons AC, BD sont parallèles. Or, les angles intérieurs D et C sont supplémentaires, et l'angle BDC, formé par la tangente EDC et le rayon BD, est un angle droit; donc l'angle ACD est droit, et la droite EC, tangente à la circonférence B, est tangente à la circonférence A.

130. THÉORÈME (fig. 116). *Si deux cercles quelconques, extérieurs l'un à l'autre, tangents extérieurement ou sécants, sont égaux, la droite CD, qui joint les extrémités de deux rayons parallèles AC, BD, dirigés dans le même sens, est parallèle à la ligne des centres;* car ces droites étant comprises entre deux parallèles égales sont parallèles (46).

COROL. *Dans deux cercles égaux, la droite qui joint les extrémités de deux rayons perpendiculaires à la ligne des centres est, comme sa parallèle, perpendiculaire aux extrémités des rayons; d'où il suit que les droites qui joignent les extrémités de deux diamètres perpendiculaires à la ligne des centres sont tangentes aux deux cercles.*

SCOLIE. De ce qui précède et de ce que chaque perpendiculaire à la ligne des centres, menée par le point de tangence de deux cercles tangents extérieurement ou intérieurement, est une tangente commune aux deux cercles, on déduit ce qui suit : 1° deux cercles extérieurs l'un à l'autre ont quatre tangentes communes; 2° deux cercles tangents extérieurement en ont trois; 3° deux cercles sécants en ont deux ; 4° deux cercles tangents intérieurement en ont une. Deux cercles intérieurs l'un à l'autre n'en ont aucune.

PROBLÈMES RELATIFS AUX DEUX LIVRES PRÉCÉDENTS.

PROBLÈME 1 à résoudre. *Trouver une droite qui soit la somme ou la différence de deux droites données.*

PROBLÈME 2 (fig. 117). *Trouver la commune mesure de deux droites AB, CD, ou, en d'autres termes, la plus grande droite contenue exactement dans AB et CD.*

Portez CD sur AB, et supposez qu'elle y soit contenue deux fois jusqu'au point E, et qu'on ait $EB < CD$. On a (1) $AB = 2CD + EB$. Portez le reste EB sur CD, et supposez qu'il y soit contenu 3 fois jusqu'au point F. On a (2) $CD = 3EB + FD$. Portez FD sur EB, et supposez qu'il y soit contenu 2 fois exactement. On a (3) EB = 2FD. Le dernier reste FD est la commune mesure de AB et CD, ce que l'on prouve en employant une démonstration semblable à celle du plus grand commun diviseur, que nous supposons connue.

SCOLIE. Pour déterminer le rapport des droites AB, CD dont on a trouvé la commune mesure FD, il faut mettre 1° dans l'égalité (2), à la place de EB, sa valeur 2FD fournie par la dernière égalité, ce qui donne CD = 7FD ; 2° dans l'égalité (1), à la place de CD, sa valeur connue 7FD, et à la place de EB, sa valeur connue 2FD, ce qui donne AB = 16FD ; d'où il suit que AB : CD :: 16FD : 7FD :: 16 : 7. Si les droites sont *incommensurables*, ce qui arrive lorsqu'en continuant l'opération ci-dessus indiquée, on trouve toujours un reste, il faut négliger un reste, prendre le précédent pour commune mesure approximative, et déterminer ainsi le rapport des deux droites. Ce rapport sera d'autant plus approché que le reste négligé sera plus petit.

PROBLÈME 3 (fig. 118). *Diviser, par une perpendiculaire, une droite AB en deux parties égales.*

Des points A et B comme centres, avec un même rayon plus grand que la moitié de AB, décrivez deux circonférences qui se coupent en deux points C et D (125) ; chacun de ces points étant également distant des extrémités de AB, la droite CD, perpendiculaire au milieu de AB (32), divise cette droite en deux parties égales.

SCOLIE. I. Par la même construction, 1° on divise une droite en 4, 8, 16... parties égales ; 2° on mène à une droite AE une perpendiculaire passant par son extrémité E, puisqu'il suffit de prolonger AE d'une longueur EB égale à AE.

PROBLÈME 4 (fig. 119). *Faire 1° un arc égal à un arc donné ; 2° un angle égal à un angle donné.*

1° D'un point O′ comme centre, avec un rayon O′D égal au rayon OA de l'arc donné AB, décrivez la circonférence DEF, et, à l'aide d'un compas, prenez sur cette circonférence la distance DE égale à la distance AB. Les cordes DE et AB étant égales, les arcs DE et AB sont égaux.

2° Du sommet O de l'angle donné comme centre, décrivez un arc qui coupe les côtés aux points A et B. D'un point O′ comme centre avec un rayon O′D égal à OA, décrivez un arc DE égal à l'arc AB, et tracez le rayon O′E. Les arcs DE et AB étant égaux, les angles correspondants DOE et AOB sont égaux.

PROBLÈME 5 (fig. 120). *D'un point O pris hors d'une droite AB, mener à cette ligne une droite qui fasse avec elle un angle égal à un angle donné D.*

En un point C pris sur AB, faites l'angle BCI égal à l'angle D, et tracez OC. Des points C et O comme centres, avec un rayon égal à CO, décrivez les arcs égaux OE, CF, et tirez OF. Les angles alternes-internes OCE, FOC sont égaux (82) ; donc OF et CE sont parallèles (43) ; donc BA, qui rencontre EC, rencontrera sa parallèle OF en un point L. L'angle OLB, égal à son correspondant ECB, sera par conséquent égal à l'angle D.

PROBLÈME 6 à résoudre. *Faire 1° un arc égal à la somme ou à la différence de deux arcs de même rayon ; 2° un angle égal à la somme ou à la différence de deux angles.*

PROBLÈME 7. *Trouver la commune mesure et le rapport 1° de deux arcs de même rayon ; 2° de deux angles.*

1° Les arcs pouvant être portés l'un sur l'autre comme deux droites. (Voy. *problème 2.*)

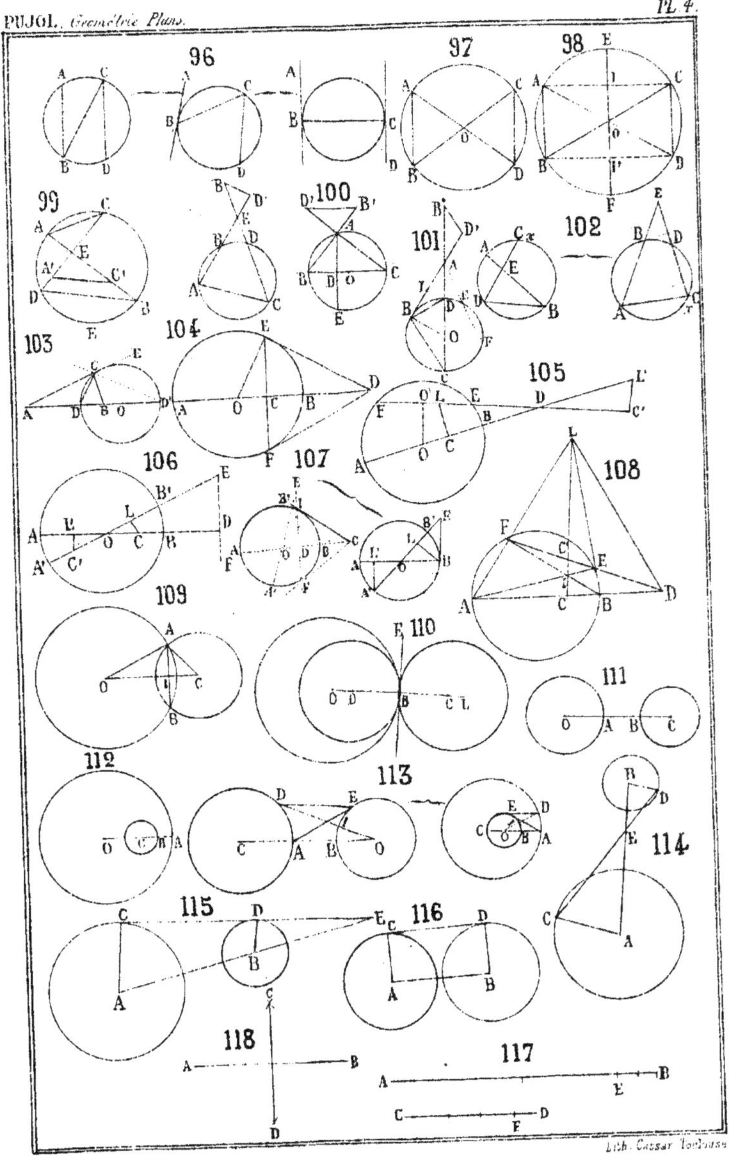

2º Les angles au centre qui ont pour côtés des rayons égaux étant comme les arcs correspondants, la commune mesure et le rapport des arcs indiquent la commune mesure et le rapport des angles au centre.

PROBLÈME 8 (fig. 121). *Diviser un arc ou un angle en deux parties égales.*

1º Soit l'arc BDC. Je trace la corde BC et je la divise en deux parties égales par une perpendiculaire (*probl.* 3); cette droite perpendiculaire au milieu de la corde, passant par le centre, divise l'arc en deux parties égales (93).

2º Soient l'angle BOC et OB = OC. Du point O comme centre avec le rayon OB, je décris l'arc BC, et je trace la corde BC. La perpendiculaire qui divise en deux parties égales la corde BC et son arc passe par le centre O et divise l'angle BOC en deux parties égales (82).

SCOLIE. Par une même construction, on divise un arc ou un angle en 4, 8, 16... parties égales.

PROBLÈME 9 (fig. 122). *Par un point donné, mener une perpendiculaire à une droite EF.*

1er *Cas. Le point donné D étant situé sur la droite* FE, prenez sur EF, DB = DC, et des points B et C comme centres, avec un même rayon plus grand que BD, décrivez, d'un même côté de EF, deux arcs, qui se couperont en un point A. La droite AD, qui a deux points, dont chacun est également distant des extrémités de BC, est perpendiculaire à BC ou à EF.

2e *Cas où le point donné A est extérieur à la droite* EF. Du point A, comme centre avec un rayon suffisamment grand, décrivez une circonférence qui coupe EF aux points B et C. Soit D le milieu de BC (*probl.* 3). La droite AD est perpendiculaire à BC ou EF (32).

PROBLÈME 10 (fig. 123). *Trouver sur une droite AB un point également distant de deux points donnés C et D.*

Tracez la droite CD supposée parallèle ou oblique à AB. La perpendiculaire à CD, menée par son milieu M, rencontrera AB en un point E (38 et 41), et ce point (32) est également distant des points C et D.

PROBLÈME 11 (fig. 124). *Par un point C, mener une parallèle à une droite* AB.

D'un point O pris sur AB, comme centre avec le rayon OC, décrivez un arc qui rencontre AB en un point D. Du point C comme centre, avec le rayon CO, décrivez un arc OE égal à l'arc CD. La droite CE sera parallèle à AB, puisque les angles alternes-internes COD, ECO sont égaux.

PROBLÈME 12 à résoudre. *Trouver le symétrique d'une droite par rapport à un centre et par rapport à un axe.* (Voir les nºs 51 et 52.)

PROBLÈME 13 (fig. 125). *Diviser une droite AB en parties égales.*

Tracez une droite indéfinie AX. S'il faut diviser AB en 4 parties égales, portez sur AX, à partir du point A, 4 ouvertures de compas égales ; marquez les points de division C, D, E, F ; tracez FB, et menez, du point C, CO parallèle à FB. AO sera la 4º partie de AB. Car on a (54), AC :
AF :: AO : AB, et, à cause de AC $= \frac{1}{4}$ AF, AO $= \frac{1}{4}$ AB.

Autre solution. Prenez sur AX, à partir du point A, 5 parties égales. Soient C, D, E, F, G les points de division. Tracez la droite GB que vous prolongerez d'une quantité BH = BG, puis la droite HE qui rencontrera AB en un point K, et enfin BF. KB sera la 4e partie de AB. En effet, à cause de GF : FE :: GB : BH, EK est parallèle à FB (55) ; donc (54) AF : EF :: AB : KB ; or, EF $= \frac{1}{4}$ AF ; donc KB $= \frac{1}{4}$ AB.

PROBLÈME 14 (fig. 126). *Diviser une droite AN en parties proportionnelles à des droites données,* a, b, d.

Prenez sur une droite indéfinie AX, AB $= a$, BC $= b$, CD $= d$. Tirez DN, et des points B et C menez, parallèlement à DN, les droites BE, CF, qui diviseront AN en 3 segments proportionnels aux lignes a, b, d (58).

PROBLÈME 15 (fig. 127). *Trouver une quatrième proportionnelle à trois droites* a, b, d.

Tirez les droites indéfinies AX, AY. Prenez sur AX, AB $= a$ et BC $= b$, et sur AY, AD $= d$. Tirez BD, et, du point C, menez CE parallèle à BD. DE sera la 4ᵉ proportionnelle, puisqu'on a (54) AB : BC :: AD : DE ou a : b :: d : DE.

SCOLIE. On trouve une 3ᵉ proportionnelle à deux droites données a, b, en cherchant une 4ᵉ proportionnelle aux droites a, b, b.

PROBLÈME 16 (fig. 128). *Trouver une moyenne proportionnelle entre deux droites inégales données* a *et* b.

Sur une droite indéfinie xy, prenez AB $= a$ et BC $= b$. Du point M, milieu de AC, décrivez avec un rayon égal à MC, la demi-circonférence ADC. Du point B, menez à AC la perpendiculaire BD qui sera la ligne demandée, puisqu'on a (109) AB : BD :: BD : BC.

SCOLIE. La moyenne proportionnelle BD, moindre que le rayon MD, est moindre que la demi-somme des droites inégales AB et BC.

PROBLÈME 17 à résoudre. *Décrire une circonférence qui ait pour diamètre une droite donnée.*

PROBLÈME 18 (fig. 129). *Trouver deux droites dont la somme ou la différence et le produit égal au carré d'une droite* M *soient donnés.*

1º Soit AB la somme des droites données dont le produit égale M². Sur AB comme diamètre je décris une demi-circonférence ayant R pour rayon. Je mène ensuite à AB, par le point A, la perpendiculaire AC égale à M, puis, par le point C, une parallèle qui coupe ou touche la demi-circonférence en un point D, si l'on a AC $<$ R ou AC $=$ R, sans quoi le problème serait impossible, et enfin, par le point D, la perpendiculaire DE qui est égale à sa parallèle AC. Les segments AE et EB de la droite AB sont les droites cherchées ; car leur somme égale AB et leur produit égale DE² ou M² (108).

2º Soit AB la différence des droites données dont le produit égale M². Je décris sur AB, comme diamètre, une circonférence, et je mène à cette circonférence par le point A la tangente AC égale à M, et, par le point C, la sécante CDF, qui passe par le centre ; cette sécante CE et sa partie extérieure CD sont les droites cherchées ; car leur différence DE $=$ AB et leur produit CE $\times$ CD $=$ AC² $=$ M² (110).

PROBLÈME 19 (fig. 130). *Par un point* M, *pris dans l'intérieur d'un angle* BAC, *mener sur les côtés de cet angle une droite dont* M *soit le milieu.*

Du point M, menez MD parallèle à CA. Prenez sur AB, DE $=$ AD. Menez EM, qui rencontrera AC, parallèle de DM, en un point E'. Le point M sera le milieu de EE'. En effet, on a (54) ED : DA :: EM : ME' ; mais ED $=$ DA; donc EM $=$ ME'.

PROBLÈME 20 (fig. 131). *Trouver une droite dont le carré soit au carré d'une droite* a, *comme une droite* m *est à une droite* n.

Sur une droite indéfinie AS, prenez AB $= m$ et BC $= n$. Du point O, milieu de AC, avec un rayon égal à OC, décrivez une demi-circonférence dont AC sera le diamètre. Du point B, menez à AC la perpendiculaire BD. Tracez les droites indéfinies DAF, DCE. Sur DCE, prenez DL $= a$, et, par le point L, menez à CA une parallèle qui rencontre la droite DA en un point K. Cela posé, on a (54) DK : DL : : DA : DC, et, par conséquent, $\overline{DK^2} : \overline{DL^2} : : \overline{DA^2} : \overline{DC^2}$; mais, à cause du diamètre AC (15), $\overline{DA^2} : \overline{DC^2} : : $ AB : BC; donc $\overline{DK^2} : \overline{DL^2} : : $ AB : BC, ou $\overline{DK^2} : a^2 : : m : n$. Donc DK est la droite demandée.

PROBLÈME 21. *Faire passer une circonférence par trois points* A, B, C, *non en ligne droite.*

On trace les droites AB, AC et on divise chacune d'elles en deux parties égales par une perpendiculaire, comme l'indique le problème 3. Ces perpendiculaires aux milieux des droites AB, AC se rencontrent en un point O, par exemple, également distant des points A, B, C, et la circonférence décrite du point O comme centre, avec le rayon OA, passe par les points A, B, C.

SCOLIE. On détermine de la même manière, en traçant deux cordes AB, AC, le centre d'une circonférence ou d'un arc.

PROBLÈME 22 (fig. 132). *Décrire une circonférence qui ait pour corde une droite* AB *et son centre sur une droite* CD *parallèle ou oblique à* AB.

Du point M, milieu de AB, menez à cette droite une perpendiculaire qui rencontrera CD en un point O, également distant des points A et B (32). La circonférence décrite du point O comme centre, avec le rayon OB, sera la circonférence demandée.

PROBLÈME 23 (fig. 133). *Décrire une circonférence qui ait pour corde une droite* AB *et pour rayon une droite donnée* AD.

Soit le rayon AD plus grand que $\frac{1}{2}$ AB. Du point M, milieu de AB, menez à AB une perpendiculaire indéfinie MX. Du point A comme centre, avec le rayon AD, décrivez une circonférence, qui rencontrera MX en un point O, puisque, par hypothèse, elle doit passer entre M et B. Le point O étant à égale distance des points A et B, la circonférence décrite du point O, comme centre, avec un rayon OA $=$ AD, sera la circonférence demandée.

SCOLIE. Le problème est insoluble lorsqu'on a AD $<$ AM; et la droite AB est un diamètre lorsque AD $=$ AM.

PROBLÈME 24 (fig. 134). *Sur une droite* AB, *comme corde, décrire un arc capable d'un angle donné* x, *c'est-à-dire un arc tel que tous les angles qui y seront inscrits soient égaux à* x.

Faites au point B l'angle ABD égal à x (*probl.* 4); menez à BD, par le point B, la perpendiculaire indéfinie BS, et, à AB, par son milieu M, une perpendiculaire qui rencontrera BS en un point O (38). Du point O, comme centre, avec un rayon égal à OB, décrivez une circonférence qui passera par les points A et B. L'arc ACB sera l'arc demandé. En effet, tous les angles inscrits dans ACB, comme ACB, sont égaux à l'angle ABD comme ayant la même mesure (86), et, par suite, à l'angle x égal à ABD.

PROBLÈME 25. *1º Mener, par un point, une tangente à une circonférence; 2º mener des tangentes communes à deux circonférences.*

Le livre II donne la solution de ces problèmes.

PROBLÈME 26. *Décrire une circonférence tangente à une droite donnée* AB, *et passant par deux points* C, D, *situés en dehors de* AB.

1er *Cas* (fig. 135) *où les droites* CD *et* AB *sont parallèles.* Du point M, milieu de CD, menez à CD une perpendiculaire qui rencontrera AB en un point E et sera perpendiculaire à cette droite (44). Tracez DE, et du point N, milieu de DE, menez à cette droite une perpendiculaire qui rencontrera ME en un point O, à égale distance des points C, D, E (32). La circonférence décrite du point O, comme centre, avec le rayon OE, sera la circonférence demandée.

2e *Cas* (fig. 136) *où la droite* CD *prolongée rencontre* AB *en un point* F. Supposez le problème résolu, et soit EDC la circonférence cherchée, touchant AB en E. La perpendiculaire au milieu de CD et le rayon perpendiculaire à AB mené par le point E se rencontrent au centre O de la circonférence demandée, laquelle aura pour rayon OE. Il suffit donc de trouver le point de tangence E ou la tangente FE, qui est moyenne proportionnelle entre FD et FC (110). Cela posé, sur FD, comme diamètre, décrivez la demi-circonférence DF. Au point C, menez à FD la perpendiculaire CG, et tracez la corde FG, qui sera moyenne proportionnelle entre FD et FC (109). La circonférence décrite du point F comme centre, avec un rayon égal à FG, coupera AB en deux points E et E′, qui sont chacun le point de tangence demandé.

Scolie. Le problème est impossible lorsque les points C et D sont de part et d'autre de la droite AB.

Problème 27. *Décrire une circonférence tangente à deux droites données* AB, CD, *et passant par un point* E *pris sur l'une des deux.*

1° Si AB et CD étaient parallèles, on mènerait du point E une perpendiculaire EF commune à AB et à CD, et la circonférence décrite du point O, milieu de EF comme centre, avec le rayon OE, toucherait AB et CD, et AB au point E.

2° (*fig.* 137). Si AB et CD concourent en un point O, soit OX la bissectrice de l'angle O. Menez du point E à AB une perpendiculaire qui rencontrera OX en un point F (38), et du point F à OD la perpendiculaire FE′ qui est égale à FE (36). La circonférence décrite du point F comme centre, avec le rayon FE, est la circonférence demandée.

Problème 28. *Décrire une circonférence qui touche deux droites* AB, CD, *et qui ait un rayon donné* R.

1° Si AB et CD étaient parallèles, la solution ne serait possible qu'autant qu'une perpendiculaire EF commune aux deux parallèles serait égale au double du rayon R. Dans ce cas, la circonférence décrite du point O milieu de EF comme centre, avec le rayon OE, satisferait à la question.

2° (*fig.* 138). Si AB et CD concourent en un point O, soient OX la bissectrice de l'angle O et OE une perpendiculaire à OD égale à R. Menez au point E, parallèlement à OD, une droite qui rencontrera OX en un point F, et du point F à OD la perpendiculaire FG, qui sera parallèle et égale à EO (40 et 45). La circonférence décrite du point F comme centre, avec le rayon FG, est la circonférence demandée. En effet, la droite FG′, perpendiculaire à AB, est égale à FG ou à R. Donc la circonférence qui a FG ou R pour rayon est tangente à AB et à CD.

Scolie. Le problème, dans le deuxième cas, est susceptible de quatre solutions; car, en prolongeant AB et CD, on forme quatre angles susceptibles chacun d'une solution.

Problème 29 à résoudre. *D'un point* O′, *pris hors d'une circonférence* O *comme centre, décrire une circonférence qui touche la première.*

Problème 30 (fig. 139) *Par un point* C, *pris hors d'une circonférence* O, *faire passer une circonférence qui touche la première en un point* R.

Supposez le problème résolu et que la circonférence O' touche la circonférence O au point R, et passe par le point C. Le centre O' sera sur le prolongement de OR et sur la perpendiculaire au milieu de la corde CR. De là la construction suivante : prolongez indéfiniment OR. Par le point M, milieu de CR, menez une perpendiculaire qui rencontrera OR en un point O', sans quoi le problème serait impossible. La circonférence décrite du point O' comme centre, avec le rayon O'R, est la circonférence demandée.

Scolie. Par le point R, menez la tangente ST ; les circonférences sont tangentes extérieurement lorsque les centres se trouvent de part et d'autre de ST, et tangentes intérieurement lorsque ces points se trouvent d'un même côté de ST. Le problème serait impossible si le point C était sur ST, et, s'il se trouvait sur la droite qui passe par OR, le centre de la circonférence cherchée serait sur le milieu de CR.

Problème 31 à résoudre. *Par un point* A *d'une circonférence* O, *faire passer une circonférence qui touche la première et qui ait pour rayon une droite* R.

Problème 32 (fig. 140). *Par un point* C, *pris hors d'une circonférence* O, *faire passer une circonférence qui touche la première et qui ait pour rayon une droite* R.

Du point O comme centre, avec un rayon égal à OA + R, décrivez la circonférence DEF, qui contiendra le centre de la circonférence cherchée, puisque la droite qui joint les centres doit égaler la somme des rayons, et que la circonférence DEF est le lieu géométrique de tous les points distants de O de cette même quantité. Du point C comme centre, avec un rayon égal à R, décrivez une autre circonférence, qui contiendra par la même raison le centre de la circonférence cherchée ; donc le centre de la circonférence cherchée doit se trouver à la fois sur la circonférence DEF et sur celle décrite du point C. Soit O' un des points où ces deux circonférences se coupent ; la circonférence décrite du point O' comme centre, avec un rayon égal à R, sera la circonférence demandée.

Scolie. Le point C a été supposé extérieur à la circonférence ; s'il était intérieur, il faudrait décrire la première circonférence, qui a O pour centre, avec une droite égale à la différence des rayons, et ne pas oublier que, dans tous les cas, lorsque la rencontre des circonférences DEF et C n'a pas lieu, le problème est impossible.

Problème 33 à résoudre. *Décrire une circonférence qui touche une circonférence et une droite.*

Problème 34 (fig. 141). *Étant données deux circonférences inégales* O *et* O', *en décrire une troisième, qui les touche et qui passe par un point* B *de la plus petite.*

Si le point B était sur la ligne des centres, la circonférence décrite du point M, milieu de O'B comme centre, avec le rayon MB, résout le problème.

Si le point B n'est pas sur la ligne des centres, prolongez la droite O'B d'une quantité BC égale au rayon de la circonférence O ; menez OC, et au point O formez un angle DOC égal à l'angle C. Les droites CO', OD se rencontreront en un point E si les angles en C et en O sont aigus, et vous aurez (34) EC = EO, d'où EB = ED. La circonférence décrite du point E comme centre, avec le rayon EB, touchera les circonférences O' et O, et passera par le point B.

Scolie. Si les angles égaux en C et en O étaient obtus, les droites BC et DO se rencontreraient en un point E′, et la circonférence décrite du point E′ comme centre, avec le rayon E′D = E′B, satisferait à la question. Enfin, si les angles en C et en O étaient droits, le problème ne serait possible qu'autant qu'on aurait CB = CH, et alors la circonférence décrite du point C comme centre, avec le rayon CB, résoudrait le problème.

LIVRE TROISIÈME.

La ligne droite et la ligne brisée relatives aux différents polygones situés dans le même plan, et à ces mêmes polygones inscrits dans un cercle ou qui lui sont circonscrits; d'où le rapport de deux circonférences ou de deux arcs à leurs rayons, et le rapport approché d'une circonférence quelconque à son diamètre.

POLYGONES SITUÉS DANS UN MÊME PLAN.

Définitions. I. Un polygone étant, comme on le sait, une portion de plan limitée par une ligne brisée fermée, on appelle *contour* ou *périmètre* d'un polygone la ligne brisée qui le limite; *côtés, angles, sommets,* les côtés, les angles, les sommets du périmètre; et *diagonale,* lorsque le polygone a plus de trois côtés, la droite qui joint deux sommets non consécutifs.

II. Un polygone est *convexe* lorsque son périmètre est convexe, et, par suite, lorsqu'il est tout entier dans une même région du plan par rapport à chacun de ses côtés indéfiniment prolongés; dans le cas contraire, le polygone est appelé *non convexe* ou *concave.* Le polygone convexe, dont le périmètre ne peut, comme on le sait, être rencontré par une droite en plus de deux points, sera seul l'objet de notre étude.

III. Un polygone est *équilatéral* ou *équiangle* selon qu'il a tous ses côtés ou tous ses angles égaux, et *inscrit* dans un polygone P′ lorsque ses sommets sont sur les côtés de P′.

IV. Un polygone d'un nombre pair de côtés est *symétrique* par rapport à un point intérieur lorsque les côtés opposés sont symétriques deux à deux par rapport à ce point, nommé *centre* du polygone; et un polygone quelconque est *symétrique* par rapport à une droite appelée *axe* de symétrie lorsque cette droite divise le périmètre en deux parties symétriques par rapport à cet axe, nommé aussi *axe* du polygone.

V. Deux polygones d'un même nombre de côtés sont *équilatéraux* ou *équiangles* entre eux selon qu'ils ont tous leurs côtés ou tous leurs angles égaux chacun à chacun, et *isopérimètres* lorsque leurs périmètres ont des longueurs équivalentes.

VI. Les polygones se désignent généralement par le nombre de leurs côtés; mais on les nomme aussi *triangles* ou *trilatères, quadrilatères, pentagones, hexagones, heptagones, octogones, décagones, dodécagones, pentédécagones, icosigones,* selon qu'ils ont 3, 4, 5, 6, 7, 8, 10, 12, 15, 20 côtés.

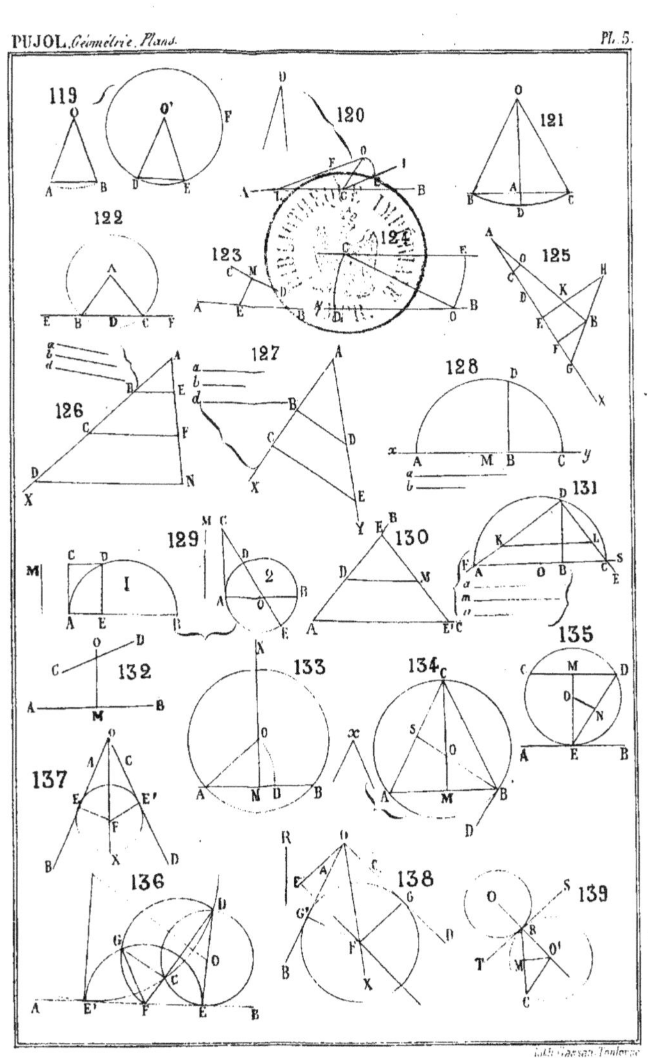

TRIANGLES.

Côtés, angles, relations entre les côtés et les angles d'un triangle et de deux triangles, et entre les carrés des côtés d'un triangle ; médianes des côtés, bissectrices des angles, et droites perpendiculaires, parallèles, symétriques et proportionnelles, relatives à un triangle.

DÉFINITIONS. I. Dans un triangle, la droite qui joint le milieu d'un côté quelconque au sommet opposé est la *médiane* de ce côté.

II. Dans un triangle, chaque côté est dit *adjacent* aux deux angles qu'il fait avec les deux autres côtés, et ces deux angles sont dits *adjacents* à ce côté.

III. On appelle *base* d'un triangle un côté quelconque ; *sommet* du triangle le sommet opposé à la base ; et *hauteur* la perpendiculaire menée du sommet à la base.

IV. Le triangle formé par deux obliques égales menées d'un point à une droite AB a les trois côtés égaux ou deux seuls côtés égaux, selon qu'une des obliques et la portion interceptée sur AB sont égales ou inégales. Cela posé, un triangle est nommé *équilatéral, isocèle* ou *scalène*, selon qu'il a trois côtés égaux, deux côtés égaux ou les trois côtés inégaux. Le triangle isocèle a pour *base* le côté opposé à l'angle équilatéral appelé *angle du sommet.*

V. On appelle triangle *rectangle* un triangle qui a un angle droit, et *hypoténuse* le côté opposé à cet angle. On appelle aussi triangle *obtusangle* un triangle qui a un angle obtus.

CÔTÉS, ANGLES, RELATIONS ENTRE LES CÔTÉS ET LES ANGLES D'UN TRIANGLE OU DE DEUX TRIANGLES, ET ENTRE LES CARRÉS DES CÔTÉS D'UN TRIANGLE.

130. THÉORÈME. *Dans tout triangle, chaque côté est 1° moindre que la somme des deux autres, et, par suite, 2° plus grand que leur différence.*

1° La ligne droite est moindre que la ligne brisée qui a les mêmes extrémités ; donc chaque côté d'un triangle est moindre que la somme des deux autres côtés.

2° Soient a, b, c les côtés d'un triangle quelconque, et a un côté quelconque ; je dis que a est plus grand que $b - c$. En effet, j'ai (1°) $a + c > b$, et, en retranchant c de chaque membre de cette inégalité, $a > b - c$.

COROL. *Un triangle ne peut être construit avec trois droites que lorsque chacune d'elles est moindre que la somme des deux autres, et, par suite, plus grande que leur différence.*

131. THÉORÈME (fig. 142). *Dans tout triangle ABC, 1° la somme des droites DB, DC qui joignent un point D intérieur au triangle aux extrémités d'un côté quelconque BC est moindre que la somme des deux autres côtés ; 2° la la somme des droites DA, DB, DC qui joignent le point D aux trois sommets A, B, C, est moindre que le périmètre du triangle et plus grande que la moitié du périmètre.*

1° La ligne brisée convexe BDC est moindre que la ligne brisée BAC qui l'enveloppe et a les mêmes extrémités ; donc on a $DB + DC < AB + AC$.

2° On a d'abord (1°), $DB + DC < AB + AC$, $DC + DA < AB + BC$, $DA + DB < AC + BC$, ou, en ajoutant membre à membre, $2DB + 2DC$

+ 2DA $<$ 2AB + 2AC + 2BC ; d'où DB + DC + DA $<$ AB + AC + BC. On a ensuite DA + DB $>$ AB, DB + DC $>$ BC, DC + DA $>$ AC, ou, en ajoutant membre à membre, 2DA + 2DB + 2DC $>$ AB + BC + AC ; d'où DA + DB + DC $> \frac{1}{2}$ (AB + BC + AC).

132. THÉORÈME (fig. 143). *La somme des angles d'un triangle quelconque est égale à deux angles droits.*

Soient le triangle ABC et CD le prolongement du côté BC. L'angle extérieur ACD, formé par la sécante BD des côtés de l'angle A et le côté AC, est égal à la somme des angles intérieurs CBA, CAB (43). Or, on a angle ACB + ACD = 2 droits; donc on a ACB + CBA + CAB = 2 droits.

COROL. I. *L'angle extérieur ACD, formé par un côté AC d'un triangle et le prolongement d'un autre côté BD, étant égal à la somme des angles intérieurs CBA et CAB, est, par conséquent, plus grand que chacun de ces angles.*

II. *Un triangle a ou un angle droit avec deux angles aigus complémentaires, ou un angle obtus avec deux angles aigus dont la somme est moindre qu'un angle droit, ou trois angles aigus, et, dans ce cas, le triangle est appelé triangle acutangle.*

III. *Dans tout triangle, la somme de deux angles quelconques est le supplément du troisième, d'où il suit que, connaissant deux angles d'un triangle, on détermine le troisième en retranchant leur somme de deux angles droits.*

IV. *Deux triangles qui ont deux angles égaux chacun à chacun, ont les troisièmes angles égaux et sont, par conséquent, équiangles entre eux.*

V. *Si l'on mène aux extrémités d'une droite BC deux droites formant avec la première deux angles B et C égaux chacun aux deux tiers d'un angle droit, ces droites, qui ne sont pas parallèles, se rencontreront en un point A et feront avec BC un triangle équiangle ABC ; car l'angle A sera aussi égal aux deux tiers d'un angle droit.*

133. THÉORÈME (fig. 144). *Dans un triangle ABC, si deux côtés AB et AC sont égaux ou font avec le troisième BC deux angles égaux: 1° les côtés égaux font avec le troisième des angles égaux ; 2° les côtés qui font avec le troisième des angles égaux sont égaux.*

En effet, comme on l'a vu (*livre I, n° 34, corol.*), deux droites étant menées d'un point A à une droite BC, 1° les droites égales AB, AC sont également inclinées sur BC, parce qu'elles ont sur BC des projections égales ; 2° les droites AB, AC également inclinées sur BC ou faisant avec BC des angles égaux sont égales, parce qu'elles ont sur BC des projections égales.

COROL. *1° Dans un triangle, à deux côtés égaux sont opposés des angles égaux, et à deux angles égaux sont opposés des côtés égaux; 2° tout triangle équilatéral est équiangle, et tout triangle équiangle est équilatéral.*

SCOLIE. Deux triangles isocèles qui ont un angle de la base égal sont équiangles entre eux, parce qu'ils ont les angles des bases égaux, et, par conséquent, l'angle du sommet égal. De même, deux triangles isocèles qui ont l'angle du sommet égal sont équiangles entre eux, parce que les sommes des angles des bases étant égales, comme ayant des suppléments égaux, les angles, moitiés de ces sommes, sont égaux.

134. THÉORÈME (fig. 144). *Dans un triangle ADC, si deux côtés AD, AC sont inégaux ou inégalement inclinées sur le 3° côté DC, 1° le plus grand des côtés AD est le plus incliné sur DC; 2° le plus incliné sur DC, tel que AD, est le plus grand.*

En effet, comme on l'a vu (*livre I, n° 34, corol.*), deux droites étant

menées d'un point A à une droite DC, 1° de deux droites inégales AD,
AC, la plus grande AD est la plus inclinée sur DC, parce qu'elle a sur
DC une plus grande projection ; 2° de deux droites AD, AC inégalement
inclinées sur DC, la plus inclinée AD est la plus grande, parce qu'elle a
sur DC une plus grande projection.

COROL. *1° Dans un triangle qui a deux côtés inégaux ou deux angles inégaux, au plus grand côté est opposé le plus grand angle, et au plus grand
angle est opposé le plus grand côté ; 2° tout triangle scalène a les trois angles
inégaux ; 3° dans un triangle rectangle ou obtusangle le plus grand côté est
l'hypoténuse ou le côté opposé à l'angle obtus.*

135. THÉORÈME (fig. 145). *Lorsque deux triangles ont un côté égal adjacent
à deux angles égaux chacun à chacun, aux côtés égaux sont opposés des angles
égaux, et aux angles égaux sont opposés des côtés égaux.*

Soient dans les triangles ABC, DEF, BC = EF, angle B = E et angle
C = F ; je dis que angle A = angle D, AB = DE et AC = DF. En effet,
je transporte le triangle DEF sur le triangle ABC, et je fais coïncider le
côté EF avec son égal BC en plaçant le point E sur le point B et le point
F sur le point C. A cause des angles égaux E et B, F et C, le côté ED
est sur le côté BA, le côté FD sur le côté CA, et, par suite, le point D,
commun aux deux droites BA, CA, sur le point A. Donc les triangles
ABC, DEF coïncident ; donc angle A = angle D, AB = DE et AC = DF.
La démonstration et le résultat seraient les mêmes si les angles égaux
étaient B et F, C et E ; car, en renversant sur le plan le triangle DEF,
on rentrerait dans le cas précédent. Cette observation s'applique aux
cas analogues suivants.

COROL. *1° Deux triangles qui ont un côté égal adjacent à deux angles égaux
chacun à chacun, sont entre eux équiangles et équilatéraux ; 2° deux triangles
isocèles sont entre eux équiangles et équilatéraux s'ils ont des bases égales et un
angle à la base égal.*

136. THÉORÈME (fig. 145). *Lorsque deux triangles ont un angle égal compris
entre des côtés égaux chacun à chacun, aux angles égaux sont opposés des côtés
égaux, et aux côtés égaux sont opposés des angles égaux.*

Soient dans les triangles ABC, DEF, angle A = angle D, AB = DE
AC = DF ; je dis que BC = EF, angle B = angle E et angle C = angle
F. En effet, lorsque deux angles égaux BAC, EDF ont les côtés AB et
DE, AC et DF égaux chacun à chacun, les droites qui joignent les extrémités des côtés de chaque angle sont égales et font avec les côtés égaux
des angles égaux (24) ; donc BC = EF, angle B = angle E et angle C
= angle F.

COROL. *1° Deux triangles qui ont un angle égal compris entre des côtés
égaux chacun à chacun sont entre eux équilatéraux et équiangles ; 2° deux
triangles isocèles qui ont l'angle du sommet égal et compris entre des côtés
égaux chacun à chacun ont les bases égales et les angles adjacents aux bases égaux.*

137. THÉORÈME (fig. 146). *Lorsque deux triangles ont un angle inégal
compris entre des côtés égaux chacun à chacun, au plus grand angle est opposé
le plus grand côté.*

Soient les triangles ABC, ABD ayant le côté AB commun, le côté
AC égal au côté AD et l'angle BAC > BAD ; je dis que le côté BC est
plus grand que le côté BD. En effet, l'angle BAC étant plus grand que
l'angle BAD, la bissectrice Ax de l'angle CAD est située entre AB et AC
et rencontre le côté BC en un point E. Je trace la droite ED, qui est
égale à la droite EC, parce que la droite EA fait avec les droites égales
AC, AD les angles égaux EAC, EAD. Cela posé : l'on a BE + ED > BD et

ED $=$ EC; donc BE $+$ EC, c'est-à-dire BC est plus grand que BD.

138. THÉORÈME (fig. 147). *Lorsque deux triangles ont les côtés égaux chacun à chacun, aux côtés égaux sont opposés des angles égaux, et, par conséquent, ces triangles sont équiangles entre eux.*

Soient les triangles BAC, BAD ayant le côté AB commun, le côté AC égal au côté AD et le côté BC égal au côté BD; je dis que les angles BAC et BAD, ABC et ABD, ACB et ADB, opposés à des côtés égaux deux à deux, sont égaux deux à deux. En effet, la droite AB ayant deux points A et B, chacun également distant des extrémités des droites égales AC et AD, BC et BD, fait avec ces droites des angles égaux deux à deux (32); donc les angles BAC et BAD, ABC et ABD, et, par suite, ACB et ADB, sont égaux deux à deux, et, par conséquent, les triangles BAC, BAD, équilatéraux entre eux, sont entre eux équiangles.

139. THÉORÈME (fig. 148). *Si deux triangles ont deux côtés égaux chacun à chacun, et les troisièmes inégaux, au plus grand côté est opposé le plus grand angle.*

Soient les triangles ABC, ABD ayant le côté AB commun, le côté AC égal au côté AD et le côté BC $>$ BD; je dis que l'angle BAC est plus grand que l'angle BAD. Soit AL la droite qui fait avec les droites égales AC, AD les angles égaux LAC, LAD. On a vu que la portion du plan comprise entre les droites indéfinies AL et AD est le lieu géométrique de tout point situé dans l'angle LAD, plus éloigné de C que de D ; or, j'ai BC $>$ BD; donc le point B, et, par suite, le côté AB sont situés entre les droites AL et AD ; donc l'angle BAC $>$ LAC ou LAD est plus grand que l'angle BAD.

140. THÉORÈME NOUVEAU (fig. 149). *Deux triangles qui ont chacun deux côtés inégaux, égaux chacun à chacun, et un angle égal opposé au plus grand de ces côtés, sont entre eux équilatéraux, et, par suite, équiangles.*

Soient les triangles ABC, ABD ayant les côtés égaux AC et AD, le côté commun AB $>$ AC ou AD et l'angle ACB égal à l'angle ADB, et la droite CD passant ou par le point A, ou entre A et B, ou en dehors de AB; je dis que les côtés BC, BD, égaux dans le 1er cas, puisqu'ils font avec AB les angles égaux BCA et BDA, ou BCD et BDC, le sont aussi dans le 2e et le 3e. En effet, par hypothèse, angle ACB $=$ ADB, et, à cause de AC $=$ AD, angle ACD $=$ ADC; donc, dans le 2e cas, angle ACB $-$ ACD $=$ angle ADB $-$ ADC, ou angle BCD $=$ BDC, et, par suite, BC $=$ BD; et, dans le 3e cas, angle ACB $+$ ACD $=$ angle ADB $+$ ADC, ou angle BCD $=$ BDC, et, par suite, BC $=$ BD; donc, dans tous les cas, les triangles ABC, ABD sont entre eux équilatéraux, et, par suite, équiangles.

COROL. *Deux triangles rectangles qui ont l'hypoténuse égale et un autre côté égal sont entre eux équilatéraux et équiangles.*

141. THÉORÈME (fig. 150). *Lorsque deux triangles rectangles ont l'hypoténuse égale et un angle aigu inégal, au plus grand angle aigu est opposé le plus grand côté.*

Soient les triangles rectangles ABD, ABC ayant l'hypoténuse AB commune et l'angle aigu ABD $>$ ABC; je dis que le côté AD est plus grand que le côté AC. Les angles aigus d'un triangle rectangle étant complémentaires, j'ai angle ABD $+$ BAD $=$ angle ABC $+$ BAC; d'où, à cause de angle ABD $>$ ABC, angle BAD $<$ BAC; donc, si je rabats sur le plan le triangle BDA autour de AB, le côté BD étant extérieur au triangle BAC, et le côté AD étant entre AB et AC, le côté AD a le point D en un point D′, et rencontre BC en un point E ; donc j'ai AE $>$ AC, et, à plus forte raison, AD′ ou AD $>$ AC.

142. Théorème (fig. 151). *Lorsque deux triangles ont les angles égaux chacun à chacun, les côtés opposés aux angles égaux sont proportionnels.*

Soient les triangles ABC, DEF ayant les angles A et D, B et E, C et F égaux, deux à deux ; je dis que BC : EF :: AB : DE :: AC : DF. Sur les prolongements de BA et de CA je prends $AE' = DE$, $AF' = DF$; je trace la droite E'F', et je remarque que l'angle A du triangle AE'F', égal à l'angle A du triangle ABC, étant égal à l'angle D, les triangles AE'F', DEF ont un angle égal compris entre des côtés égaux chacun à chacun, et, par suite (136), que $E'F' = EF$, angle $E' = $ angle E $= $ angle B du triangle ABC. Cela posé : les droites BC, E'F', qui font avec la sécante BE' les angles alternes-internes égaux B et E', étant parallèles et comprises entre les droites BE', CF', qui se rencontrent au point A, donnent (59) BC : E'F' :: AB : AE' :: AC : AF', et, par conséquent, BC : EF :: AB : DE :: AC : DF.

Corol. *Deux triangles qui ont deux angles égaux chacun à chacun ayant les troisièmes angles égaux, les côtés opposés aux deux angles égaux sont proportionnels ou forment, deux à deux, des rapports égaux.*

143. Théorème (fig. 151). *Lorsque deux triangles ont un angle égal et deux côtés des angles égaux proportionnels aux deux autres, les angles opposés aux côtés proportionnels sont égaux, et, par suite, les triangles sont équiangles entre eux.*

Soient les triangles ABC, DEF, angle A $=$ angle D, et AB : DE :: AC : DF ; je dis que les angles B et E, C et F sont égaux deux à deux. Sur les prolongements de BA et de CA je prends $AE' = DE$, $AF' = DF$, et je trace la droite E'F'. Les triangles AE'F', DEF ayant un angle égal A $=$ D. compris entre des côtés égaux chacun à chacun, on a $E'F' = EF$, angle $E' = $ angle E et angle $F' = F$ (136). Cela posé : l'hypothèse AB : DE :: AC : DF donne AB : AE' :: AC : AF' ; donc les droites BC et E'F', qui avec le point A divisent les droites BE', CF' en segments proportionnels, sont parallèles (55), et, par suite, les angles alternes-internes B et E', C et F' sont égaux deux à deux ; donc les angles B et E, C et F opposés aux côtés proportionnels AC et DF, AB et DE sont égaux deux à deux, et les triangles ABC, DEF sont équiangles entre eux.

144. Théorème (fig. 152). *Chaque côté d'un angle droit d'un triangle rectangle est moyenne proportionnelle entre l'hypoténuse et sa projection sur l'hypoténuse, et, par suite, le carré de chaque côté de l'angle droit est égal au produit de l'hypoténuse par la projection de ce côté sur l'hypoténuse.*

Soient ABC un triangle rectangle en A, AD perpendiculaire à l'hypoténuse BC, et, par suite, BD et CD les projections des côtés AB et AC sur BC ; je dis que BC : AB :: AB : BD ; d'où $AB^2 = BC \times BD$, et que BC : AC :: AC : CD ; d'où $AC^2 = BC \times CD$.

1re *dém.* Les triangles ABC, ABD, rectangles en A et en D, ont l'angle aigu B commun, et, par suite, l'angle C égal à l'angle c ; donc les côtés opposés aux angles égaux BAC et BDA, C et c sont proportionnels (142) ; donc BC : AB :: AB : BD, d'où $AB^2 = BC \times BD$. De même, les triangles ABC, ADC, rectangles en A et en D, ont l'angle aigu C commun, et, par suite, l'angle B égal à l'angle b ; donc les côtés opposés aux angles égaux BAC et ADC, B et b, sont proportionnels ; donc BC : AC :: AC : CD ; d'où $AC^2 = BC \times CD$.

2e *dém.* L'angle BAC étant droit, l'hypoténuse BC est un diamètre de la circonférence menée par les points B, A, C, et, par suite, les droites AB et AC sont des cordes menées du point A de la circonférence aux extrémités du diamètre BC ; donc (109) $BC : AB :: AB : BD$, d'où $AB^2 = BC \times BD$, et $BC : AC :: AC : CD$; d'où $AC^2 = BC \times CD$.

COROL. 1° *Les carrés des côtés AB , AC de l'angle droit d'un triangle rectangle ABC sont proportionnels aux projections de ces côtés sur l'hypoténuse;* car de $AB^2 = BC \times BD$ et $AC^2 = BC \times CD$ on déduit $AB^2 : AC^2 = BC \times BD : BC \times CD = BD : CD$; 2° *les carrés de l'hypoténuse et d'un côté quelconque AB de l'angle droit sont proportionnels à l'hypoténuse et à la projection de ce côté sur l'hypoténuse;* car de $BC^2 = BC \times BC$ et $AB^2 = BC \times BD$ on déduit $BC^2 : AB^2 = BC \times BC : BC \times BD = BC : BD$.

145. THÉORÈME (fig. 152). *Le carré de l'hypoténuse d'un triangle rectangle est égal à la somme des carrés des deux autres côtés.*

Soit dans le triangle ABC, rectangle en A, AD perpendiculaire à l'hypoténuse BC. D'après le théorème précédent, $BC \times BD = AB^2$ et $BC \times CD = AC^2$; donc, ajoutant membre à membre, $BC \times BD + BC \times CD = AB^2 + AC^2$, ou $BC \times (BD + CD)$, c'est-à-dire $BC^2 = AB^2 + AC^2$.

SCOLIE. L'égalité précédente sert à calculer un des côtés d'un triangle rectangle lorsqu'on connaît les longueurs des deux autres côtés.

COROL. I. *Dans tout triangle rectangle ABC, le carré de l'un des côtés de l'angle droit égale l'excès du carré de l'hypoténuse sur le carré de l'autre côté;* car de $AB^2 + AC^2 = BC^2$ on déduit $AB^2 = BC^2 - AC^2$, et $AC^2 = BC^2 - AB^2$.

II. *Le carré de l'hypoténuse d'un triangle rectangle isocèle égale le double du carré d'un des côtés de l'angle droit.*

146. THÉORÈME (fig. 153). *Dans tout triangle obtusangle, le carré du côté opposé à l'angle obtus égale la somme des carrés des côtés de cet angle, plus le double produit de l'un de ces côtés par la projection de l'autre sur le premier.*

Soient AB le côté opposé à l'angle obtus BCA du triangle ABC, et AD la perpendiculaire menée du point A au côté BC prolongé, et, par suite, CD la projection du côté AC sur le côté BC; je dis que $AB^2 = AC^2 + BC^2 + 2BC \times CD$. En effet, d'après ce qui précède, le triangle rectangle ADB donne $AB^2 = AD^2 + BD^2$. Or, dans le triangle rectangle ADC, $AD^2 = AC^2 - CD^2$, et d'ailleurs BD^2 ou $(BC + CD)^2 = BC^2 + CD^2 + 2BC \times CD$; donc, en substituant ces valeurs de AD^2 et de BD^2 dans la première égalité, l'on a $AB^2 = AC^2 - CD^2 + BC^2 + CD^2 + 2BC \times CD = AC^2 + BC^2 + 2BC \times CD$.

SCOLIE. Connaissant les longueurs des côtés d'un triangle obtusangle ABC, on peut calculer, par l'égalité précédente, la projection CD d'un côté AC de l'angle obtus sur l'autre côté, et, par suite, la perpendiculaire extérieure AD dans le triangle rectangle ADC.

147. THÉORÈME (fig. 154). *Dans tout triangle, le carré du côté opposé à un angle aigu égale la somme des carrés des côtés de cet angle, moins le double produit de l'un de ces côtés par la projection de l'autre sur le premier.*

Soient le côté AB opposé à l'angle aigu BCA du triangle ABC acutangle, rectangle ou obtusangle en A, AD la perpendiculaire menée du sommet A au côté BC, et, par suite, CD la projection du côté AC sur BC; je dis que $AB^2 = AC^2 + BC^2 - 2BC \times CD$. En effet, le triangle rectangle ADB donne $AB^2 = AD^2 + BD^2$. Or, dans le triangle rectangle ADC, $AD^2 = AC^2 - CD^2$, et d'ailleurs BD^2 ou $(BC - CD)^2 = BC^2 + CD^2 - 2BC \times CD$; donc, en substituant ces valeurs de AD^2 et de BD^2 dans la première égalité, l'on a $AB^2 = AC^2 - CD^2 + BC^2 + CD^2 - 2BC \times CD = AC^2 + BC^2 - 2BC \times CD$.

SCOLIE. Connaissant les longueurs des côtés du triangle ABC, on calcule, par l'égalité précédente, la projection CD d'un côté AC de l'angle aigu C sur l'autre côté BC, et, par suite, la perpendiculaire AD.

MÉDIANES DES CÔTÉS, BISSECTRICES DES ANGLES, ET DROITES PERPENDICULAIRES, PARALLÈLES, SYMÉTRIQUES ET PROPORTIONNELLES, RELATIVES A UN TRIANGLE.

148. THÉORÈME (fig. 155). *Dans tout triangle ABC, 1° la somme des carrés de deux côtés quelconques AB, AC égale le double de la somme des carrés de la moitié du troisième côté et de sa médiane; 2° la différence des carrés de ces mêmes côtés égale le double du produit du troisième côté par la projection de sa médiane sur ce même côté.*

Soient AM la médiane du côté BC faisant avec ce côté l'angle obtus AMB et l'angle aigu AMC, et AD la perpendiculaire menée du point A au côté BC. D'après les deux derniers théorèmes, on a (1), $AB^2 = BM^2 + AM^2 + 2BM \times MD$, et (2) $AC^2 = CM^2 + AM^2 - 2CM \times MD$. Cela posé, 1° ajoutant membre à membre les égalités (1) et (2) et réduisant, on a, à cause de $BM = CM$, $AB^2 + AC^2 = 2BM^2 + 2AM^2$, ce qui est conforme à la première partie du théorème; 2° retranchant membre à membre les égalités (1) et (2) et réduisant, on a, à cause de $BM = CM$, $AB^2 - AC^2 = 2BM \times MD + 2CM \times MD$ ou $AB^2 - AC^2 = (2BM + 2CM) \times MD = 2BC \times MD$; ce qui est conforme à la deuxième partie du théorème.

La démonstration et le résultat, qui sont les mêmes, lorsque la perpendiculaire menée du point A au côté BC est extérieure au triangle ABC, sont aussi les mêmes lorsque la perpendiculaire AD, coïncidant avec la médiane AM, le point D est sur le point M, et, par suite, la projection MD de la médiane AM sur BC devient égale à zéro; car les côtés AB et AC étant égaux, puisque les triangles rectangles AMB, AMC sont égaux, on a, 1° $AB^2 + AC^2 = 2BM^2 + 2AM^2$, et 2° $AB^2 - AC^2 = 0 = 2BC \times 0 = 2BC \times MD$.

SCOLIE. Les longueurs des côtés du triangle ABC étant données, on peut calculer la médiane AM du côté BC par l'égalité $AB^2 + AC^2 = 2BM^2 + 2AM^2$, et la projection MD de la médiane AM sur le côté BC par l'égalité $AB^2 - AC^2 = 2BC \times MD$.

COROL. I. *Lorsque de différents points A, A'... on mène aux extrémités d'une droite BC dont le milieu est le point M des couples de droites AB et AC, A'B et A'C..., si la somme des carrés de chaque couple est constante, les médianes sont égales, et, par suite, le lieu géométrique des points A, A'... tels que la somme des carrés des distances de chacun d'entre eux à deux points B et C soit constante, est une ligne dont tous les points sont également distants du point M, milieu de CB; c'est-à-dire une circonférence ayant BC pour diamètre.*

II (fig. 156). *Si, d'un point quelconque A' pris sur la perpendiculaire indéfinie AD et non en dehors, on mène aux extrémités du côté BC du triangle ABC les droites A'B, A'C et au point M, milieu de BC, la droite A'M, la différence des carrés des côtés A'B, A'C du triangle A'BC est égale à la différence des carrés des côtés AB, AC du triangle ABC; car on a $A'B^2 - A'C^2 = 2BC \times MD$. Il suit de là que le lieu géométrique des points A, A'... tels que la différence des carrés des distances de chacun d'entre eux aux points B et C soit constante, est une droite perpendiculaire à la droite BC; car la projection de chaque médiane sur BC est la même ou constante.*

149. THÉORÈME (fig. 157). *Dans tout triangle ABC, la médiane AM d'un côté quelconque BC est 1° moindre que la demi-somme des autres côtés; 2° plus grande que la moitié de l'excès de cette somme sur le troisième côté.*

1° Je prolonge AM d'une longueur $MD = AM$, et je trace la droite CD. Les triangles AMB, DMC ayant un angle égal en M, compris entre des côtés égaux chacun à chacun, aux angles égaux sont opposés des côtés égaux AB et CD. Cela posé, on a AD $<$ CD $+$ AC; donc on a AD $<$ AB $+$ AC, et, par conséquent, $\frac{1}{2}$ AD, c'est-à-dire AM $< \frac{1}{2}$ (AB $+$ AC); 2° Les inégalités AM $+$ MB $>$ AB et AM $+$ CM $>$ AC donnent, en les ajoutant membre à membre, 2AM $+$ BC $>$ AB $+$ AC; d'où, retranchant BC de chaque membre et divisant ensuite par 2, AM $> \frac{1}{2}$ (AB $+$ AC $-$ BC).

COROL. *La somme des médianes des côtés d'un triangle est 1° moindre que son périmètre; 2° plus grande que son demi-périmètre.*

150. THÉORÈME (fig. 157). *La médiane de l'hypoténuse d'un triangle rectangle est égale à la moitié de cette ligne.*

La somme des angles aigus B et C du triangle rectangle ABC étant égale à l'angle droit, soit la droite AM, terminée à l'hypoténuse, faisant avec le côté AB l'angle MAB égal à l'angle B, et, par suite, l'angle MAC égal à l'angle C; je dis que la droite AM est la médiane de l'hypoténuse et est égale à la moitié de cette ligne; car les côtés opposés à deux angles égaux d'un triangle étant égaux, on a MB $=$ MA et MC $=$ MA; d'où MB $=$ MC et MA $=$ MB $= \frac{1}{2}$ BC.

SCOLIE. La médiane de l'hypoténuse divise le triangle rectangle en deux triangles isocèles.

151. THÉORÈME à démontrer. *1° Les médianes des côtés égaux d'un triangle isocèle ou des trois côtés d'un triangle équilatéral sont égales; 2° la médiane de la base d'un triangle isocèle ou d'un côté quelconque d'un triangle équilatéral est perpendiculaire à ce côté et divise l'angle opposé en deux parties égales.*

152. THÉORÈME (fig. 158). *Les médianes des côtés d'un triangle concourent en un même point, qui divise chacune d'elles au tiers de sa longueur, à partir des côtés.*

Soit O le point de rencontre des médianes DC, EB des côtés AB, AC du triangle ABC; je dis que DO $= \frac{1}{3}$ DC, et que EO $= \frac{1}{3}$ EB. Je trace la droite DE. Les droites DE, BC divisant les droites AB, AC en segments proportionnels sont parallèles; donc (59) DE : BC $=$ DO : OC $=$ EO : OB $=$ AD : AB. Or, AD $= \frac{1}{2}$ AB; donc DO $= \frac{1}{2}$ OC, EO $= \frac{1}{2}$ OB; donc DO $= \frac{1}{3}$ DC et EO $= \frac{1}{3}$ EB. Mais la médiane MA du côté BC doit diviser la médiane DC du côté AB au tiers de sa longueur à partir du côté et être divisée de même par DC; donc elle passe par le point O, qui la divise au tiers de sa longueur à partir du côté BC; donc les médianes des côtés d'un triangle ABC concourent en un même point, qui divise chacune d'elles au tiers de sa longueur, à partir des côtés.

153. THÉORÈME (fig. 159). *Deux côtés quelconques AB, AC d'un triangle ABC sont proportionnels aux distances de leurs extrémités B et C aux points D et D′ où les bissectrices de leur angle et de son adjacent supplémentaire rencontrent le troisième côté et son prolongement;* car, d'après le dernier théorème de la théorie des proportionnelles, livre I, deux droites AB, AC, issues d'un même point, sont proportionnelles aux distances de leurs extrémités B et C aux points D et D′, où les bissectrices AD et AD′ de leur angle CAB et de son adjacent supplémentaire CAL rencontrent la sécante qui passe par ces mêmes extrémités B et C.

COROL. *La bissectrice de tout angle d'un triangle divise le côté opposé en deux segments proportionnels aux côtés consécutifs; d'où il suit : 1° que les seg-*

ments sont égaux si les côtés de l'angle sont égaux; 2⁰ que les côtés de l'angle sont égaux si les segments sont égaux.

SCOLIE. Connaissant les longueurs des côtés du triangle ABC, on calcule les segments du côté BC par l'égalité AB : AC = BD : CD, qui donne AB + AC : BC : : AB : BD; d'où BD = AB × BC : (AB + AC), et AB + AC : BC : : AC : CD; d'où CD = AC × BC : (AB + AC).

154. THÉORÈME (fig. 159). *Réciproquement, si les côtés AB, AC d'un triangle ABC sont proportionnels aux distances de leurs extrémités B et C à deux points D et D' pris sur le côté BC et sur son prolongement, les droites AD, AD' sont les bissectrices de l'angle BAC et de son supplément CAL.*

Soit x le point où la bissectrice de l'angle BAC rencontre le côté BC. D'après ce qui précède, AB : AC : : Bx : Cx; d'où (1) AB + AC : BC = AB : Bx, et, par hypothèse, AB : AC = BD : CD; d'où (2) AB + AC : BC = AB : BD. Les proportions (1) et (2) ayant un rapport commun, on a AB : Bx = AB : BD; donc Bx = BD et le point x coïncide avec le point D; donc AD est la bissectrice de l'angle BAC. On prouve de même que AD' est la bissectrice de l'angle CAL.

155. THÉORÈME (fig. 160). *Le produit de deux côtés d'un triangle est égal à la somme du carré de la bissectrice de leur angle terminée au troisième côté et du produit des segments de ce côté.*

Soit ADF la bissectrice de l'angle BAC du triangle ABC. Je fais l'angle DCE ou a' égal à l'angle DAB ou a, et je prolonge jusqu'à leur rencontre au point B' les droites DF, CE, qui font avec DC deux angles dont la somme, égale à celle des angles BDA et a, est moindre que deux angles droits. Les triangles BDA, B'DC ayant les angles a et a', BDA et B'DC, qui sont opposés par le sommet, et, par suite, B et B', égaux deux à deux, aux angles égaux a et a', B et B', sont opposés des côtés proportionnels; donc BD : B'D : : AD : DC; d'où (1⁰) AD × B'D = BD × DC. Les triangles BDA, B'CA ayant les angles BAD et B'AC, B et B', et, par suite, BDA et B'CA, égaux deux à deux, aux angles égaux BDA et B'CA, B et B', sont opposés des côtés proportionnels; donc AB : AD + DB' : : AD : AC; d'où (2⁰) AB × AC = AD² + AD × DB'. Or (1⁰), AD × DB' = BD × DC; donc AB × AC = AD² + BD × DC.

SCOLIE. L'égalité précédente sert à calculer la bissectrice AD, lorsqu'on connaît les longueurs des côtés du triangle ABC, et, par suite, d'après le scolie précédent, celles des segments BD et DC.

156. THÉORÈME à démontrer. *Dans un triangle isocèle, 1⁰ les bissectrices des angles adjacents à la base terminées aux côtés opposés sont égales; 2⁰ la bissectrice de l'angle du sommet est perpendiculaire à la base, et passe par son milieu.*

COROL. *Dans tout triangle équilatéral, les bissectrices des angles terminées aux côtés sont égales et perpendiculaires aux milieux des côtés.*

157. THÉORÈME (fig. 161). *Dans tout triangle ABC, 1⁰ les bissectrices des angles intérieurs concourent en un même point intérieur également distant des trois côtés; 2⁰ les bissectrices d'un angle intérieur quelconque BAC et des angles extérieurs FBC, LCB formés par les prolongements des côtés AB, AC de l'angle BAC et le troisième côté BC, concourent en un même point extérieur également distant des trois côtés du triangle.*

1⁰ Soit O le point de rencontre des bissectrices BD, CE des angles ABC, ACB. Le point O, commun aux bissectrices des angles ABC, ACB, est également distant des côtés BA et BC, CA et CB, et, par conséquent, des trois côtés du triangle ABC. Mais ce point est aussi sur la bissectrice de l'angle BAC, puisque cette ligne est le lieu géométrique de tout point également distant des côtés AB et AC (36) ; donc les bissectrices des angles intérieurs du triangle ABC concourent en un même point intérieur également distant des côtés du triangle.

2° La somme des angles extérieurs FBC, LCB étant moindre que quatre angles droits, celle des deux angles internes que les bissectrices des angles extérieurs font avec le côté BC est moindre que deux angles droits. Soit donc O′ le point de rencontre des bissectrices BO′, CO′ des angles FBC, LCB ; le point O′ étant à la fois sur les bissectrices des angles FBC, LCB est également distant des côtés BF et BC, LC et CB, et, par conséquent, des trois côtés AB, AC, BC du triangle ABC. Mais le point O′ est aussi sur la bissectrice de l'angle BAC ou FAL, puisque cette ligne est le lieu géométrique de tout point également distant des côtés AF, AL ; donc les bissectrices de l'angle intérieur BAC et des angles extérieurs FBC, LCB concourent en un même point extérieur également distant des trois côtés du triangle ABC.

Scolie. I. La bissectrice d'un angle intérieur d'un triangle contient les points de rencontre des bissectrices des trois angles intérieurs et des deux angles extérieurs formés par les prolongements des côtés de cet angle et le troisième côté.

II. Le plan d'un triangle contient quatre points, l'un intérieur et les trois autres extérieurs, chacun également distant des côtés du triangle, et quatre points seulement, parce que les bissectrices des angles intérieurs ne se rencontrent qu'en un point, de même que chacun des trois couples des bissectrices des angles extérieurs.

158. Théorème (fig. 162). *1° Les perpendiculaires OD, OE, OF aux côtés d'un triangle ABC, menées du point de rencontre O des bissectrices des angles intérieurs, déterminent sur ses côtés six segments tels que chacun d'eux est égal à l'excès du demi-périmètre D du triangle sur le côté non consécutif ; 2° les perpendiculaires O′D′, O′F′ aux côtés de l'angle A du triangle ABC, menées du point de rencontre O′ des bissectrices des angles extérieurs KBC, HCB, déterminent sur les côtés des segments égaux chacun au demi-périmètre du triangle ABC.*

1° Les perpendiculaires menées aux côtés d'un angle d'un point quelconque de sa bissectrice déterminent sur ces côtés des segments égaux (36) ; donc AD = AF, BE = BD, CE = CF, et, ajoutant membre à membre ces égalités, AD + BE + CE = AF + DB + CF, ou AD + BC = DB + AC. Or (AD + BC) + (DB + AC) = 2D ; donc AD + BC = D ; d'où, évidemment, AD = D — BC, et DB + AC = D ; d'où DB = D — AC.

2° Soit O′L la perpendiculaire menée du point O′ au côté BC du triangle ABC. Par la raison indiquée (1°), on a AD′ = AF′, BL = BD′, CL = CF′, et évidemment (AB + BL) + (AC + CL) = 2D. Or, AB + BL = AD′ et AC + CL = AF′ ; donc AD′ + AF′ = 2D, et, à cause de AD′ = AF′, AD′ = D et AF′ = D.

Scolie qui facilite la démonstration suivante. Si l'on nomme a, b, c les côtés opposés aux angles A, B, C du triangle ABC et D le demi-périmètre de ce triangle, on a AD′ = D, AD = D — a, DB = D — b, et BD′ = AD′ — AB = D — c.

159. Théorème (fig. 163). *Dans tout triangle ABC, si des points O et O′, où se rencontrent les bissectrices des angles intérieurs et des angles extérieurs formés par les prolongements des côtés de l'angle BAC et le côté BC, on mène à la droite AE les perpendiculaires OD, O′D′, et qu'on nomme a, b, c les côtés*

opposés aux angles A , B, C *et* D *le demi-périmètre du triangle* ABC, *on aura :*

1° OD $= \sqrt{D \times (D - a) \times (D - b) \times (D - c)} : D$; 2° O'D' $= \sqrt{D \times (D - a) \times (D - b) \times (D - c)} : (D - a)$.

1° Les points O et O' étant situés sur la bissectrice de l'angle BAC ; soient OB, O'B les bissectrices des angles adjacents supplémentaires CBA, CBD' ; ces droites, étant perpendiculaires l'une à l'autre (26), font avec DD' l'angle OBD ou I, complémentaire de l'angle O'BD' ou x', et avec DO et D'O' les angles DOB, D'O'B, représentés par x et I'. Cela posé, les triangles rectangles ODA, O'D'A ont l'angle aigu A commun, et, par suite, l'angle DOA égal à l'angle D'O'A ; donc aux angles égaux sont opposés des côtés proportionnels (142) ; donc OD : O'D' :: AD : AD' ; d'où (1) OD $\times$ AD' $=$ O'D' $\times$ AD. Les triangles rectangles ODB, O'D'B, dans lesquels les angles aigus I et I' sont égaux, comme ayant pour même complément l'angle x', ont les troisièmes angles x et x' égaux ; donc aux angles égaux I et I', x et x', sont opposés des côtés proportionnels ; donc OD : BD' :: DB : O'D' ; d'où (2) OD $\times$ O'D' $=$ DB $\times$ BD'. Multipliant, membre à membre, les égalités (1) et (2), c'est-à-dire OD $\times$ AD' $=$ O'D' $\times$ AD et OD $\times$ O'D' $=$ DB $\times$ BD', et supprimant ensuite O'D' dans chaque membre, on a OD² $\times$ AD' $=$ AD $\times$ DB $\times$ BD', et, en multipliant par AD' les membres de cette dernière égalité, (OD $\times$ AD')² $=$ AD' $\times$ AD $\times$ DB $\times$ BD' ; d'où OD $\times$ AD' $= \sqrt{AD' \times AD \times BD \times BD'}$, ou OD$\times$D $= \sqrt{D \times (D-a) \times (D-b) \times (D-c)}$; d'où enfin, OD $= \sqrt{D \times (D-a) \times (D-b) \times (D-c)} : D$.

2° Les triangles rectangles O'D'A, ODA qui ont l'angle O'AD' commun, étant équiangles entre eux, donnent O'D' : OD :: AD' : AD ; d'où O'D' $=$ (OD $\times$ AD') : AD. Or (1°), OD $\times$ AD' ou OD $\times$ D $= \sqrt{D \times (D - a) \times (D - b) \times (D - c)}$; donc O'D' $= \sqrt{D \times (D - a) \times (D - b) \times (D - c)} : AD$ ou $(D - a)$.

Scolie. Si l'on prolonge, dans le triangle ABC, les côtés des angles B et C, et que, des points O'', O''', où se rencontrent les bissectrices des angles extérieurs formés par les prolongements des côtés de chacun de ces angles et un côté du triangle, on mène à un de ces côtés prolongés les perpendiculaires O''D'', O'''D''', on aura O''D'' $= \sqrt{D \times (D - a) \times (D - b) \times (D - c)} : D - b$, et O'''D''' $= \sqrt{D \times (D - a) \times (D - b) \times (D - c)} : D - c$.

Corol. *Si, pour simplifier, on fait* OD $= p$, O'D' $= p'$, O''D'' $= p''$, O'''D''' $= p'''$, $\sqrt{D \times (D - a) \times (D - b) \times (D - c)} = E$, *et, par conséquent,* D $\times$ (D $- a$) $\times$ (D $- b$) $\times$ (D $- c$) $=$ E $\times$ E, *on aura* $p \times p' \times p'' \times p''' =$ D $\times$ (D $- a$) $\times$ (D $- b$) $\times$ (D $- c$). En effet, on a $p = \dfrac{E}{D}$, $p' = \dfrac{E}{D-a}$, $p'' = \dfrac{E}{D-b}$, $p''' = \dfrac{E}{D-c}$; et, en multipliant ces égalités membre à membre, $p \times p' \times p'' \times p''' = \dfrac{E \times E \times E \times E}{D \times (D-a) \times (D-b) \times (D-c)}$ $= \dfrac{E \times E \times E \times E}{E \times E} =$ E $\times$ E $=$ D $\times$ (D$-a$) $\times$ (D$-b$) $\times$ (D$-c$).

160. Théorème (fig. 164). *La perpendiculaire* OL, *menée du point de rencontre* O *des médianes des côtés d'un triangle* ABC *à une droite extérieure* ST, *est égale au tiers des perpendiculaires* AD, BE, CF, *menées des sommets du triangle à la même ligne.*

Soient MOA la médiane du côté BC et N le milieu de EF ; je trace la droite MN qui, joignant les milieux des droites BC, EF comprises entre les parallèles CF, BE, est parallèle à ces droites et égale à leur demi-somme (59), et du point M je mène à EF une parallèle qui rencontre les parallèles OL, AD aux points I et K et détermine les droites IL, KD, égales chacune à MN, comme parallèles comprises entre parallèles.

Cela posé, je dis que OL ou $OI + IL = \frac{1}{3} (AD + BE + CF)$. En effet, les parallèles OI, AK, comprises entre les droites MA, MK, donnent $OI : AK :: MO : MA$, et, à cause de $MO = \frac{1}{3} MA$, $OI = \frac{1}{3} AK = \frac{1}{3} (AD - KD) = \frac{1}{3} (AD - MN) = \frac{1}{3} AD - \frac{1}{3} MN$; ainsi $OI = \frac{1}{3} AD - \frac{1}{3} MN$. Or, $IL = MN$; donc $OI + IL$, c'est-à-dire $OL = \frac{1}{3} AD - \frac{1}{3} MN + MN = \frac{1}{3} AD + \frac{2}{3} MN$, et, en remplaçant MN par sa valeur $\frac{1}{2} (BE + CF)$, $OL = \frac{1}{3} AD + \frac{2}{3} \times \frac{1}{2} (BE + CF) = \frac{1}{3} AD + \frac{1}{3} (BE + CF) = \frac{1}{3} (AD + BE + CF)$.

Scolie. A cause de cette propriété, le point de rencontre des médianes des côtés d'un triangle est appelé *centre des moyennes distances* des sommets d'un triangle à une droite extérieure.

161. Théorème (fig. 165). *La somme des perpendiculaires menées d'un point quelconque O de la base d'un triangle isocèle ABC aux deux autres côtés est égale à la perpendiculaire menée d'une extrémité de la base au côté opposé, et, par suite, est constante.*

Soient les droites OF, OE perpendiculaires aux côtés AB et AC, et CD la perpendiculaire menée du point C au côté opposé AB ; je dis que $OF + OE = CD$. En effet, je prolonge FO d'une longueur OL égale à OE, je trace la droite CL, et je remarque que les angles aigus B et C des triangles rectangles BFO, CEO étant égaux, les troisièmes FOB, EOC le sont aussi, et, par suite, que l'angle LOC, égal à FOB est égal à EOC. Cela posé, les triangles LOC, EOC ayant un angle égal en O compris entre des côtés égaux chacun à chacun, au côté commun OC sont opposés des angles égaux et par conséquent droits L et E ; donc les perpendiculaires LF, CD, comprises entre les perpendiculaires DF, CL, sont égales, comme parallèles comprises entre parallèles ; donc $OF + OE = CD$.

Corol. *Le triangle équilatéral dont chaque côté peut être considéré comme la base d'un triangle isocèle a par rapport à chaque côté la même propriété.*

162. Théorème (fig. 166). *La somme des perpendiculaires menées d'un point pris à l'intérieur d'un triangle équilatéral aux trois côtés est égale à la perpendiculaire menée d'un sommet au côté opposé, et, par suite, est constante.*

Soient O un point quelconque intérieur au triangle équilatéral ABC, OD, OE, OF les perpendiculaires menées du point O aux côtés AB, AC, BC, et CK la perpendiculaire menée du sommet C au côté AB ; je dis que $OD + OE + OF = CK$. En effet, je mène par le point O à BC une parallèle qui rencontre AB et AC aux points G et H, et par le point H je mène à AB la perpendiculaire HI, et à BC la perpendiculaire HL égale à OF (45). La proportion $AG : AH :: AB : AC$ donne, à cause de $AB = AC$, $AG = AH$; donc, d'après le théorème précédent, on a dans le triangle isocèle AGH, $OD + OE = HI$, et dans le triangle isocèle ABC, qui a AC pour base, HI + HL ou OF = CK ; d'où, en remplaçant HI par OD + OE, OD + OE + OF = CK.

163. THÉORÈME (fig. 152). *Dans un triangle rectangle, la perpendiculaire menée du sommet de l'angle droit à l'hypoténuse est moyenne proportionnelle entre les deux segments de cette droite, et, par suite, le carré de la perpendiculaire est égal au produit des deux segments de l'hypoténuse.*

1re *démonst.* Soit AD la perpendiculaire menée du sommet A de l'angle droit du triangle rectangle ABC à l'hypoténuse BC ; je dis que BD : AD :: AD : DC. Je nomme c et b les angles aigus BAD et CAD. Les angles c et C des triangles rectangles ADB et ADC sont égaux comme ayant chacun pour complément le même angle b partie de l'angle droit BAC. De même, les angles B et b des mêmes triangles sont égaux comme ayant chacun pour complément le même angle c ; donc aux angles égaux c et C, B et b sont opposés des côtés proportionnels ; donc BD : AD :: AD : DC.

2e *démonst.* L'hypoténuse BC étant le diamètre de la circonférence menée par les points B, A, C, on a (108 *corol.*) BD : AD :: AD : DC ; d'où AD^2 = BD × DC.

164. THÉORÈME (fig. 167). *Les perpendiculaires aux côtés d'un triangle ABC menées par leurs milieux se rencontrent en un même point, également distant des trois sommets.*

Les perpendiculaires aux côtés d'un angle étant concourantes (44), soient O le point de rencontre des perpendiculaires aux côtés AB et AC menées par leurs milieux D et E, et OF la droite qui joint le point O au milieu F du côté BC. Le point O commun aux perpendiculaires OD et OE est également distant des sommets A et B, A et C, et par conséquent des trois sommets A, B, C. Or, la droite OF, qui a deux points O et F, chacun également distant des extrémités du côté BC, est perpendiculaire au milieu de BC ; donc les perpendiculaires aux côtés du triangle ABC menées par leurs milieux concourent en un même point, également distant des trois sommets.

COROL. *Il existe dans le plan d'un triangle un point également distant des trois sommets, et ce point est unique parce que deux perpendiculaires aux côtés d'un triangle ne se rencontrent qu'en un seul point.*

165. THÉORÈME (fig. 168). *Les perpendiculaires menées des sommets d'un triangle ABC aux côtés opposés se rencontrent en un même point.*

Soit DEF le triangle déterminé par les parallèles menées par les sommets A, B, C aux côtés opposés du triangle ABC. Les parallèles AD, BC comprises entre les parallèles AB, DC, sont égales, et les parallèles EA, BC sont égales comme comprises entre les parallèles EB, AC ; donc les parties AD et EA du côté ED du triangle DEF, égales chacune au côté BC du triangle ABC, sont égales entre elles ; donc le côté DE est divisé par le sommet A en parties égales. Par la même raison, les côtés EF et FD sont divisés en parties égales par les sommets B et C ; donc, d'après le théorème précédent, les perpendiculaires menées des sommets A, B, C du triangle ABC aux côtés opposés, étant perpendiculaires aux milieux des côtés du triangle DEF, concourent en un même point.

SCOLIE. Les parallèles aux côtés d'un triangle menées par les sommets déterminent un triangle dont les côtés sont égaux chacun au double du côté opposé du premier triangle, et qui contient quatre triangles équilatéraux entre eux et par suite équiangles entre eux.

166. THÉORÈME (fig. 169). *Si, par le point de rencontre O des médianes*

des côtés d'un triangle ABC, on mène une parallèle à l'un des côtés AC, cette droite terminée au côté BC est égale au tiers du côté parallèle.

Soient la droite OD parallèle au côté AC et la droite MOA la médiane du côté BC; je dis que OD $= \frac{1}{3}$ AC. En effet, les parallèles OD, AC, comprises entre les droites MA, MC, donnent (59) OD : AC $=$ MO : MA. Or, MO $= \frac{1}{3}$ MA; donc OD $= \frac{1}{3}$ AC.

167. **Théorème** (fig. 170). *Si par le point de rencontre O des bissectrices des angles d'un triangle ABC on mène une parallèle à l'un des côtés BC, cette droite terminée aux deux autres côtés est égale à la somme des segments compris entre les deux parallèles.*

Soient la droite DE passant par le point O parallèle au côté BC, et OB, OC les bissectrices des angles ABC, ACB; je dis que DE $=$ DB $+$ EC. En effet, les angles alternes-internes faits par des parallèles et une sécante étant égaux (41), l'angle DOB est égal à l'angle CBO. Or, l'angle DBO est égal à l'angle CBO; donc l'angle DOB est égal à l'angle DBO, et par conséquent DO $=$ DB. Par la même raison, EO $=$ EC; donc DO $+$ EO, c'est-à-dire DE $=$ DB $+$ EC.

168. **Théorème** (fig. 171). *La droite qui joint les milieux de deux côtés d'un triangle est 1° parallèle au troisième côté; 2° égale à la moitié de ce côté.*

Soit DE la droite qui joint les milieux des côtés AB, AC du triangle ABC. 1° La droite DE et le côté BC sont parallèles, parce qu'ils divisent les côtés AB et AC en segments proportionnels; 2° la droite DE est égale à la moitié de BC, parce qu'on a (59) DE : BC $=$ AD : AB; d'où, à cause de AD $= \frac{1}{2}$ AB, DE $= \frac{1}{2}$ BC.

169. **Théorème** (fig. 172). *Tout triangle isocèle ABC est symétrique par rapport à la médiane AF de sa base, et est divisé en deux parties qui coïncident si l'on rabat sur le plan une de ces parties AFC autour de AF.*

La médiane AF étant perpendiculaire au milieu de la base BC, 1° le triangle isocèle ABC est symétrique par rapport à AF, parce que les droites AB et AC, BF et CF, qui ont deux à deux leurs extrémités symétriques par rapport à AF, sont deux à deux symétriques par rapport à cette droite; 2° AFC coïncide avec AFB, parce que FC coïncide avec FB et AC avec AB.

Corol. *Le triangle équilatéral est symétrique par rapport à la médiane de chaque côté, et a, par conséquent, trois axes de symétrie.*

170. **Théorème** (fig. 173). *Dans tout triangle ABC, la droite AML, menée par un sommet A et par le milieu M du côté opposé BC, divise la droite BE, menée d'un autre sommet B au côté opposé AC ou à son prolongement, en deux segments BD, DE proportionnels aux distances du point A aux points C et E.*

Du point E, pris sur le côté AC ou sur son prolongement, je mène au côté BC une parallèle qui rencontre la droite indéfinie AML en un point I. Les parallèles BM et IE, comprises dans chacun des deux cas entre les droites BE et MI, et les parallèles MC et IE comprises dans le 1er cas entre les droites AM et AC et dans le 2° entre AMI et ACE, donnent BM : IE $=$ BD : DE et MC : IE $=$ AC : AE. Or, BM : IE $=$ MC : IE; donc BD : DE $=$ AC : AE.

171. **Théorème** (fig. 174). *La transversale DEF de deux côtés d'un triangle ABC et du prolongement du troisième, passant par le milieu D du côté AC, divise le second côté AB en deux segments proportionnels aux distances des extrémités C et B du troisième côté CB au point F de la transversale; c'est-à-dire que AE : BE $=$ CF : BF.*

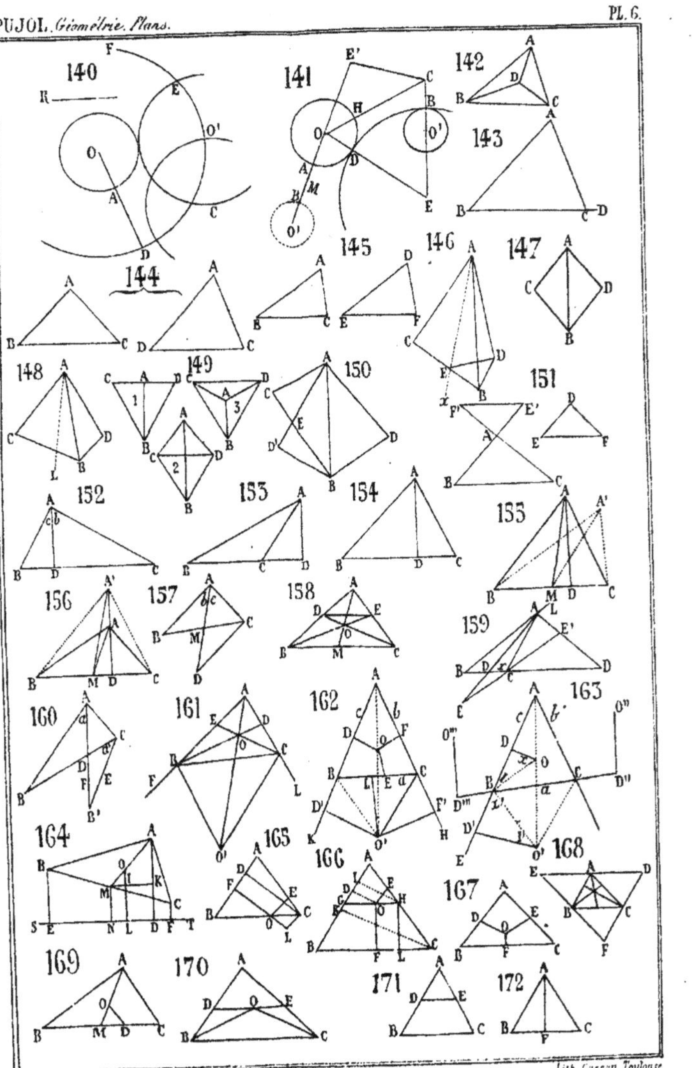

En effet, d'après le 1er théorème des transversales (63), les distances des sommets A, B, C de la ligne brisée ABC aux points D, E, F, où la transversale DEF rencontre les côtés AB, AC et le prolongement du troisième BC, donnent AE × BF × CD = AD × CF × BE. Or, CD = AD; donc AE × BF = CF × BE; d'où la proportion AE : BE = CF : BF.

QUADRILATÈRES CONVEXES QUELCONQUES.

Côtés, angles, bissectrices des angles, diagonales, médianes.

DÉFINITIONS. I. Il y a trois espèces de quadrilatères convexes : celui qui n'a pas de côtés parallèles et qui retient le nom générique de *quadrilatère*; celui qui n'a que deux côtés parallèles et qu'on nomme *trapèze*; enfin, celui qui a les côtés opposés parallèles deux à deux et qu'on nomme *parallélogramme*.

II. Dans un quadrilatère, on appelle *médiane* des côtés consécutifs, des côtés opposés ou des diagonales, la droite qui joint les milieux de ces lignes.

III. Un quadrilatère P est dit *inscrit* dans un quadrilatère P', lorsque les sommets de P sont sur le périmètre de P'. Il en est de même d'un autre polygone P par rapport à un autre polygone P'.

172. THÉORÈME (fig. 177). *Dans tout quadrilatère, 1° chaque côté est moindre que la somme de tous les autres; 2° la somme des angles est égale à quatre angles droits.*

1° Chaque côté est moindre que la somme de tous les autres, parce que la ligne droite est moindre que la ligne brisée qui a les mêmes extrémités.

2° Soit le quadrilatère ABCD. Je trace la diagonale AC. La somme des angles du quadrilatère est égale à celle des angles des deux triangles ABC, ADC. Or, celle-ci est égale à quatre angles droits (132 ; donc la somme des angles du quadrilatère ABCD est égale à quatre angles droits.

COROL. *Tout quadrilatère qui a trois angles droits est équiangle.*

173. THÉORÈME (fig. 175). *Si les côtés opposés d'un quadrilatère ABCD se rencontrent dans leurs prolongements, les bissectrices des deux angles qu'ils font forment en se rencontrant un angle égal à la demi-somme des angles opposés du quadrilatère.*

Soient E et F les points de rencontre des côtés prolongés BA et CD, AD et BC, et O celui des bissectrices EO, FO de leurs angles : je dis que l'angle EOF est égal à la demi-somme des angles opposés B et D du quadrilatère ABCD. Je trace la droite EF et je nomme a chacun des angles égaux BEO, CEO, a' chacun des angles égaux BFO, AFO, et b et b' les angles DEF, DFE. L'angle droit étant pris pour 1, j'ai dans le triangle EBF, angle B $= 2 - 2a - b - 2a' - b'$, et dans le triangle EDF, angle D $= 2 - b - b'$; d'où $\frac{1}{2}$ (angle B + D) $= 2 - a - a' - b - b'$. Or, dans le triangle EOF, l'angle O $= 2 - a - b - a' - b'$, donc l'angle EOF $= \frac{1}{2}$ (angle B + D).

COROL. *Les bissectrices EO, FO font un angle droit si les angles B et D sont supplémentaires.*

174. THÉORÈME (fig. 176). *Si les bissectrices des angles d'un quadrilatère ABCD forment, en se rencontrant, un quadrilatère abcd, les angles opposés de ce quadrilatère sont supplémentaires.*

L'angle droit étant pris pour 1, j'ai, dans le triangle BAC, angle $a = 2 - \frac{1}{2}$ (angle B + angle C), et dans le triangle AcD, angle $c = 2 - \frac{1}{2}$ (angle A + angle D) ; ajoutant membre à membre ces égalités et remarquant que la demi-somme des angles A, B, C, D du quadrilatère ABCD est égale à deux angles droits, il vient angle a + angle $c = 4 - 2 = 2$; donc les angles opposés a et c sont supplémentaires, et, par suite, les angles opposés b et d sont aussi supplémentaires.

175. THÉORÈME (fig. 177). *La somme des diagonales d'un quadrilatère est plus grande que son demi-périmètre.*

Soit O le point de rencontre des diagonales du quadrilatère ABCD ; on a AC + DB > AD + BC, et AC + BD > AB + DC ; d'où, ajoutant membre à membre et divisant ensuite la nouvelle égalité par 2,
$$AC + DB > \frac{1}{2} (AD + BC + AB + DC).$$

SCOLIE. Il est facile de prouver que la somme des diagonales est moindre que le périmètre.

176. THÉORÈME (fig. 178). *Dans tout quadrilatère ABCD, la somme des carrés des côtés est égale à celle des carrés des diagonales, augmentée de quatre fois le carré de leur médiane.*

Soient E et F les milieux des diagonales AC, BD. Je trace les droites BE, DE et EF médiane des diagonales AC, BD. Dans tout triangle, la somme des carrés de deux côtés égale le double de la somme des carrés de la moitié du 3e côté et de sa médiane (148) ; donc 1° dans le triangle ABC, $AB^2 + BC^2 = 2AE^2 + 2BE^2$; 2° dans le triangle ADC, $AD^2 + DC^2 = 2AE^2 + 2DE^2$; 3° dans le triangle BED, $2BE^2 + 2DE^2 = 4DF^2 + 4EF^2$. Ajoutant membre à membre ces trois égalités, on a $AB^2 + BC^2 + AD^2 + DC^2 + 2BE^2 + 2DE^2 = 2AE^2 + 2BE^2 + 2AE^2 + 2DE^2 + 4DF^2 + 4EF^2$; d'où, retranchant de chaque membre les parties communes $2BE^2 + 2DE^2$, et remarquant que $2AE^2 + 2AE^2 = 4AE^2$, $AB^2 + BC^2 + AD^2 + DC^2 = 4AE^2 + 4DF^2 + 4EF^2 = 2AE \times 2AE + 2DF \times 2DF + 4EF^2 = AC^2 + BD^2 + 4EF^2$.

COROL. *Si les diagonales se coupent mutuellement en parties égales, la médiane étant nulle, la somme des carrés des côtés du quadrilatère est égale à celle des carrés des diagonales.*

177. THÉORÈME (fig. 179). *Dans tout quadrilatère ABCD, les diagonales AC, BD sont proportionnelles aux sommes des perpendiculaires menées à ces droites des sommets opposés.*

Soient CN une parallèle à la diagonale BD et DO une parallèle à la diagonale AC. Je mène du point A à BD la perpendiculaire AL qui rencontre CN parallèle à BD au point E et est perpendiculaire à cette droite (41), et du point B à AC la perpendiculaire BK qui rencontre DO parallèle à AC au point F et est perpendiculaire à cette droite. Les perpendiculaires comprises entre parallèles étant égales, AE est la somme des perpendiculaires menées des points A et C à la diagonale BD, et BF celle des perpendiculaires menées des points B et D à la diagonale AC. Cela posé, je dis que AC : BD = AE : BF. En effet, les triangles rectangles ALI, BKI, ayant les angles en I égaux, comme opposés par le sommet, ont les troisièmes angles en A et en B égaux ; donc les triangles rectangles AEC, BFD, qui ont les angles aigus en A et en B égaux, ont aussi les troisièmes angles ACE, BDF égaux ; donc aux angles égaux AEC et BFD, ACE et BDF sont opposés des côtés proportionnels ; donc AC : BD = AE : BF.

178. Théorème (fig. 180). *Dans tout quadrilatère ABCD, la médiane des côtés d'un angle quelconque est parallèle à la diagonale opposée et égale à la moitié de cette droite.*

Soit EF la médiane des côtés de l'angle BAD. La droite qui joint les milieux de deux côtés d'un triangle est parallèle au troisième côté et égale à la moitié de ce côté (168); donc, dans le triangle ABD, la médiane EF est parallèle à la diagonale BD et égale à la moitié de cette ligne.

Corol. *Les médianes des côtés des angles opposés d'un quadrilatère sont parallèles et égales, et, par conséquent, les quatre médianes des côtés consécutifs d'un quadrilatère forment un parallélogramme inscrit dont le périmètre est égal à la somme des diagonales du quadrilatère.*

TRAPÈZES.

Côtés, angles, diagonales, médianes.

Définitions. Un trapèze est 1° *rectangulaire*, lorsque un des côtés non parallèles est perpendiculaire aux côtés parallèles; 2° *isocèle*, lorsque les côtés non parallèles sont égaux.

179. Théorème (fig. 181). *1° Dans tout trapèze, les côtés parallèles sont inégaux; 2° dans tout trapèze rectangulaire, le côté perpendiculaire aux côtés parallèles est moindre que le côté opposé.*

1° Soit O le point de rencontre des côtés non parallèles BA, CD du trapèze ABCD. Les parallèles AD, BC comprises entre les droites OB, OC sont proportionnelles aux distances du point O aux points A et B (59); donc AD : BC = OA : OB; d'où, à cause de OA < OB, AD < BC; donc les côtés parallèles du trapèze ABCD sont inégaux.

2° Soient dans le trapèze rectangulaire ABCD, le côté AB perpendiculaire aux côtés parallèles AD, BC, et O le point de rencontre des côtés BA, CD. Les parallèles AD, BC divisant les droites OB, OC en segments proportionnels, on a OB : OC = AB : DC. Or, OB perpendiculaire à BC est moindre que l'oblique OC; donc le côté AB est moindre que le côté opposé DC.

180. Théorème (fig. 182). *Dans tout trapèze, 1° les angles opposés sont inégaux; 2° les diagonales se coupent mutuellement en parties inégales.*

1° Soit O le point de rencontre des côtés non parallèles BA, CD du trapèze ABCD. Les angles correspondants CBA, DAO faits par les parallèles CB, DA et la sécante BO sont égaux ; or l'angle CDA extérieur au triangle ODA est plus grand que l'angle intérieur DAO; donc l'angle CDA est plus grand que l'angle opposé CBA. De même l'angle BAD est plus grand que l'angle opposé BCD; donc les angles opposés sont inégaux.

2° Soit L le point de rencontre des diagonales AC, BD du trapèze ABCD. Les parallèles AD, BC comprises entre les droites AC, DB qui se rencontrent au point L, donnent BC : AD = LB : LD = LC : LA. Or, le côté BC est plus grand que le côté AD; donc on a LB > LD et LC > LA ; donc les diagonales se divisent mutuellement en parties inégales.

Corol. *Les grands segments des diagonales et par suite leur médiane sont situés entre leur point de rencontre et la grande parallèle BC.*

181. Théorème (fig. 182). *Dans tout trapèze isocèle, 1° les angles adjacents à chaque côté parallèle sont égaux; 2° les diagonales sont égales.*

1° Soit O le point de rencontre des côtés non parallèles BA, CD du trapèze isocèle ABCD. Les parallèles AD, BC déterminent sur les droites OB, OC des segments proportionnels ; donc OB : OC = AB : DC. Or AB = DC ; donc OB = OC ; donc, dans le triangle OBC, les angles OBC, OCB opposés à des côtés égaux sont égaux, et les angles BAD, CDA sont égaux comme ayant pour suppléments égaux les angles OBC, OCB ; donc les angles adjacents à chaque côté parallèle sont égaux.

2° Les diagonales AC, BD sont égales, parce que les triangles ABC, DCB, ayant un angle égal compris entre des côtés égaux chacun à chacun, aux angles égaux ABC, DCB sont opposés des côtés égaux AC, DB.

Corol. *Deux trapèzes isocèles qui ont un angle égal sont équiangles entre eux.*

182. Théorème (fig. 183). *Dans tout trapèze, 1° la médiane des côtés non parallèles est parallèle aux deux autres côtés et égale à leur demi-somme ; 2° elle divise chaque diagonale en parties égales.*

1° Soit EF la médiane des côtés non parallèles AB, DC du trapèze ABCD. La droite qui joint les milieux de deux droites comprises entre deux droites parallèles est parallèle à ces droites (57) et égale à leur demi-somme (59) ; donc la médiane EF des côtés non parallèles AB, DC est parallèle aux côtés AD, BC et égale à leur demi-somme.

2° Soient I et L les points où la médiane EF des côtés AB, DC rencontre les diagonales DB, AC. Les parallèles EL, BC divisent les droites AB, AC en segments proportionnels ; donc AE : EB = AL : LC. Or, AE = EB ; donc AL = LC. Par une raison semblable, DI = IB ; donc la médiane EF divise chaque diagonale en parties égales.

Corol. *La médiane IL des diagonales AC, DB est égale à la demi-différence des côtés parallèles BC, AD* ; car les parallèles EL, BC comprises entre les droites AB, AC donnent EL : BC = AE : AB. Or, AE = $\frac{1}{2}$ AB ; donc EL = $\frac{1}{2}$ BC. De même, les parallèles EI, AD comprises entre les droites BA, BD donnent EI : AD = BE : BA ; or, BE = $\frac{1}{2}$ BA ; donc EI = $\frac{1}{2}$ AD ; donc EL — EI, c'est-à-dire IL = $\frac{1}{2}$ BC — $\frac{1}{2}$ AD = $\frac{1}{2}$ (BC — AD).

183. Théorème (fig. 184). *La médiane des côtés parallèles d'un trapèze isocèle est perpendiculaire à ces droites.*

Soit EF la médiane des côtés parallèles AD, BC du trapèze isocèle ABCD. Je trace les droites EB, EC. Les triangles EAB, EDC ont un angle égal (181) compris entre des côtés égaux chacun à chacun ; donc aux angles égaux A et D sont opposés des côtés égaux EB, EC ; donc la droite EF, qui a deux points E et F chacun également distant des extrémités de la droite BC, est perpendiculaire à cette droite, et, par suite, à sa parallèle AD ; donc la médiane EF est perpendiculaire aux côtés BC et AD du trapèze isocèle ABCD.

184. Théorème (fig. 184). *Tout trapèze isocèle ABCD est symétrique par rapport à la médiane EF des côtés parallèles AD, BC, et est divisé en deux parties qui coïncident si l'on rabat sur le plan l'une EFCD autour de EF.* Démonstration semblable à celle du n° 169 relative au triangle isocèle.

PARALLÉLOGRAMMES.

Cas où un quadrilatère est un parallélogramme ; côtés, angles, diagonales, médianes.

185. Théorème (fig. 185). *Un quadrilatère ABCD est un parallélogramme dans quatre cas : 1° si deux côtés opposés sont égaux et parallèles ; 2° si les*

côtés opposés sont égaux ; 3° si les angles opposés sont égaux ; 4° si les diago-
nales se coupent mutuellement en parties égales.

1° Les côtés opposés AD, BC étant égaux et parallèles, les côtés opposés AB, DC compris entre deux droites AD, BC égales et parallèles sont
parallèles (46) ; donc le quadrilatère ABCD est un parallélogramme.

2° Soient dans le quadrilatère ABCD, AD = BC et AB = DC. Je trace
la diagonale AC. Les triangles ABC, ADC ayant les côtés égaux chacun à
chacun, aux côtés égaux BC et AD sont opposés des angles égaux BAC,
DCA ; donc les côtés AB et DC, qui font avec la sécante AC des angles
alternes-internes égaux, sont parallèles. Or, ces côtés parallèles sont
égaux ; donc (1°) le quadrilatère ABCD est un parallélogramme.

3° Soient dans le quadrilatère ABCD, les angles égaux A et C, B et D.
La somme des angles consécutifs A et D est évidemment égale à la moitié de la somme des quatre angles A. B, C, D du quadrilatère, c'est-à-
dire à deux angles droits ; donc les côtés AB, DC, qui font avec AD des
angles supplémentaires, sont parallèles. Par la même raison, les côtés AD
et BC sont parallèles ; donc le quadrilatère ABCD est un parallélogramme.

4° Soit O le point de rencontre des diagonales du quadrilatère ABCD
tel que AO = OC et DO = OB. Les triangles AOD, BOC ont un angle
égal compris entre des côtés égaux chacun à chacun ; donc aux angles
égaux en O sont opposés des côtés égaux ; donc AD = BC. Par la même
raison, AB = DC ; donc (2°) le quadrilatère ABCD est un parallélogramme.

186. Théorème (fig. 185). *Dans tout parallélogramme ABCD , 1° les côtés
opposés sont égaux; 2° les angles opposés sont égaux.*

1° Les côtés opposés sont égaux comme parallèles comprises entre
parallèles ; 2° les angles opposés sont égaux comme ayant les côtés parallèles dirigés chacun à chacun en sens contraire (47).

Corol. *1° Tout parallélogramme qui a un angle droit est équiangle; 2° deux
parallélogrammes qui ont un angle égal sont équiangles entre eux; 3° tout
parallélogramme qui a un angle droit compris entre deux côtés égaux est équiangle et équilatéral; il prend le nom de carré ; 4° tout parallélogramme qui a un
angle droit compris entre deux côtés inégaux est équiangle sans être équilatéral;
il prend le nom de rectangle; 5° tout parallélogramme qui a un angle aigu ou
obtus compris entre deux côtés égaux est équilatéral sans être équiangle ; il
prend le nom de losange ; 6° tout parallélogramme qui a un angle aigu ou obtus
compris entre deux côtés inégaux n'est ni équilatéral ni équiangle ; il prend le
nom générique de parallélogramme.*

Scolie. Le parallélogramme *équiangle* comprend le carré et le rectangle.

187. Théorème (fig. 185). *Les diagonales d'un parallélogramme se coupent
mutuellement en parties égales.*

Soit O le point de rencontre des diagonales AC, DB du parallélogramme ABCD ; je dis que BO = OD et que CO = OA. En effet, les
parallèles BC, AD comprises entre les droites BD, AC qui se coupent
au point O donnent (59), BC : AD = OB : OD = OC : OA. Or, BC =
AD ; donc OB = OD et OC = OA.

Corol. *La médiane des diagonales d'un parallélogramme étant nulle, il suit
du n° 176 que la somme des carrés des côtés d'un parallélogramme est égale à
celle des carrés des diagonales.*

188. Théorème (fig. 185). *Tout parallélogramme ABCD est symétrique par
rapport au point de rencontre O des diagonales, nommé centre du parallélo-*

gramme; car les côtés opposés AB et CD, AD et CB, ayant deux à deux leurs extrémités symétriques par rapport au point O, sont symétriques par rapport à ce point.

COROL. *Toute droite EF passant par le centre O, et terminée de part et d'autre au périmètre du parallélogramme ABCD, ayant les extrémités E et F symétriques par rapport au point O, est divisée par ce point en deux parties égales, et divise le parallélogramme en deux parties qui coïncident si l'on fait tourner dans le plan la partie EFCB autour du centre O jusqu'à ce que OF coïncide avec OE, et, par suite, OE avec OF;* car chaque côté de la partie EFCB coïncide avec le côté symétrique de la partie FEAD.

SCOLIE. A cause de cette propriété, on nomme *diamètre* d'un polygone symétrique par rapport à un centre toute droite menée par ce centre et terminée de part et d'autre au périmètre.

189. THÉORÈME (fig. 186). *Les diagonales sont 1° égales dans un parallélogramme équiangle, carré ou rectangle; 2° perpendiculaires l'une à l'autre dans un parallélogramme équilatéral, carré ou losange.*

1° Soient AC et BD les diagonales du parallélogramme équiangle ABCD. Les triangles ABC, DCB ont un angle égal en B et en C compris entre des côtés égaux chacun à chacun; donc aux angles égaux sont opposés des côtés égaux; donc AC = DB.

2° Soient AC et BD les diagonales du parallélogramme équilatéral ABCD. La diagonale AC a deux points A et C, chacun également distant des extrémités B et D de la diagonale BD; donc AC est perpendiculaire à BD.

COROL. I. *Les diagonales d'un parallélogramme équiangle se coupent en quatre parties égales.*

II. *Toute diagonale AC d'un parallélogramme équilatéral ABCD, étant perpendiculaire au milieu de l'autre diagonale BD, divise le périmètre en deux parties symétriques par rapport à cette droite, et la surface en deux parties qui coïncident, si l'on rabat sur le plan l'une ADC autour de l'axe AC.* Il suit de là que le parallélogramme équilatéral a deux axes de symétrie.

190. THÉORÈME (fig. 187). *Si, à partir des sommets opposés A et A' d'un parallélogramme quelconque ABA'B', on prend, sur les côtés opposés des droites égales AC et A'C', AD et A'D', les droites CD, DC', C'D', D'C forment un parallélogramme CDC'D' inscrit dans le premier.*

Puisque AC = A'C', on a B'C = BC', et puisque AD = A'D', on a BD = B'D'. Cela posé, les triangles CAD, C'A'D' ont un angle égal en A et A' compris entre des côtés égaux chacun à chacun; donc aux angles égaux sont opposés des côtés égaux CD, C'D'. De même les triangles CB'D', C'BD ont un angle égal en B' et B compris entre des côtés égaux chacun à chacun; donc aux angles égaux sont opposés des côtés égaux CD' et C'D; donc le quadrilatère CDC'D', dont les côtés opposés sont égaux deux à deux, est un parallélogramme inscrit dans le parallélogramme ABA'B'.

191. THÉORÈME (fig. 188). *Les diagonales de deux parallélogrammes inscrits l'un dans l'autre se rencontrent en un même point ou ont le même centre O.*

Soit le parallélogramme CDC'D' inscrit dans le parallélogramme ABA'B' dont le centre est O. Les côtés AB, A'B' étant symétriques par rapport au centre O, les points C et C' également distants des extrémités symétriques A et A' sont symétriques par rapport au point O; donc la diagonale CC' du parallélogramme CDC'D' passe par le centre O. De même la diagonale DD' passe par le centre O.

192. THÉORÈME (fig. 188). *Dans tout parallélogramme, on peut inscrire*

*des parallélogrammes ayant chacun les côtés opposés respectivement parallèles
aux diagonales du premier.*

Par un point quelconque C pris sur le côté AB d'un parallélogramme
ABA′B′ ayant pour diagonales AA′, BB′, je mène à la diagonale BB′ une
parallèle qui rencontre le côté AB′ au point D ; je prends sur A′B′, A′C′
= AC et sur A′B, A′D′ = AD, et je trace les droites CD, DC′, C′D′, D′C
qui forment, comme on l'a vu, le parallélogramme inscrit CDC′D′. Les
parallèles CD, D′C′ sont parallèles à la diagonale BB′ puisque, par hypothèse, CD est parallèle à BB′ ; et comme la proportion AC : CB = AD :
DB′ donne BC : CA = B′D : DA, ou BC : CA = BD′ : D′A′, la droite
CD′ est parallèle à la diagonale AA′, ainsi que DC′ qui est parallèle à CD′ ;
donc les côtés opposés du parallélogramme CDC′D′ sont respectivement
parallèles aux diagonales du parallélogramme ABA′B′.

193. Théorème (fig. 188). *La somme des diagonales d'un rectangle quelconque ABA′B′ est égale au périmètre de tout parallélogramme inscrit CDC′D′,
dont les côtés opposés sont respectivement parallèles à ces diagonales.*

Les diagonales AA′, BB′ du rectangle ABA′B′ étant égales, on aura
AA′ + BB′ = DC′ + C′D′ + D′C + CD, si AA′ = DC′ + C′D′. Or, il en
est ainsi. Soit L le point de rencontre des droites prolongées D′A′ et DC′.
Les droites A′D′ et AD étant égales par construction, et les droites A′L
et AD comme parallèles comprises entre parallèles, A′D′ = A′L ; donc
les droites C′L et C′D′, qui ont sur D′L des projections égales, sont égales ; donc DC′ + C′L = DC′ + C′D′ ou DL = DC′ + C′D′. Or, les côtés
DL et AA′ du parallélogramme DLA′A sont égaux ; donc AA′ = DC′ +
C′D′, et, par conséquent, AA′ + BB′ = DC′ + C′D′ + D′C + CD.

194. Théorème (fig. 189). *Les médianes des côtés opposés d'un parallélogramme équiangle sont perpendiculaires à ces côtés.*

Soit EF la médiane des côtés opposés AD, BC du parallélogramme
équiangle ABCD. Les droites AB, EF comprises entre les droites égales
et parallèles AE, BF, étant parallèles et l'angle ABC étant droit, ABFE
est un parallélogramme équiangle ; donc EF est perpendiculaire aux
côtés AD et BC.

Corol. *Toute médiane des côtés opposés d'un parallélogramme équiangle
divise son périmètre en deux parties symétriques par rapport à cette droite et sa
surface en deux parties qui coïncident, si l'on rabat sur le plan l'une autour de
cette droite.* Il suit de là et du corollaire du n° 189 que le carré a pour axes
de symétrie les médianes des côtés et les diagonales.

Scolie. Les médianes des côtés consécutifs d'un parallélogramme
équiangle forment un losange ou un carré inscrit, selon que le parallélogramme est un rectangle ou un carré.

POLYGONES CONVEXES QUELCONQUES.

Côtés, angles.

195. Théorème à démontrer. *Dans tout polygone convexe, 1° un côté quelconque est moindre que la somme de tous les autres ; 2° le périmètre est moindre
que le double des droites menées d'un point intérieur à chaque sommet, et, par
conséquent, la somme de ces droites est plus grande que le demi-périmètre.*

196. Théorème (fig. 190). *Dans tout polygone convexe d'un nombre quelconque de côtés désigné par n, l'angle droit étant pris pour 1, la somme S des
angles est égale à 2n — 4.*

Soit O un point pris dans l'intérieur d'un polygone ABCDE d'un nombre n de côtés. Je trace les droites OA, OB, OC, OD, OE qui divisent le polygone en un nombre n de triangles formant autour du point O une somme de quatre angles droits. Evidemment la somme S des angles du polygone ABCDE est égale à celle des angles de ces n triangles diminuée des 4 angles droits formés autour du point O. Or cette somme des angles des n triangles est égale à $2 \times n$ ou $2n$; donc la somme S des angles du polygone est égale à $2n - 4$.

Corol. *Dans deux polygones d'un même nombre de côtés, les sommes des angles sont égales.*

Scolie. Connaissant le nombre n des côtés d'un polygone quelconque on détermine la somme S de ces angles par la formule : $S = 2n - 4$.

197. Théorème (fig. 190). *Dans tout polygone de n côtés, la somme S″ des angles extérieurs, formés en prolongeant les côtés dans le même sens, est égale à 4 angles droits ou au nombre 4, en prenant l'angle droit pour 1.*

Soit S la somme des angles intérieurs d'un polygone ABCDE dont les côtés sont prolongés dans le même sens. Chaque angle extérieur au polygone, tel que CBL, est le supplément de l'angle intérieur adjacent CBA ; donc $S + S' = 2n$ ou, ce qui revient au même, $S + S' = 2n - 4 + 4$. Or, d'après le théorème précédent, $S = 2n - 4$; donc $S' = 4$.

Corol. *Un polygone n'a au plus que trois angles aigus;* car il ne peut pas avoir plus de trois angles extérieurs obtus.

POLYGONES RÉGULIERS.

Côtés, angles, bissectrices des angles, perpendiculaires, parallèles, symétriques, proportionnelles.

Définitions. On appelle 1° *polygone régulier* un polygone qui, comme le triangle équilatéral et le carré, est à la fois équilatéral et équiangle ; 2° *ligne brisée régulière* une ligne brisée ouverte qui a tous ses côtés et tous ses angles égaux.

198. Théorème (fig. 190). *Il existe des polygones réguliers d'un nombre quelconque n de côtés à partir de trois.*

Soit $n = 5$. Je divise la somme des quatre angles droits que font deux droites qui se coupent sur un plan au point O, en cinq angles égaux AOB, BOC, COD, DOE, EOA ayant tous leurs côtés égaux, et je trace les droites AB, BC, CD, DE, EA. Le pentagone ABCDE est régulier parce que, en nommant ces angles A, B, C, D, E, les cinq triangles isocèles dont le sommet O est commun, ayant cet angle du sommet égal et compris entre des côtés égaux chacun à chacun, ont les bases AB, BC, CD, DE, EA égales et les angles adjacents aux bases égaux, et, par suite, les doubles de ces angles ou A, B, C, D, E, égaux.

199. Théorème. *Dans un polygone régulier P de n côtés, 1° chaque côté C est égal au quotient du périmètre divisé par n; 2° chaque angle A est égal au quotient de la somme des angles divisée par n.*

Soient C le côté et p le périmètre de P. 1° les côtés au nombre de n étant égaux, $C \times n = p$; d'où $C = p : n$; 2° les angles au nombre de n étant égaux et S étant la somme des angles, $A \times n = S$; d'où $A = S : n$.

Corol. I. *Dans tout polygone régulier de n côtés, l'angle droit étant pris pour 1, chaque angle $A = 2 - (4 : n)$;* car on a : $A = S : n$, et (196) $S = 2n - 4$; d'où $A = \dfrac{(2n - 4)}{n} = \dfrac{2n}{n} - (4 : n) = 2 - (4 : n)$.

II. *Deux polygones réguliers d'un même nombre de côtés sont équiangles entre eux.*

200. THÉORÈME (fig. 192). *Dans un polygone régulier, la droite AD, qui joint ou deux sommets opposés, s'il est d'un nombre pair de côtés tel que ABCDEF, ou un sommet et le milieu du côté opposé, s'il est d'un nombre impair de côtés tel que ABCEF, fait de part et d'autre avec les côtés des angles égaux deux à deux.*

Je renverse sur le plan la partie ABCD du polygone; je la transporte ensuite sur la partie AFED, et je fais coïncider le côté AB avec son égal AF. A cause de angle B = angle F et de BC = FE, le point C est sur le point E. Par la même raison, le point D du côté CD est sur le point D du côté ED; donc la partie ABCD coïncide avec la partie AFED; donc les angles DAB et DAF, ADC et ADE, qui coïncident deux à deux, sont égaux deux à deux.

COROL. *1° Les bissectrices des angles opposés d'un polygone régulier d'un nombre pair de côtés sont en ligne droite; 2° les bissectrices des angles consécutifs de tout polygone régulier se rencontrent dans l'intérieur du polygone; 3° les bissectrices des angles d'un polygone régulier d'un nombre impair de côtés sont perpendiculaires aux milieux des côtés opposés.*

201. THÉORÈME (fig. 192). *La droite LH qui joint les milieux des côtés opposés ED, AB d'un polygone régulier d'un nombre pair de côtés ABCDEF est perpendiculaire à ces côtés. Démonstration semblable à la précédente.*

COROL. *1° Les perpendiculaires aux milieux des côtés opposés d'un polygone régulier d'un nombre pair de côtés sont en ligne droite; 2° ces côtés opposés sont parallèles.*

202. THÉORÈME (fig. 193). *1° Les bissectrices des angles d'un polygone régulier quelconque ABCDEF, ou d'une ligne brisée régulière ABCD, concourent en un même point; 2° ce point est également distant des sommets.*

Soient O le point de rencontre des droites AO, BO, bissectrices des angles A et B du polygone ou de la ligne brisée, et OC, OD, OE, OF, les droites qui joignent le point O aux points C, D, E, F.

1° Les bissectrices des angles du polygone ou de la ligne brisée se rencontrent en un même point O, si les droites OC, OD, OE, OF sont les bissectrices des angles C, D, E, F. Or, il en est ainsi. En effet, les triangles OBC, OBA, ayant un angle égal en B compris entre des côtés égaux chacun à chacun, au côté commun OB sont opposés des angles égaux OCB, OAB; donc OC est la bissectrice de l'angle C, comme OA est la bissectrice de l'angle A égal à l'angle C. Par la même raison, les droites OD, OE, OF sont les bissectrices des angles D, E, F.

2° Les droites OA, OB, OC, OD, OE, OF sont égales; car les triangles OAB, OBC, OCD, ODE, OEF, OFA, dont les bases égales forment avec les côtés des angles égaux, étant isocèles, on a OA = OB = OC = OD = OE = OF.

COROL. *La droite qui joint deux sommets opposés d'un polygone régulier d'un nombre pair de côtés est divisée en deux parties égales par le point de rencontre des bissectrices des angles.*

203. THÉORÈME (fig. 193). *Les droites OL, ON, qui joignent le point de rencontre O des bissectrices des angles d'un polygone régulier quelconque ABCDEF, ou d'une brisée régulière ABCD, aux milieux de leurs côtés AB, BC, sont égales et perpendiculaires à ces côtés.*

Je trace les droites OA, OB, OC. D'abord, la droite OB étant la bissectrice de l'angle ABC, les triangles OBL, OBN, qui ont un angle égal en B compris entre des côtés égaux chacun à chacun, donnent OL =

ON. Ensuite, les droites OA, OB, OC étant égales, la droite OL qui a deux points O et L chacun également distant des extrémités du côté AB est perpendiculaire à ce côté. Par la même raison, la droite ON est perpendiculaire au côté BC.

COROL. I. *Dans tout polygone régulier, les perpendiculaires aux milieux des côtés passent par le point de rencontre des bissectrices des angles.*

II. *Dans tout polygone régulier d'un nombre pair de côtés, la perpendiculaire aux milieux de deux côtés opposés est divisée en parties égales par le point de rencontre des bissectrices des angles.*

204. THÉORÈME à démontrer. *Les droites qui joignent les sommets opposés et les milieux des côtés opposés d'un polygone régulier d'un nombre pair de côtés, et les sommets aux milieux des côtés opposés d'un polygone régulier d'un nombre impair de côtés, divisent chacune le polygone en deux parties qui coïncident, si l'on rabat sur le plan une de ces parties autour de cette droite, et, par suite, chacun de ces polygones est symétrique par rapport à ces droites.*

COROL. *Tout polygone régulier a autant d'axes de symétrie qu'il a de côtés.*

205. THÉORÈME (fig. 193). *Tout polygone régulier d'un nombre pair de côtés a pour* centre *de symétrie le point de rencontre des bissectrices, nommé* aussi centre *du polygone.*

Soient ED et AB deux côtés opposés quelconques du polygone régulier ABCDEF et O le point de rencontre des bissectrices. Les droites EB et DA, qui joignent les sommets opposés E et B, D et A du polygone, sont divisées chacune en deux parties égales par le point O ; donc les côtés ED et AB, qui ont leurs extrémités E et B, D et A symétriques par rapport au point O, sont symétriques par rapport à ce point.

COROL. *Toute droite passant par le centre O d'un polygone régulier d'un nombre pair de côtés et terminée de part et d'autre au périmètre, ayant ses extrémités symétriques par rapport à ce point, est divisée par le centre en deux parties égales, et divise le polygone en deux parties qui coïncident, si l'on fait tourner dans le plan une de ces parties autour du centre O, comme on a fait pour le parallélogramme.*

SCOLIE. I. Dans un polygone régulier, on appelle 1° *rayons* les droites égales menées du centre aux sommets ; 2° *apothèmes* les perpendiculaires égales menées du centre aux milieux des côtés ; 3° *angle au centre* tout angle formé par deux rayons consécutifs ; car tous ces angles sont égaux comme opposés à des côtés égaux dans des triangles équilatéraux entre eux.

II. Le nombre des angles au centre du polygone régulier d'un nombre n de côtés étant égal à n, et la somme de ces angles égaux formés autour du centre étant égale à 4 angles droits, l'angle au centre $A = 4 : n$, en prenant l'angle droit pour unité. Ainsi : l'angle au centre d'un hexagone régulier est égal à $4 : 6$; celui du décagone régulier à $4 : 10$ ou $2 : 5$.

206. THÉORÈME (fig. 194). *Dans deux polygones réguliers d'un même nombre de côtés P, P', 1° les côtés sont proportionnels aux rayons et aux apothèmes; 2° les périmètres sont proportionnels aux côtés, aux rayons et aux apothèmes.*

1° Soient AB et CD deux côtés des polygones P et P', OA et O'C deux de leurs rayons, OE et O'F deux de leurs apothèmes. Les angles des polygones réguliers P et P' étant égaux (199), leurs moitiés OAE, O'CF, déterminées par les bissectrices OA, O'C, sont égales ; donc les triangles rectangles OEA, O'FC, qui ont les angles aigus OAE, O'CF égaux, ont les troisièmes angles AOE et CO'F égaux, et aux angles égaux sont opposés des côtés proportionnels ; donc AE : CF = OA : O'C = OE :

O′F; et 2AE ⠂ 2CF $=$ OA ⠂ O′C $=$ OE ⠂ O′F; donc les côtés des polygones réguliers P et P′ sont proportionnels à leurs rayons et à leurs apothèmes.

2° Soient C et C′ les périmètres des polygones P et P′, B, D, E, F et B′, D′, E′, F′ leurs côtés, R et R′ leurs rayons, A et A′ leurs apothèmes. Les côtés de chaque polygone régulier étant égaux, on a B ⠂ B′ $=$ D ⠂ D′ $=$ E ⠂ E′ $=$ F ⠂ F′; d'où B $+$ D $+$ E $+$ F ⠂ B′ $+$ D′ $+$ E′ $+$ F′ $=$ B ⠂ B′, ou C ⠂ C′ $=$ B ⠂ B′. Or (1°), B ⠂ B′ $=$ R ⠂ R′ $=$ A ⠂ A′; donc C ⠂ C′ $=$ B ⠂ B′ $=$ R ⠂ R′ $=$ A ⠂ A′.

LA LIGNE DROITE ET LA LIGNE BRISÉE RELATIVES AUX DIFFÉRENTS POLYGONES INSCRITS DANS UN CERCLE OU QUI LUI SONT CIRCONSCRITS.

Triangles inscrits et circonscrits.

DÉFINITIONS. 1° Un polygone est *inscrit* dans un cercle lorsque ses sommets sont sur la circonférence de ce cercle, et ce cercle est dit dans ce cas *circonscrit* au polygone; 2° un polygone est *circonscrit* à un cercle lorsque ses côtés sont tangents à la circonférence de ce cercle, et ce cercle est dit dans ce cas *inscrit* dans le polygone; 3° un triangle est *inscrit* dans un segment de cercle lorsqu'il a pour *base* la base du segment et son sommet sur l'arc du segment.

207. THÉORÈME (fig. 195). *Tout triangle ABC peut être inscrit dans un cercle et lui être circonscrit.*

1° Le point O où se rencontrent les perpendiculaires aux côtés du triangle ABC menées par leurs milieux est également distant des sommets du triangle ABC; donc la circonférence tracée du point O comme centre, avec le rayon OA, passe par les points A, B, C, et le triangle ABC est inscrit dans le cercle O.

2° Le point O, où se rencontrent les bissectrices des angles intérieurs du triangle ABC, est également distant des côtés de ce triangle (157); donc les points D, E, F étant les pieds des perpendiculaires égales menées du point O à ces côtés, la circonférence tracée du point O comme centre, avec le rayon OD, touche les côtés aux points D, E, F, et le triangle ABC est circonscrit au cercle OD.

208. THÉORÈME (fig. 196). *On peut inscrire un cercle dans toute ligne brisée formée par un côté d'un triangle ABC et les prolongements des deux autres côtés.*

Le point O′ où se rencontrent les bissectrices des angles extérieurs DBC, FCB, formés par le côté BC du triangle ABC et les prolongements des autres côtés, étant également distant des trois côtés de la brisée DBCF (157), soient D, E, F les pieds des perpendiculaires égales menées du point O′ à ces côtés; la circonférence tracée du point O′ comme centre avec le rayon OD touche les côtés de la brisée aux points D, E, F, et le cercle O′ est inscrit dans la brisée DBCF.

SCOLIE. On nomme cercles *ex-inscrits* les trois cercles inscrits dans les lignes brisées formées par chaque côté d'un triangle et les prolongements des deux autres côtés.

209. THÉORÈME (fig. 197). *Tous les triangles ACB, ADB, AEB qui ont une base commune AB opposée à des angles égaux C, D, E, peuvent être inscrits dans un même segment de cercle.*

Car, si l'on mène une circonférence par les points A, B, C, l'arc ACB, lieu géométrique de tout point d'où l'on peut mener à ses extrémités A et B des droites formant des angles égaux, contient les points C, D, E.

210. THÉORÈME (fig. 198). *Le produit de deux côtés AB, AC d'un triangle ABC est égal à celui du diamètre du cercle circonscrit par la perpendiculaire AD menée du sommet A au 3e côté BC.*

Je trace le diamètre CE et la corde AE. L'angle EAC inscrit dans la demi-circonférence étant droit, les triangles rectangles BAD, CEA, qui ont les angles aigus B et E égaux, comme inscrits dans le même arc, sont équiangles entre eux ; donc $AB : CE :: AD : AC$; d'où $AB \times AC = CE \times AD$.

COROL. *Dans tout triangle ABC ; le produit d'un côté quelconque BC par la perpendiculaire, menée à ce côté du sommet opposé, est égal au produit des trois côtés divisé par le diamètre du cercle circonscrit ;* car, en multipliant par BC les membres de l'égalité, $AD \times CE = AB \times AC$, on a $BC \times AD \times CE = AB \times AC \times BC$; d'où $BC \times AD = (AB \times AC \times BC) : CE$.

QUADRILATÈRES INSCRITS ET CIRCONSCRITS.

211. THÉORÈME. *Tout quadrilatère équiangle P, rectangle ou carré, peut être inscrit dans un cercle.*

Les diagonales de P se coupent en quatre parties égales (189) ; donc si l'on nomme O leur point d'intersection et A un sommet de P, la circonférence décrite du point O comme centre avec le rayon OA passe par tous les sommets.

SCOLIE. Chaque diagonale d'un quadrilatère équiangle inscrit dans un cercle est l'hypoténuse d'un double triangle rectangle, et, par suite, un diamètre du cercle circonscrit.

212. THÉORÈME (fig. 199). *Dans tout quadrilatère inscrit ABCD, les angles opposés sont supplémentaires ; et réciproquement.*

1° Les angles opposés A et C, ayant chacun la mesure de la moitié de l'arc compris entre ses côtés, sont supplémentaires, parce que les mesures de ces arcs égalent la demi-circonférence. Par la même raison, les angles opposés B et D sont supplémentaires.

2° *Réciproquement,* si les angles opposés sont supplémentaires, le quadrilatère ABCD est inscriptible. Je fais passer une circonférence par les points B, A, D, et d'un point E, pris sur l'arc DC, je trace les cordes EB, ED. L'angle BED est le supplément de l'angle A (1°) ; donc l'angle BCD, qui est, par hypothèse, le supplément de l'angle A, est égal à l'angle BED. Mais l'arc BED est le lieu des sommets des angles égaux à BED dont les côtés passent par les points B et D ; donc le sommet C de l'angle BCD est sur l'arc BED : donc le quadrilatère ABCD est inscriptible.

213. THÉORÈME (fig. 200). *Dans tout quadrilatère circonscrit à un cercle, les sommes des côtés opposés sont égales.*

Soient le quadrilatère circonscrit ABCD et E, F, G, H les points de contact des côtés et de la circonférence O ; je dis que $AB + DC = AD + BC$. En effet, les tangentes issues d'un même point étant égales, $AE + EB = AH + BF$ et $DG + GC = HD + FC$; d'où, ajoutant membre à membre, $AB + DC = AD + BC$.

214. THÉORÈME (fig. 201). *Dans tout quadrilatère non circonscriptible, les sommes des côtés opposés sont inégales.*

Soient le quadrilatère non circonscriptible ABCD et un cercle O inscrit touchant les trois côtés AD, DC, CB, mais non pas le côté AB ; je dis que $AB + DC$ n'égale pas $AD + BC$. En effet, je mène du point A au cercle O une tangente qui, étant différente de AB, par hypothèse, rencontrera le côté CB en un point E ou son prolongement en un point E' ;

j'ai, dans le 1er cas, $AB < AE + BE$ et (1o) $AE + DC = AD + EC$, et, en ajoutant membre, $AB + AE + DC < AE + BE + AD + EC$; d'où $AB + DC < AD + BC$; j'ai, dans le 2e cas, $AB > AE' - E'B$ et (1o) $AE' + DC = AD + E'C$, et, en ajoutant membre à membre, $AB + AE' + DC > AE' - E'B + AD + E'C$; d'où $AB + DC > AD + BC$. Donc, dans tous les cas, les sommes des côtés opposés sont inégales.

Corol. I. *Tout quadrilatère est circonscriptible lorsque les sommes des côtés opposés sont égales;* car, s'il ne l'était pas, les sommes des côtés opposés seraient inégales, ce qui est contre l'hypothèse.

II. *Tout quadrilatère équilatéral est circonscriptible.*

215. Théorème (fig. 202). *Dans tout quadrilatère inscrit ABCD, le produit des diagonales AC, BD est égal à la somme des produits des côtés opposés.*

Soit l'angle $DAC > BAC$; je fais dans l'angle DAC l'angle DAC' ou a' égal à l'angle BAC ou a, et je nomme O l'angle CAC', b et b' les angles ABC' ou ABD et ACD égaux comme inscrits dans le même arc, et I et I' les angles ACB et ADC' ou ADB égaux comme inscrits dans le même arc. Cela posé, les triangles BAC' et DAC, qui ont les angles égaux chacun à chacun, BAC' et DAC comme composés de parties égales a et o, a' et o, b et b', et, par suite, les troisièmes AC'B et ADC, donnent $AB : AC = BC' : CD$; d'où (1) $AC \times BC' = AB \times CD$. De même, les triangles extérieurs l'un à l'autre BAC, DAC' qui ont les angles égaux chacun à chacun, a et a', I et I', et, par suite, les troisièmes ABC et AC'D, donnent $AC : AD = BC : C'D$; d'où (2) $AC \times C'D = AD \times BC$. Ajoutant membre à membre les égalités (1) et 2), il vient $AC \times BC' + AC \times C'D$ ou $AC \times (BC' + C'D)$; c'est-à-dire $AC \times BD = AB \times CD + AD \times BC$.

Scolie. I. J'ai supposé qu'une diagonale AC fait avec les côtés AB et AD des angles inégaux; ce qui a lieu dans tout quadrilatère inscrit qui n'est pas un carré.

II. Si le quadrilatère inscrit était un carré, l'angle ABC étant droit, j'aurais $AC^2 = AB^2 + BC^2$, ou, à cause de l'égalité des diagonales et des côtés, $AC \times BD = AB \times CD + AD \times BC$.

216. Théorème (fig. 203). *Dans tout quadrilatère non inscriptible ABCD, le produit des diagonales AC, BD est moindre que la somme des produits des côtés opposés.*

1er *cas* où le sommet C est extérieur à la circonférence menée par les points B, A, D. Dans l'angle $ABD > ACD$, puisque celui-ci a une mesure plus petite, je fais l'angle ABL égal à ACD, et dans l'angle $DAC > BAC$, je fais l'angle DAC' égal à BAC ou $a' = a$ et je trace la droite C'D. Les triangles BAC', DAC ayant les angles égaux chacun à chacun, BAC' et DAC comme composés de parties égales, ABC'L et ACD par construction, et, par suite, les troisièmes angles AC'B et ADC, donnent $AB : AC :: BC' : CD :: AC' : AD$; d'où (1) $AC \times BC' = AB \times CD$, et encore $AB : AC' :: AC : AD$. Les triangles extérieurs BAC, DAC' ayant par construction un angle égal en A compris entre des côtés proportionnels $AB : AC' :: AC : AD$, aux côtés proportionnels sont opposés des angles égaux b et b', ABC et AC'D; donc ces triangles équiangles entre eux donnent $AC : AD :: BC : C'D$; d'où (2) $AC \times C'D = AD \times BC$. Ajoutant membre à membre les égalités (1) et (2), c'est-à-dire $AC \times BC' = AB \times CD$ et $AC \times C'D = AD \times BC$, il vient $AC \times BC' + AC \times C'D$, c'est-à-dire $AC \times (BC' + C'D) = AB \times CD + AD \times BC$. Mais j'ai $BD < BC' + C'D$; donc j'ai $AC \times BD < AB \times CD + AD \times BC$.

Le 2e *cas* où le sommet C est dans l'intérieur de la circonférence menée par les points B, A, D se démontre d'une manière semblable.

COROL. *Il suit des deux théorèmes qui précèdent qu'un quadrilatère est inscriptible lorsque le produit des diagonales est égal à la somme des produits des côtés opposés.*

217. THÉORÈME (fig. 204). *Dans tout quadrilatère inscriptible ABCD, les diagonales AC, BD sont entre elles comme les sommes des produits des côtés passant par chacune des extrémités de chaque diagonale, c'est-à-dire que AC : BD = (AB × AD) + (CB × CD) : (BA × BC) + (DA × DC).*

Soient a et c les perpendiculaires menées des sommets A et C à la diagonale BD, b et d les perpendiculaires menées des sommets B et D à la diagonale AC et D le diamètre du cercle circonscrit au quadrilatère ABCD. Dans tout triangle inscrit, le produit de deux côtés est égal à celui de la perpendiculaire au 3e côté menée du sommet opposé par le diamètre du cercle circonscrit (210); donc dans le triangle BAD, a × D = AB × AD, et dans le triangle BCD, c × D = CB × CD, et, en ajoutant ces égalités membre à membre, (1) $(a + c)$ × D = AB × AD + CB × CD. J'ai ensuite dans le triangle ABC, b × D = BA × BC, et dans le triangle CDA, d × D = DA × DC, et, en ajoutant membre à membre ces égalités, (2) $(b + d)$ × D = BA × BC + DA × DC. Divisant membre à membre les égalités (1) et (2), et supprimant D dans les termes du premier rapport, il vient $(a + c)$: $(b + d)$ = (AB × AD) + (CB × CD) : (BA × BC) + (DA × DC). Mais les diagonales d'un quadrilatère ABCD sont proportionnelles aux sommes des perpendiculaires menées des sommets opposés à chaque diagonale (177); donc AC : BD = $(a + c)$: $(b + d)$; donc AC : BD = (AB × AD) + (CB × CD) : (BA × BC) + (DA × DC).

SCOLIE (*fig.* 205). Soient a, b, c, d les côtés consécutifs AB, BC, CD, DA du quadrilatère inscrit ABCD et AC et BD les diagonales. J'ai, parce que le produit des diagonales est égal à la somme des produits des côtés opposés, AC × BD = a × c + b × d, et, d'après ce qui précède, AC : BD = $(a × d + b × c)$: $(a × b + c × d)$; multipliant d'abord et divisant ensuite ces deux égalités membre à membre, il vient 1° AC² = $(a × c + b × d)$ × $(a × d + b × c)$: $(a × b + c × d)$, et 2° BD² = $(a × c + b × d)$ × $(a × b + c × d)$: $(a × d + b × c)$.

Ces formules font connaître les diagonales du quadrilatère inscrit ABCD dont on connaît les côtés.

POLYGONES QUELCONQUES INSCRITS ET CIRCONSCRITS.

218. THÉORÈME. *1° Le périmètre P de tout polygone inscrit est moindre que la circonférence circonscrite C; 2° le périmètre P′ de tout polygone circonscrit est plus grand que la circonférence inscrite.*

1° Chaque côté du polygone inscrit est moindre que l'arc qu'il soustend; donc la somme des côtés est moindre que celle des arcs; donc P est moindre que C.

2° La somme des côtés de chaque angle circonscrit est plus grande que l'arc compris entre le sommet et les points de tangence; donc la somme des côtés de tous les angles circonscrits est plus grande que celle de tous les arcs compris entre les sommets et les points de tangence; donc P′ est plus grand que C′.

219. THÉORÈME (fig. 206). *Tout polygone ABCDE est inscriptible lorsque les diagonales qui joignent les sommets aux extrémités d'un côté AB font entre elles et avec les côtés adjacents au côté AB des angles égaux ADB, ACB et AEB.*

L'arc ADB de la circonférence menée par les points A, D, B, dans le-

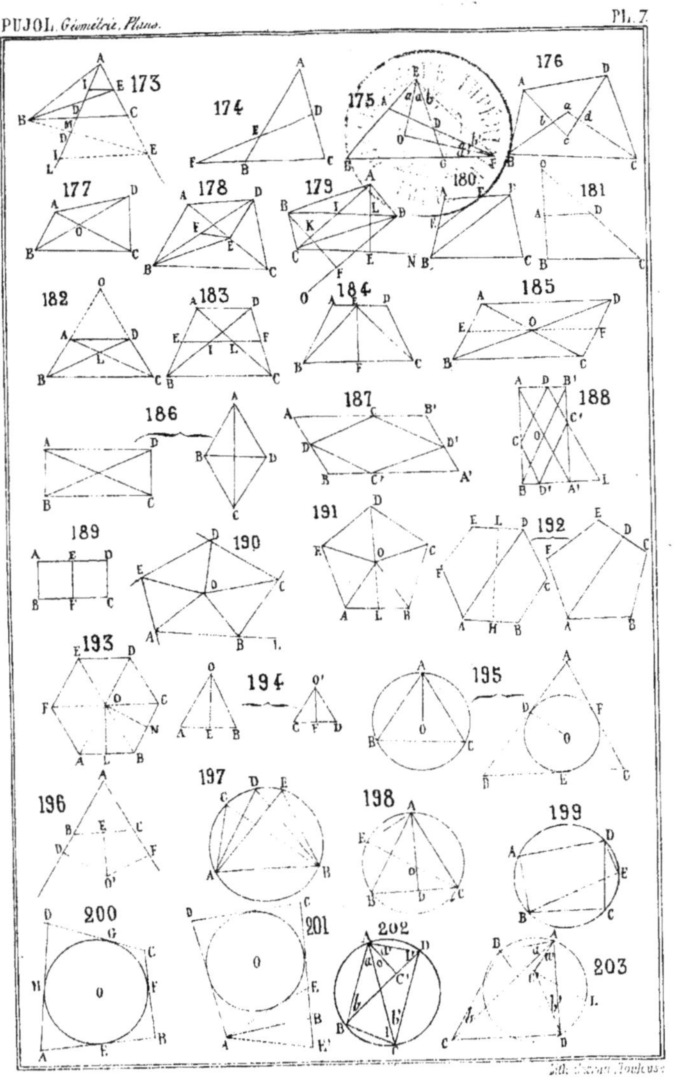
173
174
175
176
177
178
179
180
181
182
183
184
185
186
187
188
189
190
191
192
193
194
195
196
197
198
199
200
201
202
203

quel est inscrit l'angle ADB est le lieu géométrique des sommets des angles égaux à ADB dont les côtés passent par les points A et B ; donc cet arc comprend les sommets E, D, C des angles égaux AEB, ADB, ACB, et le polygone ABCDE qui a ses sommets sur cet arc est inscrit dans le cercle ABD.

POLYGONES RÉGULIERS INSCRITS ET CIRCONSCRITS.

220. THÉORÈME (fig. 207). *1° Tout polygone régulier peut être inscrit dans un cercle et lui être circonscrit.*

Soient O le centre du polygone régulier ABCD, OA, OB, OC, OD ses rayons, qui sont égaux, et OE, OF, OG, OH, ses apothèmes, qui sont égaux (205). La circonférence décrite du point O, comme centre, avec le rayon OA, passant par les sommets A, B, C, D, le polygone est inscrit dans le cercle OA ; et la circonférence décrite du point O, comme centre, avec l'apothème OE pour rayon, passant par les points E, F, G, H, le polygone dont les côtés, perpendiculaires aux extrémités des rayons OE, OF, OG, OH, sont tangents au cercle OE, est circonscrit à ce cercle.

On démontre de même que toute ligne brisée régulière peut être inscrite dans un cercle et lui être circonscrite.

221. THÉORÈME. *Tout polygone régulier inscrit ou circonscrit divise la circonférence en parties égales.*

En effet, les côtés du polygone régulier inscrit étant égaux sous-tendent des arcs égaux, et les angles du polygone régulier circonscrit étant égaux, interceptent entre leurs côtés des arcs égaux.

222. THÉORÈME. Réciproquement, *tout polygone P inscrit ou circonscrit, dont les côtés ou ceux des angles divisent la circonférence en parties égales, est un polygone régulier.*

1° Le polygone P inscrit dans un cercle a les côtés égaux, parce qu'ils sous-tendent des arcs égaux, et les angles égaux, comme inscrits évidemment dans des arcs égaux ; donc il est régulier.

2° Le polygone P circonscrit à un cercle a les angles égaux, comme circonscrits à des arcs égaux, et les côtés égaux ; car les angles circonscrits égaux ayant tous leurs côtés égaux (89), chaque côté du polygone est le double du côté d'un angle ; donc il est régulier.

SCOLIE. Le côté d'un angle d'un polygone régulier circonscrit est la moitié du côté du polygone.

COROL. I. *Les polygones équilatéraux inscrits et les polygones équiangles circonscrits sont des polygones réguliers ;* car les côtés inscrits et les côtés des angles circonscrits divisent la circonférence en parties égales.

II. *Un polygone régulier P étant inscrit dans un cercle, les tangentes menées par ses sommets, qui sont les extrémités de cordes égales, se rencontrent et forment évidemment un polygone circonscrit d'un même nombre de côtés, lequel est régulier, puisque les côtés de ses angles divisent la circonférence en parties égales. De même, un polygone régulier P étant circonscrit à un cercle, les cordes qui joignent deux à deux les points consécutifs de tangence, forment évidemment un polygone inscrit d'un même nombre de côtés, lequel est régulier, puisque ces cordes égales divisent la circonférence en parties égales.*

III. *Un polygone régulier P étant inscrit dans un cercle, les cordes qui joignent les milieux des arcs sous-tendus par les côtés de P avec les sommets voisins, forment évidemment un polygone inscrit P′ ayant un nombre de côtés double de celui des côtés de P, et ce polygone, qui est régulier, puisque ses côtés* divisent la circonférence en parties égales, *a évidemment son périmètre plus grand que celui de P qu'il enveloppe de toutes parts. De même, un polygone P étant circonscrit à un cercle, les tangentes menées par les milieux des arcs et terminées aux côtés forment évidemment avec des parties de ces côtés un polygone circonscrit P′ ayant un nombre de côtés double de celui des côtés de P*; et *ce polygone, qui est régulier,* puisque les côtés de ses angles divisent la circonférence en parties égales, *a évidemment un périmètre moindre que celui de P par lequel il est enveloppé de toutes parts.*

223. THÉORÈME (fig. 208). *On peut inscrire dans un cercle et lui circonscrire deux polygones réguliers d'un même nombre de côtés, tels que la différence de leurs apothèmes ou de leurs périmètres soit moindre que toute quantité donnée.*

1° Soient OA le rayon du cercle O et DA la quantité donnée. Je mène par le point D la corde BC perpendiculaire au rayon OA, et je divise la circonférence en parties égales moindres chacune que l'arc BA. Soient l'arc BE, ayant pour corde la droite BE, une de ces parties, et OL le rayon perpendiculaire à BE, qui rencontre BC au point I et BE au point F; BE sera le côté d'un polygone régulier inscrit P, OF son apothème, OL l'apothème du polygone régulier circonscrit P′ ayant le même nombre de côtés que P, et FL la différence des apothèmes. Cela posé, je dis que FL est moindre que DA; car dans l'égalité OF + FL = OD + DA, on a, à cause de OI > OD, OF > OD, et, par conséquent, FL < DA.

2° Soit x la quantité donnée. J'inscris dans un cercle et je lui circonscris des polygones réguliers d'un même nombre de côtés d'une série quelconque 4, 8, 16, 32... côtés; je nomme P′ et P les périmètres de deux quelconques de ces polygones d'un même nombre de côtés, l'un circonscrit et l'autre inscrit, A′ et A leurs apothèmes, et je dis que P′ — P peut devenir moindre que x. En effet, on a (206) P′ : P :: A′ : A, et P′ — P : A′ — A :: P′ : A′; d'où $P' - P = P' \times \dfrac{A' - A}{A'}.$

Dans le 2e membre de l'égalité précédente, le facteur P′ diminue à mesure qu'on double le nombre des côtés, et l'autre est une fraction dont le dénominateur A′ est constant et le numérateur A′ — A peut devenir (1°) moindre que toute quantité donnée; donc, comme le 2e membre, P′ — P peut devenir moindre que x.

On prouve de même que deux lignes brisées régulières d'un même nombre de côtés, dont l'une est inscrite dans un arc et l'autre lui est circonscrite, ont les mêmes propriétés.

COROL. I. *On peut inscrire dans un cercle et lui circonscrire un polygone régulier dont le périmètre diffère de la longueur de la circonférence d'une quantité moindre que toute quantité donnée. De même, on peut inscrire dans un arc et lui circonscrire une ligne brisée régulière qui diffère de la longueur de l'arc d'une quantité moindre que toute quantité donnée.*

II. *Tout arc A est moindre que toute courbe enveloppante C qui a les mêmes extrémités;* car, puisqu'on peut circonscrire à l'arc A une ligne brisée régulière qui diffère de la longueur de l'arc d'une quantité moindre que toute quantité donnée, je puis lui circonscrire une ligne brisée régulière B dont les côtés ne touchent pas la courbe, et alors j'ai A < B et B < C; d'où A < C.

224. THÉORÈME (fig. 209). *De deux polygones réguliers P et P′ inscrits dans un même cercle, l'un de n côtés et l'autre de n + 1 côtés, P′ qui a un côté de plus, a le plus grand périmètre.*

Soient AF et CM les côtés parallèles des deux polygones P et P′, OB le rayon perpendiculaire à ces côtés qui les divise ainsi que leurs arcs AF et CM chacun en deux parties égales. L'arc CB, moitié de l'arc CM, et l'arc AB, moitié de l'arc AF, étant compris chacun dans la demi-circonférence prise pour 1, comme les arcs entiers CM et AF sont compris dans la circonférence prise pour 1 ; j'ai n arc CB + arc CB = 1, et n arc CB + n arc AC = 1 ; d'où arc CB = n arc AC. L'arc AC étant compris n fois dans l'arc CB, je divise l'arc CB en n arcs CD, DE, EB égaux chacun à l'arc AC. Je trace les cordes égales AC, CD, DE, EB, et des points C, D, E je mène d'abord à AP les perpendiculaires CI, DN, EK qui sont parallèles entre elles, et ensuite aux droites DN, EK, BP les perpendiculaires CL, DG, ER qui sont parallèles à AP. Les triangles rectangles EBR, ACI ayant les hypoténuses égales et l'angle aigu EBR plus grand que l'angle aigu ACI, qui a la mesure d'un arc plus petit, au plus grand angle EBR est opposé le plus grand côté ; donc j'ai RE > IA, et, parce que les droites RE, PK sont égales comme parallèles comprises entre parallèles, PK > IA. Les triangles rectangles DEG et ACI, CDL et ACI donnent, par la même raison, KN > IA et NI > IA ; donc j'ai PK > IA, KN > IA, NI > IA, et, en ajoutant membre à membre, PI > 3IA ou n IA. Cela posé, nommant C et C′ les périmètres de P et de P′, et remarquant que CH, demi-côté du polygone P′, est égal à IP, partie de AP, demi-côté de P, j'ai $\frac{1}{2}$ C′ = n PI + PI, et $\frac{1}{2}$ C = nPI + n IA ; d'où, à cause de PI > n IA, $\frac{1}{2}$ C′ > $\frac{1}{2}$ C et C′ > C.

225. Théorème (fig. 210). *De deux polygones réguliers* P *et* P′ *circonscrits à un même cercle, l'un de* n *côtés et l'autre de* n + 1 *côtés,* P′ *qui a un côté de plus, a le plus petit périmètre.*

Soient les angles BLM et BIN, l'un de P et l'autre de P′, circonscrits au cercle O, LO et IO les rayons de P et de P′ qui divisent, aux points A et C, les arcs BM et BN chacun en deux parties égales. Les arcs CB et AB, moitiés des arcs BN et BM, étant compris dans la demi-circonférence prise pour 1, comme les arcs BN et BM sont compris dans la circonférence prise pour 1, j'ai n arc CB + arc CB = 1, et n arc CB + n arc AC = 1 ; d'où arc CB = n arc AC. L'arc AC étant compris n fois dans l'arc CB, je divise l'arc CB en n arcs CD, DE, EB égaux chacun à l'arc AC, et je mène les rayons OD, OE que je prolonge jusqu'à la rencontre de la tangente BL aux points K et H. Les 4 angles qui ont leur sommet au centre O étant égaux, comme interceptant entre leurs côtés des arcs égaux, j'ai dans le triangle BOK, dans lequel OH est la bissectrice de l'angle BOK, BH : HK :: OB : OK ; d'où, à cause de OB < OK, BH < HK. Les triangles HOI, KOL donnent, par la même raison, HK < KI et KI < IL ; donc j'ai BH < IL, HK < IL, KI < IL ; d'où, ajoutant membre à membre, BI < 3IL ou nIL. Cela posé, BL et BI étant des demi-côtés de P et de P′ et C et C′ les périmètres, j'ai $\frac{1}{2}$ C′ = nBI + BI et $\frac{1}{2}$ C = nBI + nIL ; d'où, à cause de BI < nIL, $\frac{1}{2}$ C′ < $\frac{1}{2}$ C et C′ < C.

226. Théorème (fig. 211). *Le côté* AB *d'un hexagone régulier inscrit est égal au rayon* R *de la circonférence circonscrite* ABC.

Je trace les rayons OA, OB. L'angle au centre O = 4 : 6 ou 2 : 3, et chacun des angles égaux A et B du triangle isocèle OAB, dont la somme, supplément de l'angle O, égale 4 : 3, est égal à 2 : 3 ; donc le triangle OAB est équiangle, et, par suite, équilatéral; donc AB = OA = R.

Scolie. On inscrit dans un cercle un hexagone régulier, en portant 6 fois le rayon sur la circonférence ; le triangle régulier, en joignant par des droites un 1er sommet de l'hexagone au 3e, le 3e au 5e et le 5e au 1er, et enfin les polygones réguliers de 12, 24, 48 côtés, en divisant chaque arc sous-tendu par les côtés de l'hexagone en 2, 4, 8 parties égales et en traçant des cordes; d'où il suit qu'on peut inscrire dans un cercle, au moyen du rayon, des polygones réguliers de la série indéfinie 3, 6, 12, 24, 48... côtés.

227. Théorème (fig. 212). *Le côté du triangle régulier* T *inscrit dans un cercle ayant* R *pour rayon est égal à* $R \times \sqrt{3}$, *et son apothème à* $\frac{1}{2}$ R.

Soient CA, CB les côtés d'un hexagone régulier inscrit dans le cercle O; la droite AB sera le côté du triangle régulier. Je trace les rayons OA, OB et le rayon OC qui rencontre AB au point D. Le quadrilatère OACB, dont les quatre côtés sont égaux aux rayons, est un parallélogramme équilatéral; donc, 1º parce que la somme des carrés des diagonales est égale à celle des carrés des 4 côtés, $AB^2 + OC^2 = 4OC^2$; d'où $AB^2 = 3OC^2$ et $AB = OC$ ou $R \times \sqrt{3}$; et 2º parce que les diagonales AB, OC se divisent mutuellement en deux parties égales et sont perpendiculaires l'une à l'autre, OD, apothème du triangle T, est égal à $\frac{1}{2}$ OC ou $\frac{1}{2}$ R.

Corol. *Le périmètre* P *d'un triangle régulier circonscrit au cercle* O *est le double du périmètre p du triangle inscrit dans le même cercle;* car les périmètres étant comme les apothèmes, on a $P : p :: OC : OD$; d'où, à cause de $OC = 2OD$, $P = 2p$.

Scolie. P et p étant les périmètres de deux triangles réguliers, l'un inscrit dans le cercle O, et l'autre qui lui est circonscrit, si l'on prend pour 1 le rayon R, on a $p = 3\sqrt{3}$ et $P = 6\sqrt{3}$.

228. Théorème (fig. 213). *Le côté d'un carré inscrit dans un cercle qui a* R *pour rayon est égal à* $R \times \sqrt{2}$, *et son apothème à* $\frac{1}{2} R \times \sqrt{2}$.

1º Soient les diamètres perpendiculaires l'un à l'autre AC, BD qui divisent la circonférence en 4 parties égales, et les cordes égales AB, BC, CD, DA qui forment le carré inscrit ABCD. Le triangle isocèle AOB rectangle en O donne $AB^2 = 2AO^2 = 2R^2$; d'où $AB = R \times \sqrt{2}$.

2º Soit OP, perpendiculaire au milieu du côté AB, l'apothème du carré ABCD. Dans le triangle isocèle AOB rectangle en O, OP est la bissectrice de l'angle droit AOB; donc l'angle POA $= \frac{1}{2}$ angle droit et son complément PAO $= \frac{1}{2}$ angle droit; donc, dans le triangle APO, le côté OP $= AP = \frac{1}{2} AB = \frac{1}{2} R \times \sqrt{2}$ (1º).

Corol. *Le côté* C *du carré circonscrit au cercle* O , *lequel a le rayon pour apothème, est égal au diamètre de ce cercle;* car les côtés des carrés étant comme les apothèmes, j'ai $C : AB :: R : OP$ ou $C : R \times \sqrt{2} :: R : \frac{1}{2} R \times \sqrt{2}$; d'où $C : R :: R \times \sqrt{2} : \frac{1}{2} R \times \sqrt{2}$; or, $R \times \sqrt{2} = 2 \left(\frac{1}{2} R \times \sqrt{2} \right)$; donc $C = 2R$.

Scolie. I. p et P étant les périmètres de deux carrés , l'un inscrit dans le cercle O , et l'autre qui lui est circonscrit , si l'on prend pour 1 le rayon R , on a $p = 4 \sqrt{2}$ et $P = 8$.

II. Soient p le périmètre du carré ABCD , A son apothème égal à $\frac{1}{2}$ AB et R son rayon OA ; le rayon OA dont le carré $OA^2 = 2AP^2$, égalant $AP \times \sqrt{2}$ ou $\frac{1}{2} AB \times \sqrt{2}$, on a, si l'on prend le côté AB pour 1, $p = 4$, $A = \frac{1}{2}$ et $R = \frac{1}{2} \sqrt{2}$; et si p égale 2 mètres, le côté AB étant égal à $\frac{1}{2}$, on a $p = 2$, $A = \frac{1}{4}$ et $R = \frac{1}{4} \sqrt{2}$.

III. On peut, au moyen de deux diamètres perpendiculaires, inscrire un carré, et, en divisant successivement chacun des arcs sous-tendus par les côtés du carré en 2, 4, 8, 16... parties égales, inscrire des polygones réguliers de la série indéfinie 4, 8, 16, 32, 64... côtés.

229. THÉORÈME (fig. 214). *Le côté AB du décagone régulier inscrit dans un cercle O, est égal au grand segment du rayon divisé en moyenne et extrême.*

Je trace les rayons OA , OB et la bissectrice BC de l'angle OBA. L'angle au centre $O = 4 : 10 = 2 : 5$, et comme chacun des angles égaux OAB, OBA, dont la somme est le supplément de l'angle O, est égal à 4 : 5, chacun des angles égaux OBC, ABC est égal à 2 : 5, et, par suite, l'angle BCA du triangle ABC est, comme l'angle BAC, égal à 4 : 5. Donc, évidemment, les triangles ABC, COB sont isocèles et $AB = BC = CO$. Cela posé, la bissectrice BC de l'angle ABO du triangle OAB donne $AC : CO :: AB : OB$, ou $AC : CO :: CO : OA$; donc CO ou AB est le grand segment du rayon OA divisé en moyenne et extrême.

SCOLIE. I. Le grand segment d'une droite OA divisée en moyenne et extrême étant égal à $\frac{1}{2} OA \times \sqrt{5} - 1$, le côté du décagone régulier inscrit dans un cercle dont le rayon est R étant égal au grand segment de R divisé en moyenne et extrême, est égal à $\frac{1}{2} R \times \sqrt{5} - 1$.

II. On inscrit un décagone régulier en portant dix fois sur la circonférence le grand segment du rayon divisé en moyenne et extrême ; le pentagone régulier en joignant deux à deux les sommets du décagone régulier, et les polygones réguliers de 20, 40, 80... côtés en divisant les arcs sous-tendus par les côtés du décagone en 2, 4, 8... parties égales ; de sorte qu'on peut inscrire les polygones réguliers de la série indéfinie 5, 10, 20, 40, 80... côtés.

230. THÉORÈME (fig. 215). *Le carré du côté du pentagone régulier inscrit dans un cercle O, est égal à la somme des carrés du rayon et du côté du décagone régulier inscrit dans le même cercle.*

Soient CA, CB deux côtés du décagone régulier inscrit, et, par conséquent, AB le côté du pentagone régulier inscrit : je trace les rayons OA, OB ; puis le rayon OC qui, faisant avec OB et OA des angles au centre égaux, est la bissectrice de l'angle AOB ; et enfin, la bissectrice OE de l'angle AOC du triangle isocèle OAC, qui rencontre AB au point E et passe par le milieu du côté AC, auquel elle est perpendiculaire ; de sorte que les obliques EA et EC sont égales. L'angle AOB étant égal à 4 : 5, 1° chacun des angles égaux OAB, OBA du triangle isocèle OAB, est égal à 3 : 5 ; 2° chacun des angles égaux COB, COA est égal à 2 : 5, et, par suite, l'angle COE, moitié de l'angle COA, est égal à 1 : 5. Cela posé, les triangles isocèles OAB, EOB, qui ont l'angle B de la base commun, étant équiangles entre eux, donnent $AB : OB :: OB : EB$; d'où

(1) $AB \times EB = OB^2$; et les triangles isocèles ACB, AEC, qui ont l'angle A de la base commun, donnent de même $AB : AC :: AC : AE$; d'où (2) $AB \times AE = AC^2$. Ajoutant membre à membre les égalités (1) et (2), il vient $AB \times EB + AB \times AE$, ou $AB \times (EB + AE)$, c'est-à-dire $AB^2 = OB^2 + AC^2$.

COROL. *Le côté du pentagone régulier inscrit est l'hypoténuse d'un triangle rectangle qui a pour côtés de l'angle droit le rayon du cercle et le côté du décagone régulier inscrit dans le même cercle.*

SCOLIE. Soient C et *c* les côtés du pentagone et du décagone réguliers inscrits dans un cercle et R le rayon. $c = \frac{1}{2} R \times (\sqrt{5} - 1)$ (229) et son carré $c^2 = \frac{1}{4} R^2 \times (\sqrt{5} - 1)^2 = \frac{1}{4} R^2 \times (6 - 2\sqrt{5}) = \frac{6R^2 - 2R^2 \times \sqrt{5}}{4}$. Or, $C^2 = R^2 + c^2$; donc $C^2 = R^2 + \frac{6R^2 - 2R^2 \times \sqrt{5}}{4}$

$$= \frac{4R^2}{4} + \frac{6R^2 - 2R^2 \times \sqrt{5}}{4} = \frac{10R^2 - 2R^2 \times \sqrt{5}}{4} = \frac{R^2 \times (10 - 2\sqrt{5})}{4};$$

donc $C = \frac{1}{2} R \times \left(\sqrt{10 - 2\sqrt{5}}\right)$. Cette formule sert à faire connaître le côté du pentagone régulier quand on connaît le rayon R du cercle circonscrit.

231. THÉORÈME (fig. 216). *Le côté du pentédécagone régulier inscrit est égal à la corde qui sous-tend la différence des arcs sous-tendus par les côtés de l'hexagone et du décagone réguliers inscrits dans le même cercle.*

Soient AB et AC les arcs sous-tendus par les côtés de l'hexagone et du décagone réguliers inscrits dans le cercle O. J'ai arc $CB = $ arc $AB - $ arc AC. Or, en comparant les arcs à la circonférence, arc $AB = \frac{1}{6}$ et arc $AC = \frac{1}{10}$; donc arc $CB = \frac{1}{6} - \frac{1}{10} = \frac{1}{15}$; donc la corde CB est le côté du pentédécagone régulier inscrit.

SCOLIE. En divisant en 2, 4, 8, 16... parties égales les arcs sous-tendus par les côtés du pentédécagone régulier, on inscrit les polygones réguliers de la série indéfinie de 15, 30, 60, 120... côtés.

232. THÉORÈME (fig. 217). *Dans un même cercle OB, si P et p sont les périmètres de deux polygones réguliers de n côtés, l'un circonscrit et l'autre inscrit, et P' et p' les périmètres de deux polygones réguliers de 2n côtés, l'un circonscrit et l'autre inscrit,* $1°\ P' = 2P \times p : P + p$; $2°\ p' = \sqrt{P' \times p}$.

Soit BAC un des angles du périmètre circonscrit P. D'après le n° 222, 2AB est le côté de P qui égale $2AB \times n$ ou $AB \times 2n$, BC celui de p qui égale $BC \times n$, la tangente EF, menée par le milieu D de l'arc BC, celui de P' qui égale $EF \times 2n$, la corde BD qui sous-tend la moitié de l'arc BC, celui de p' qui égale $BD \times 2n$. On a aussi, parce que les angles égaux circonscrits à un même cercle ont les côtés égaux, $EB = ED = FD = FC$. Enfin, d'après le n° 91, la droite AO passe par le milieu D de l'arc BC et est perpendiculaire au milieu L de BC comme à la tangente EF, et la droite EO est perpendiculaire au milieu I de BD, et divise l'angle au centre DOB ou AOB en deux parties égales. Cela posé :

1° $P' = 2P \times p : P + p$. En effet, les périmètres des polygones réguliers d'un même nombre de côtés étant comme leurs rayons, on a $P : p :: OA : OB$. Or (153), à cause de EO bissectrice de l'angle AOB du triangle BOA, $OA : OB :: AE : EB$; donc $P : p :: AE : EB$ ou ED et $P + p : p :: AB : ED$. Or, de cette dernière proportion, on déduit $P +$

$p : 2p :: AB : EF :: AB \times 2n : EF \times 2n :: P : P'$; donc $P + p : 2p$ $:: P : P'$; d'où (1) $P' = 2P \times p : P + p$.

2° $p' = \sqrt{P' \times p}$. Les triangles rectangles DLB, DIE ont les angles L et I égaux comme droits et les angles BDL et IED égaux comme ayant chacun pour complément l'angle BDE; donc aux angles égaux sont opposés des côtés proportionnels; donc $BD : ED :: BL : DI$ et $2BD : 2ED :: 2BL : 2DI$, c'est-à-dire $2BD : EF :: BC : BD$. Multipliant les antécédents de cette dernière proportion par n et les conséquents par $2n$, il vient : $BD \times 2n : EF \times 2n :: BC \times n : BD \times 2n$ ou $p' : P' :: p : p'$; d'où $p'^2 = P' \times p$ et (2) $p' = \sqrt{P' \times p}$.

Application. Soient p et P les périmètres de deux carrés, l'un inscrit dans un cercle C et l'autre qui lui est circonscrit. Le rayon étant pris pour 1, on a (228) $p = 4\sqrt{2} = 5,6568544$, et $P = 8$. Partant de là, on a calculé par les formules (1) et (2) les périmètres des polygones réguliers circonscrits et inscrits de la série indéfinie 4, 8, 16, 32... côtés, et l'on a trouvé que ceux des polygones réguliers de 16384 côtés égalent chacun le nombre 6,283185 et ne diffèrent entre eux qu'au delà de la 6e décimale.

233. THÉORÈME (fig. 218). *Si* R *et* A *sont le rayon et l'apothème d'un polygone régulier* P, *et* R' *et* A' *le rayon et l'apothème d'un polygone régulier isopérimètre* P' *d'un nombre de côtés double :* 1° $A' = \frac{1}{2}(R + A)$; 2° $R' = \sqrt{R \times A'}$; *ou, en d'autres termes,* 1° A' *est moyenne arithmétique entre* R *et* A, *et* R' *est moyenne géométrique ou par quotient entre* R *et* A'.

Soient O le centre du polygone P, AB son côté, OA son rayon, OD son apothème prolongé jusqu'à la rencontre C de la circonférence circonscrite, E et F les milieux des cordes CA, CB qui font avec AB le triangle CAB. Je trace les droites OE, OF, qui sont perpendiculaires aux cordes CA, CB, et la droite EF qui, rencontrant la droite CD au point I, est, comme il est facile de le voir, parallèle au côté AB, comme lui perpendiculaire à CD et égale à la moitié de AB. Le polygone P' a pour angle au centre l'angle inscrit ACB ou ECF égal à la moitié de l'angle au centre AOB du polygone P, pour côté EF moitié de AB, pour apothème CI et pour rayon CE. Cela posé :

1° La proportion $CE : CA = CI : CD$ donne, à cause de $CE = \frac{1}{2}CA$, $CI = \frac{1}{2}CD = \frac{1}{2}(CO + OD)$ ou $A' = \frac{1}{2}(R + A)$.

2° Le triangle CEO rectangle en E, dans lequel EI est perpendiculaire à l'hypoténuse CO, donne (144) $CE^2 = CO \times CI$; d'où $CE = \sqrt{CO \times CI}$ ou $R' = \sqrt{R \times A'}$.

SCOLIE. I. On voit, soit par la figure, soit par les formules $A' = \frac{1}{2}(R + A)$, $R' = \sqrt{R \times A'}$, que l'apothème A' est plus grand que l'apothème A, et que le rayon R' est moindre que le rayon R. Il suit de là que dans la série indéfinie des polygones réguliers isopérimètres de n, $2n$, $4n$, $8n$... côtés, les rayons formant une série décroissante et les apothèmes une série croissante, la différence entre le rayon et l'apothème de chacun de ces polygones, à partir du 2e, est moindre que celle qui existe entre le rayon et l'apothème du polygone précédent.

II. En formant la série indéfinie des polygones réguliers isopérimètres de n, $2n$, $4n$, $8n$... côtés, on parvient à un polygone dans lequel la différence entre le rayon et l'apothème est moindre que toute quantité donnée. En effet, dans le triangle AOD, on a AD $>$ OA — OD, ou OA — OD $<$ AD, c'est-à-dire R — A $<$ AD moitié du côté AB du polygone p de n côtés. Or, le côté de chaque polygone de la série étant égal à la moitié du côté du polygone précédent, on peut parvenir à un polygone dont le côté soit moindre que toute quantité donnée ; donc, à plus forte raison, on peut parvenir à un polygone dans lequel la différence du rayon et de l'apothème soit moindre que toute quantité donnée.

Application. D'après le n° 228, le côté d'un carré d'un périmètre de 4 mètres de longueur étant 1, en prenant pour limite la 7e décimale, son apothème $A_1 = \frac{1}{2} = 0,5000000$ et son rayon $R_1 = \frac{1}{2}\sqrt{2} = 0,7071068$. Cela posé, on obtient les valeurs des apothèmes A_2, A_3, A_4, A_5... et des rayons R_2, R_3, R_4, R_5... des polygones réguliers isopérimètres de la série indéfinie 4, 8, 16, 32, 64, 128... côtés, en formant d'abord la série indéfinie des nombres suivants dont les deux premiers sont les valeurs de A_1 et de R_1 : 5,000000, 0,7071068 ; A_2, R_2 ; A_3, R_3 ; A_4, R_4 ; A_5, R_5 ;... et en prenant ensuite successivement pour valeur de chaque apothème la moyenne arithmétique entre les deux termes précédents et pour valeur de chaque rayon la moyenne géométrique entre les deux termes précédents. Ces opérations, à partir de A_1 et de R_1 jusqu'à A_5 et R_5, donnent pour 4 côtés, $A_1 = 0,5000000$, $R_1 = 0,7071068$; pour 8, $A_2 = 0,6035534$, $R_2 = 0,6532815$; pour 16, $A_3 = 0,6284174$, $R_3 = 0,6407289$; pour 32, $A_4 = 0,6345731$, $R_4 = 0,6376435$; pour 64, $A_5 = 0,6361082$, $R_5 = 0,6368754$. La première moitié des chiffres de A_5 et R_5, à partir de 0, étant la même, on a trouvé que, dans ce cas, la moyenne géométrique ne diffère de la moyenne arithmétique qu'au delà de la 7e décimale. Il suit de là qu'on aura les valeurs de A_6, R_6 ; A_7, R_7 ; A_8, R_8 ; A_9, R_9 ; A_{10}, R_{10} ; A_{11}, R_{11} ; A_{12}, R_{12}... en prenant pour chacun de ces termes la moyenne arithmétique entre les deux termes précédents ; opérations simples qui donnent pour 8192 côtés, $A_{12} = 0,6366196$, $R_{12} = 0,6366196$; nombres qui ne diffèrent qu'au delà de la 7e décimale.

RELATIONS ENTRE DEUX CIRCONFÉRENCES OU DEUX ARCS ET LEURS RAYONS , ET RAPPORT APPROCHÉ D'UNE CIRCONFÉRENCE QUELCONQUE A SON DIAMÈTRE.

234. THÉORÈME. *Deux circonférences sont proportionnelles à leurs rayons et, par suite, à leurs diamètres.*

Soient deux circonférences C et C' ayant pour rayons R et R' ; je dis que C : R $=$ C' : R'. En effet, C : R $=$ C' : R' si tout rapport L : R $>$ C : R est plus grand que C' : R', et si tout rapport L : R $<$ C : R est moindre que C' : R'.

Or, il en est ainsi :

1° L : R $>$ C : R est plus grand que C' : R'. Soit q la quantité dont L surpasse C. Je circonscris à C un polygone régulier dont le périmètre P diffère de C d'une quantité $q' < q$, ce qui donne L $>$ P, et à C' un polygone régulier d'un même nombre de côtés ayant P' pour périmètre. J'ai P : R $=$ P' : R'. Or, P' : R' est plus grand que C' : R' ; donc P : R, et, à plus forte raison, L : R, est plus grand que C' : R'.

2° L : R $<$ C : R est moindre que C' : R'. Soit q la quantité dont L est moindre que C. J'inscris dans C un polygone régulier dont le périmètre P soit moindre que C d'une quantité $q' < q$, ce qui donne L $<$ P, et dans C' un polygone régulier d'un même nombre de côtés, ayant pour périmètre P′. J'ai P : R = P′ : R′ ; or P′ : R′ est moindre que C′ : R′ ; donc P : R, et, à plus forte raison, L : R est moindre que C′ : R′. Donc C : R = C′ : R′, et, par suite, C : 2R = C′ : 2R′.

Scolie. Le rapport d'une circonférence quelconque à son diamètre étant constant, on est convenu de le désigner par la lettre grecque π, qu'on prononce *pi*.

Corol. I. *Toute circonférence* C *qui a* R *pour rayon est égale à* $2\pi \times$ R ; car l'égalité C : 2R = π donne C = $\pi \times$ 2R = $2\pi \times$ R. Cette formule sert à trouver la valeur de C quand on connaît π et le rayon R, et la valeur de R quand on connaît C et π ; car l'égalité $2\pi \times$ R = C donne R = C : 2π.

II. *Un degré étant la* 360° *partie de la circonférence, la longueur d'un degré est égale à* $2\pi R \times \frac{1}{360}$, *et un arc* A *de* n *degrés, ou degrés et fractions de degré, ou simplement fraction de degré, est égal à* $2\pi R \times \frac{n}{360}$, *ou, en divisant par* 2, $A = \pi R \times \frac{n}{180} = \frac{\pi R \times n}{180}$, n *et* 180 *étant réduits en fractions de la plus petite espèce, lorsque* n *contient des minutes ou des secondes.*

235. Théorème (fig. 219). *Dans deux cercles dont les rayons* OA , OD *sont inégaux, les arcs semblables* AB, DE, *c'est-à-dire correspondant aux angles au centre égaux* AOB, DOE, *sont proportionnels à leurs rayons.*

Les circonférences C et C′ qui ont pour rayons OA et OD, étant considérées chacune comme un arc correspondant à 4 angles au centre droits, on a AB : C :: angle AOB : 4 angles droits, et DE : C′ :: angle DOE : 4 angles droits : d'où, à cause du rapport commun, AB : C :: DE : C′ ; d'où AB : DE :: C : C′ :: OA : OD.

Scolie. Deux arcs semblables ont le même nombre de degrés.

236. Théorème (fig. 219). *Dans deux cercles dont les rayons* OA *et* O′a *sont inégaux, deux arcs quelconques* AB *et* ab *sont proportionnels aux produits des rayons par les angles au centre correspondants.*

Sur le rayon OA > O′a je prends OD = O′a, et du point O comme centre avec le rayon OD, je décris l'arc DE compris entre les rayons OA et OB. J'ai, à cause des arcs semblables AB et DE, AB : DE :: OA : O′a, et, à cause des arcs DE et ab décrits avec le même rayon, DE : ab :: angle AOB : angle aO′b. Multipliant terme à terme ces deux proportions et supprimant le facteur commun DE, il vient : AB : ab :: OA $\times$ angle AOB : O′a $\times$ angle aO′b.

Corol. *Si l'on divise membre à membre la proportion* OA $\times$ *angle* AOB : O′a $\times$ *angle* aO′b :: AB : ab *par la proportion* OA : O′a :: OA : O′a, *il vient : angle* AOB : aO′b :: (AB : OA) : (ab : O′a) ; *ce qui signifie que, dans deux cercles de différent rayon, deux angles au centre quelconques sont entre eux comme les rapports de leurs arcs à leurs rayons.*

237. Théorème. *Le rapport approché à moins d'un cent millième près d'une circonférence quelconque* C *à son diamètre est égal à* 3,14159.

1re *démonst.* Soient p et P les périmètres de deux polygones réguliers ayant chacun 16384 côtés, dont l'un est inscrit dans C et l'autre lui est circonscrit. Le rayon R étant pris pour 1, p et P égalent chacun 6,283185... et ne diffèrent qu'à la 7° décimale (232) ; donc la circonférence C qui est entre P et p, moindre que P et plus grande que p, est égale à ce même nombre ; donc C = R $\times$ 6,283185 ; d'où C : R = 6,283185, et, en divisant chaque membre de cette égalité par 2, C : 2R = 3,141592.

2° *démonst.* Soient C une circonférence de 4 mètres de longueur et x son rayon. D'après l'application du théorème 233, l'apothème A et le rayon R d'un polygone régulier P de 8192 côtés, ayant pour périmètre 4 mètres, égalent chacun 0,6366196... et ne diffèrent plus entre eux qu'au delà de la 7e décimale. Mais A et R sont les rayons des circonférences C′ et C″, l'une inscrite dans P et l'autre qui lui est circonscrite; donc la circonférence C, qui a la longueur du périmètre de P, est plus grande que C′ et moindre que C″, et son rayon $x > $ A et $< $ R étant entre A et R est égal à ce même nombre. Donc on a C $= 4$ et $x = 0{,}6366196$; donc C $: x = 4 : 0{,}6366196$, et, en multipliant les conséquents par 2, C $: 2x = 4{,}0000000 : 12732392 = 3{,}14159$.

Scolie. Archimède a trouvé que la valeur incommensurable de π est comprise entre $3 + \dfrac{10}{70}$ et $3 + \dfrac{10}{71}$. Le 1er nombre $\dfrac{22}{7}$ ou $3{,}14285...$ est plus grand de moins d'un millième. Métius a trouvé pour la valeur de π le nombre $355 : 113$, ou $3{,}1415929...$ plus grand de moins d'un millionième. On a calculé cette valeur jusqu'à la 140e décimale, et, en s'arrêtant à la 12e, on a $\pi = 3{,}141592653589...$

LIVRE QUATRIÈME.

SURFACES DES POLYGONES.

Egalité, symétrie, similitude, mesures et autres rapports, équivalence.

ÉGALITÉ DES POLYGONES.

238. Théorème (fig. 220). *Deux polygones d'un même nombre quelconque de côtés, tels que* ABCDE, A′B′C′D′E′, *sont égaux si leurs angles* A et A′, B et B′, C et C′, D et D′, E et E′, *et les côtés adjacents* AB et A′B′, BC et B′C′, CD et C′D′, DE et D′E′, EA et E′A′ *sont égaux deux à deux et disposés dans le même ordre;* car si l'on transporte le polygone A′B′C′D′E′ sur le polygone ABCDE de manière que l'angle A′ coïncide avec son égal A, il est évident que les angles consécutifs égaux B et B′ coïncideront, ainsi que les angles consécutifs égaux C et C′, D et D′, E et E′; donc les polygones ABCD, A′B′C′D′ coïncident; donc ils sont égaux.

239. Théorème comprenant quatre cas dont le dernier est nouveau. *Deux triangles sont égaux, les parties égales étant disposées dans le même ordre :* 1° *s'ils ont un côté égal adjacent à deux angles égaux chacun à chacun;* 2° *s'ils ont un angle égal compris entre des côtés égaux chacun à chacun;* 3° *s'ils ont les trois côtés égaux chacun à chacun;* 4° *s'ils ont chacun deux côtés inégaux, égaux chacun à chacun, et un angle égal opposé au plus grand de ces côtés.*

Dans chacun de ces quatre cas, dont le dernier est nouveau, d'après les relations connues entre les angles et les côtés de deux triangles, les triangles ont les angles égaux chacun à chacun et disposés, par hypothèse, dans le même ordre, et les côtés adjacents à ces angles, égaux chacun à chacun; donc, dans chacun de ces quatre cas, les triangles sont égaux (voir les pages 71 et 72).

Scolie. Si l'on rabat sur le plan un des triangles égaux, on a deux triangles qu'on appelle *inversement* égaux et qui ne diffèrent des premiers que parce que leurs côtés sont dirigés en sens inverse. Il en est de même des autres polygones égaux.

Corol. *Sont égaux* 1° *deux triangles isocèles qui ont des bases égales et un angle à la base égal ou l'angle du sommet égal ; 2° deux triangles rectangles qui ont l'hypoténuse égale et un autre côté égal.*

240. THÉORÈME. *Deux polygones quelconques P et P' d'un même nombre de côtés au-dessus de trois sont égaux, s'ils sont composés d'un même nombre de triangles égaux chacun à chacun et disposés dans le même ordre ; et réciproquement.*

1° Je transporte le polygone P sur le polygone P' de manière qu'un premier triangle A pris sur P coïncide avec son égal A' pris sur P'. Les deux autres triangles consécutifs égaux B et B' qui ont un côté commun et sont disposés dans le même ordre coïncident, ainsi que les deux autres jusqu'aux derniers ; donc les polygones P et P' coïncident ; donc ils sont égaux.

2° Réciproque évidente : *Deux polygones égaux peuvent être divisés en un même nombre de triangles égaux chacun à chacun et disposés dans le même ordre.*

241. THÉORÈME (fig. 220). *Deux polygones d'un même nombre de côtés sont égaux, lorsque, à l'exception ou 1° de trois angles consécutifs, ou 2° de deux angles et du côté adjacent, ou 3° d'un angle et des deux côtés qui le comprennent, les autres parties, angles et côtés, sont égales et disposées comme les premières dans le même ordre.*

1er *cas.* Soient les polygones ABCDE, A'B'C'D'E' tels que AB = A'B', BC = B'C', CD = C'D', DE = D'E', EA = E'A', angle A = A' et angle B = B'. Je transporte le polygone A'B'C'D'E' sur le polygone ABCDE et je fais coïncider le côté A'B' avec son égal AB. A cause de angle A' = A et de angle B' = B, A'E' est sur AE et B'C' sur BC, et, à cause de A'E' = AE et de B'C' = BC, le point E' est sur le point E et le point C' sur le point C : donc les droites E'C' et EC coïncident ainsi que les triangles C'D'E' et CDE qui sont égaux comme équilatéraux entre eux et ayant un côté commun ; donc les polygones ABCDE, A'B'C'D'E' coïncident ; donc ils sont égaux.

Le 2e et le 3° *cas* se démontrent d'une manière semblable par la superposition.

SCOLIE. L'égalité de deux polygones de *n* côtés ayant chacun pour éléments 2*n*, angles et côtés, dépend de 2*n* — 3 de ces éléments égaux pris dans le sens du théorème.

COROL. *Sont égaux deux quadrilatères qui ont les côtés consécutifs égaux chacun à chacun et disposés dans le même ordre et un angle égal compris entre deux de ces côtés égaux, et, par suite, 1° deux parallélogrammes qui ont un angle égal compris entre des côtés égaux chacun à chacun ; 2° deux rectangles qui ont deux côtés consécutifs égaux chacun à chacun ; 3° deux losanges qui ont un côté égal et un angle égal ; 4° deux carrés qui ont un côté égal.*

242. THÉORÈME. *Deux polygones réguliers P, P' d'un même nombre de côtés sont égaux s'ils ont un côté égal.*

D'après les notions relatives au polygone régulier, les polygones réguliers d'un même nombre de côtés ont tous leurs angles égaux ; donc les polygones réguliers P et P' ont les angles égaux chacun à chacun et disposés dans le même ordre, et les côtés adjacents à ces angles, égaux chacun à chacun ; donc ils sont égaux (238).

SYMÉTRIE DES POLYGONES.

DÉFINITION. Deux polygones d'un même nombre de côtés sont dits *symétriques* par rapport à un centre ou à un axe lorsque leurs sommets et, par suite, leurs côtés sont symétriques chacun à chacun par rapport à ce centre ou à cet axe; car il est évident que, dans ce cas, tout point de l'un a son symétrique sur l'autre par rapport à ce centre ou à cet axe.

243. THÉORÈME. *Deux polygones symétriques par rapport à un centre ou par rapport à un axe ont 1° les côtés symétriques égaux ; 2° les angles qui ont les côtés symétriques, égaux ; 3° les surfaces égales dans le 1ᵉʳ cas et inversement égales dans le 2ᶜ.*

1° et 2° Les côtés symétriques ainsi que les angles qui ont les côtés symétriques par rapport à ce centre ou par rapport à cet axe sont égaux (51 et 52, page 30).

3° Les polygones symétriques par rapport à un centre sont égaux, parce que si l'on fait tourner dans le plan l'un d'eux autour du centre jusqu'à ce qu'un sommet ou un côté coïncide avec son symétrique dans l'autre, les autres côtés du 1ᵉʳ coïncideront évidemment avec les côtés symétriques du second ; et les polygones symétriques par rapport à un axe sont égaux inversement, parce que si l'on rabat sur le plan l'un autour de l'axe, ses sommets coïncideront évidemment avec les sommets symétriques de l'autre.

COROL. *Un polygone n'a qu'un seul symétrique par rapport à un centre ou par rapport à un axe.*

SCOLIE. On appelle symétriques deux polygones inversement égaux, parce qu'ils peuvent être placés sur un plan de manière à avoir un axe de symétrie. Mais cette symétrie est une symétrie de forme et non pas de position.

244. THÉORÈME à démontrer. *Deux polygones symétriques par rapport à un centre ou par rapport à un axe, s'ils ont plus de trois côtés, peuvent être décomposés en un égal nombre de triangles symétriques deux à deux par rapport à ce centre ou par rapport à cet axe.*

SIMILITUDE DES POLYGONES.

DÉFINITIONS. I. Deux polygones d'un même nombre de côtés sont semblables — les angles et les côtés étant disposés dans le même ordre — lorsqu'ils ont les angles égaux chacun à chacun et les côtés adjacents aux angles égaux proportionnels.

II. Dans deux polygones semblables, on appelle *homologues*, 1° les angles égaux et les sommets de ces angles ; 2° deux côtés ou deux diagonales qui ont pour extrémités des sommets homologues.

III. On appelle *rapport de similitude* le rapport de deux côtés homologues quelconques, parce que ce rapport est constant.

245. THÉORÈME comprenant quatre cas dont le dernier est nouveau (fig. 221). *Deux triangles T, T′ sont semblables — les angles et les côtés étant disposés dans le même ordre — 1° s'ils ont deux angles égaux chacun à chacun ; 2° s'ils ont un angle égal et deux côtés des angles égaux proportionnels aux deux autres ; 3° s'ils ont les côtés proportionnels; 4° s'ils ont chacun deux côtés inégaux, formant deux à deux des rapports égaux, et un angle égal opposé au plus grand de ces côtés.*

1ᵉʳ cas. Deux triangles qui ont deux angles égaux chacun à chacun ont les troisièmes angles égaux. Or (142), lorsque deux triangles ont les angles égaux chacun à chacun, aux angles égaux sont opposés des côtés proportionnels ; donc les triangles T, T′ ont les angles égaux chacun à chacun et les côtés adjacents à ces angles égaux proportionnels ; donc ils sont semblables.

2ᶜ cas. Lorsque deux triangles ont un angle égal et deux côtés des deux angles égaux proportionnels aux deux autres, aux côtés proportionnels sont opposés des angles égaux (143); donc les triangles T, T' ont les angles égaux chacun à chacun; donc ils sont semblables (1er *cas*).

3e *cas* (*fig.* 221). Soient dans les triangles ABC et DEF, AB $\cdot$ DE $\cdot\cdot$ AC $\cdot$ DF $\cdot\cdot$ BC $\cdot$ EF. Je prolonge BA d'une longueur AE' $=$ DE et CA d'une longueur AF' $=$ DF, et je trace la droite E'F'. Les triangles ABC, AE'F' qui ont un angle égal en A et deux côtés des angles égaux proportionnels aux deux autres sont semblables (2e *cas*) et donnent AB $\cdot$ AE' ou DE $\cdot\cdot$ BC $\cdot$ E'F', mais, par hypothèse, AB $\cdot$ DE $\cdot\cdot$ BC $\cdot$ EF; donc BC $\cdot$ E'F' $\cdot\cdot$ BC $\cdot$ EF; donc E'F' $=$ EF; donc les triangles AE'F' et DEF sont égaux comme équilatéraux entre eux; donc les triangles ABC et DEF sont semblables.

4e *cas* (*fig.* 221). Soient dans les triangles ABC, DEF, angle B $=$ angle E et AB $\cdot$ DE $\cdot\cdot$ AC $\cdot$ DF. Je prolonge BA d'une longueur AE' $=$ DE et CA d'une longueur AF' $=$ DF, et je trace la droite E'F'. Les triangles ABC, AE'F' sont semblables comme ayant un angle égal en A et deux côtés des angles égaux en A proportionnels aux deux autres; donc angle B $=$ E' $=$ E; donc les triangles AE'F' et DEF sont égaux comme ayant deux côtés égaux chacun à chacun et les angles égaux E' et E opposés aux côtés égaux AF' et DF; donc les triangles ABC, DEF sont semblables.

SCOLIE. I. Si l'on rabat sur le plan un des deux triangles semblables on a deux triangles qu'on appelle *inversement* semblables et qui ne diffèrent des premiers que parce que les côtés homologues sont disposés en sens contraire. Il en est de même des autres polygones semblables.

II. Les quatre *cas* de similitude démontrés ci-dessus correspondent aux quatre *cas* d'égalité démontrés ailleurs.

246. THÉORÈME. *Deux triangles T, T' sont semblables lorsqu'ils ont leurs côtés parallèles ou perpendiculaires chacun à chacun.*

Soient A et A', B et B', C et C' les trois couples des angles des triangles T et T' qui ont leurs côtés parallèles ou perpendiculaires chacun à chacun. Les angles de chaque couple sont égaux ou supplémentaires (47 et 49). Or, les angles de deux couples ne sont pas supplémentaires, puisque la somme des angles des deux triangles serait plus grande que quatre angles droits; donc ils sont égaux; donc les triangles T, T' ont deux angles égaux chacun à chacun; donc ils sont semblables.

SCOLIE. Les côtés parallèles ou perpendiculaires des triangles semblables sont des côtés homologues.

247. THÉORÈME (fig. 222). *Deux polygones semblables de plus de trois côtés peuvent être décomposés en un même nombre de triangles semblables chacun à chacun et disposés dans le même ordre.*

Soient les polygones semblables ABCDE, A'B'C'D'E'. Je trace les diagonales homologues AC et A'C', AD et A'D' qui divisent ces polygones en un même nombre de triangles disposés dans le même ordre, et je dis que ces triangles sont semblables deux à deux. Les triangles ABC et A'B'C' sont semblables comme ayant, par hypothèse, deux côtés des angles égaux B et B' proportionnels aux deux autres, et donnent AC $\cdot$ A'C' $\cdot\cdot$ AB $\cdot$ A'B' $\cdot\cdot$ BC $\cdot$ B'C' et angle ACB $=$ A'C'B'; d'où, à cause de angle BCD $=$ B'C'D', angle ACD $=$ A'C'D'; donc les triangles ACD, A'C'D' sont semblables comme ayant deux côtés des angles égaux ACD, A'C'D' proportionnels aux deux autres.

On démontre de même la similitude des triangles ADE, A'D'E'; donc les polygones semblables ABCDE, A'B'C'D'E' sont décomposés en un même nombre de triangles semblables chacun à chacun et semblablement disposés.

COROL. *Dans deux polygones semblables, 1° deux diagonales homologues sont proportionnelles à deux côtés homologues ; 2° trois sommets quelconques de l'un et les trois sommets homologues de l'autre déterminent des triangles semblables.*

248. THÉORÈME (fig. 222). *Deux polygones de plus de trois côtés sont semblables s'ils sont composés d'un même nombre de triangles semblables chacun à chacun et disposés dans le même ordre.*

Soient les polygones ABCDE, A'B'C'D'E' dans lesquels les triangles ABC et A'B'C', ACD et A'C'D', ADE et A'D'E' sont semblables deux à deux ; je dis que ces polygones sont semblables. En effet, ces polygones ont d'abord leurs angles égaux deux à deux, les uns tels que B et B', E et E' comme homologues dans des triangles semblables, et les autres tels que BCD et B'C'D' parce qu'ils sont composés d'un même nombre d'angles égaux chacun à chacun comme homologues dans des triangles semblables ; ils ont ensuite les côtés proportionnels, puisque les triangles semblables donnent AB : A'B' : : BC : B'C' : : AC : A'C' : : CD : C'D' : : AD : A'D' : : DE : D'E' : : EA : E'A'. Donc les polygones ABCDE, A'B'C'D'E' sont semblables.

249. THÉORÈME (fig. 222). *Deux polygones d'un même nombre de côtés au-dessus de trois sont semblables, — les angles égaux et les côtés proportionnels étant disposés dans le même ordre, — si, à l'exception ou 1° de trois angles consécutifs, ou 2° de deux angles consécutifs et du côté adjacent, ou 3° d'un angle et de ses côtés, leurs angles sont égaux deux à deux et leurs côtés proportionnels.*

1er *cas.* Soient les polygones ABCDE, A'B'C'D'E' dans lesquels AB : A'B' : : BC : B'C' : : CD : C'D' : : DE : D'E' : : EA : E'A', angle B = B' et angle BCD = B'C'D'. Je trace les diagonales AC et A'C', AD et A'D' qui divisent ces polygones en un même nombre de triangles et je dis que ces triangles sont semblables deux à deux. En effet, les triangles ABC, A'B'C' sont semblables comme ayant deux côtés des angles égaux B et B', proportionnels aux deux autres, et donnent avec l'hypothèse, AC : A'C' : : BC : B'C' : : CD : C'D' et angle ACB = A'C'B', d'où, à cause de angle BCD = B'C'D', angle ACD = A'C'D' ; donc les triangles ACD, A'C'D' sont semblables comme ayant, ainsi que les précédents, deux côtés des angles égaux ACD, A'C'D' proportionnels aux deux autres, et donnent avec l'hypothèse, AD : A'D' : : CD : C'D' : : DE : D'E' : : EA : E'A'. Enfin, les triangles ADE, A'D'E' sont semblables comme ayant les côtés proportionnels. Donc les polygones ABCDE, A'B'C'D'E' sont composés d'un même nombre de triangles semblables et semblablement disposés ; donc ils sont semblables.

Le 2e et le 3e *cas* se démontrent d'une manière analogue.

SCOLIE. **Deux polygones sont semblables dans les cas où ils sont égaux ; mais les côtés au lieu d'être égaux sont proportionnels. Il suit de là que la similitude de deux polygones de n côtés chacun exige $2n - 3$ conditions distinctes prises dans le sens du théorème.**

COROL. *Sont semblables deux quadrilatères convexes qui ont les côtés consécutifs proportionnels et dirigés dans le même ordre et un angle égal compris entre des côtés proportionnels, et, par suite, 1° deux parallélogrammes qui ont un angle égal compris entre des côtés proportionnels ; 2° deux rectangles qui ont deux côtés consécutifs proportionnels ; 3° deux losanges qui ont un angle égal ; 4° deux carrés quelconques.*

250. Théorème (fig. 223). *Si d'un point quelconque O extérieur à un polygone ABCD on mène à tous les sommets des droites OA, OB, OC, OD, et qu'on prenne sur ces droites ou sur leurs prolongements du côté de O des parties OA', OB', OC', OD' qui leur soient proportionnelles, le polygone ABCD et celui qui a pour sommets les points A', B', C', D' sont semblables.*

Les triangles OAB, OA'B' qui ont un angle égal en O et deux côtés des angles égaux OA et OA' proportionnels aux deux autres sont semblables, et ont les côtés AB, A'B' parallèles, parce que ces côtés font avec la sécante AOA' des angles correspondants ou alternes-internes égaux BAO et B'A'O. Par la même raison, les triangles OBC et OB'C', OCD et OC'D', ODA et OD'A' sont semblables deux à deux et ont les côtés BC, CD, DA respectivement parallèles aux côtés B'C', C'D', D'A'; donc les polygones ABCD, A'B'C'D' ont leurs côtés proportionnels comme homologues dans des triangles semblables et leurs angles égaux chacun à chacun, comme ayant les côtés parallèles dirigés dans le même sens ou en sens inverse ; donc ils sont semblables.

Scolie. Le point O est nommé *centre de similitude* des polygones semblables ABCD et A'B'C'D' et ces polygones sont dits *semblablement* ou *inversement* placés selon que les points A', B', C', D', sont situés sur les droites OA, OB, OC, OD ou sur leurs prolongements.

251. Théorème. *Deux polygones réguliers d'un même nombre de côtés sont semblables.*

Les polygones réguliers d'un même nombre de côtés sont équiangles entre eux et ont évidemment les côtés proportionnels ; donc ils sont semblables.

Scolie. Deux polygones réguliers semblables étant des polygones d'un même nombre de côtés ont, comme on l'a vu (206), leurs périmètres proportionnels à leurs rayons et à leurs apothèmes.

252. Théorème. *Les périmètres de deux polygones semblables sont proportionnels aux côtés homologues.*

Soient A et A', B et B', C et C', D et D'... les côtés homologues de deux polygones semblables et P et P' leurs périmètres. On a A : A' :: B : B' :: C : C' :: D : D'; d'où A + B + C + D : A' + B' + C' + D' :: A : A' :: B : B' :: C : C' :: D : D', ou P : P' :: A : A' :: B : B' :: C : C' :: D : D'.

Corol. *Les périmètres de deux polygones semblables sont proportionnels aux diagonales homologues.*

MESURE DES POLYGONES ET AUTRES RAPPORTS QUI EN SONT LA CONSÉQUENCE.

Le mètre linéaire étant l'unité de longueur, on prend pour unité de surface l'étendue du mètre carré, c'est-à-dire du carré qui a pour côté une ligne droite égale au mètre linéaire.

Définitions. I. La mesure ou *l'aire* d'une figure est le nombre abstrait qui exprime le rapport de l'étendue *superficielle* de cette figure à celle du mètre carré ; de sorte que déterminer la mesure ou l'aire d'une figure c'est déterminer combien de fois l'étendue de cette figure contient en nombre entier, en fraction ou en nombre fractionnaire, l'étendue du mètre carré pris pour 1.

II. On sait que le produit de deux droites est celui des nombres abstraits qui expriment les longueurs de ces droites rapportées à l'unité linéaire.

III. De même qu'on appelle *base* d'un triangle un côté quelconque et *hauteur* la perpendiculaire à la base menée du sommet opposé, de même, on appelle 1° *bases* d'un trapèze les côtés parallèles et *hauteur* la perpendiculaire commune menée d'une base à l'autre ; 2° *base* d'un parallélogramme un côté quelconque et *hauteur* la perpendiculaire commune menée à la base d'un point du côté opposé ; d'où il suit que, dans un rectangle ou dans un carré, deux côtés consécutifs quelconques étant perpendiculaires l'un à l'autre sont pris l'un pour base et l'autre pour hauteur.

253. Lemme. *Le rapport de deux rectangles* ABCD, EFGH *qui ont des bases égales* BC, FG, *est égal à celui de leurs hauteurs* AB, EF.

1er *cas* (*fig.* 224) où les hauteurs AB, EF de ces rectangles ont une mesure commune comprise trois fois dans AB et deux fois dans EF. Je divise AB en trois parties égales et EF en deux parties égales, et, par les points de division I, L, K, je mène à DC les perpendiculaires IO, LN, qui sont aussi perpendiculaires à AB, et à HG la perpendiculaire KM qui est aussi perpendiculaire à EF. Ces droites divisent les rectangles ABCD, EFGH en cinq rectangles égaux comme ayant deux côtés consécutifs égaux chacun à chacun ; donc ABCD : EFGH = 3 : 2, et AB : EF = 3 : 2 ; donc ABCD : EFGH = AB : EF.

2e *cas* (*fig.* 225) où les hauteurs n'ont pas de commune mesure. Je prolonge les côtés AB, DC ; je forme un rectangle quelconque ALND > ABCD et dont la base LN = BC, et dans le rectangle ABCD un rectangle quelconque AL′N′D < ABCD et dont la base L′N′ = BC. Cela posé, j'aurai ABCD : EFGH = AB : EF, si tout rapport ALND : EFGH > ABCD : EFGH est plus grand que AB : EF, et si tout rapport AL′N′D : EFGH < ABCD : EFGH est moindre que AB : EF (*ax.* 11). Or, il en est ainsi :

1° ALND : EFGII > ABCD : EFGH est plus grand que AB : EF. Je divise la hauteur EF en parties égales moindres chacune que BL, et je porte ces divisions sur AL. Un point de division I sera situé entre B et L. Du point I je mène à DN la perpendiculaire IK qui détermine le rectangle AIKD, et j'ai (1er *cas*) AIKD : EFGH = AI : EF. Mais j'ai AI : EF > AB : EF ; donc j'ai AIKD : EFGH, et, à plus forte raison, ALND : EFGH > AB : EF.

2° AL′N′D : EFGH < ABCD : EFGH est moindre que AB : EF. Je divise la hauteur EF en parties égales moindres chacune que L′B et je porte ces divisions sur AB. Un point de division I′ sera situé entre L′ et B. Je mène du point I′ à DC la perpendiculaire I′K′ qui détermine le rectangle AI′K′D, et j'ai (1er *cas*) AI′K′D : EFGH = AI′ : EF. Mais j'ai AI′ : EF < AB : EF ; donc j'ai AI′K′D : EFGH, et, à plus forte raison, AL′N′D : EFGII < AB : EF : ainsi, dans le 2e *cas* comme dans le 1er, ABCD : EFGH = AB : EF.

Corol. I. *Le rapport de deux rectangles qui ont des hauteurs égales est égal à celui de leurs bases ;* car on peut prendre les hauteurs pour bases et les bases pour hauteurs.

II. *Deux rectangles* R *et* R′ (fig. 226) *ayant pour bases* b *et* b′ *et pour hauteurs* h *et* h′ *sont entre eux comme les produits de la base de chacun d'eux par sa hauteur;* c'est-à-dire que R : R′ :: b × h : b′ × h′ ; car si je compare R et R′ à un 3e rectangle R″ ayant b′ pour base et h pour hauteur, j'ai R : R″ :: b : b′ et R″ : R′ :: h : h′ ; d'où, multipliant terme à terme ces deux proportions et supprimant ensuite dans le premier rapport le facteur commun R″, R : R′ :: b × h : b′ × h′.

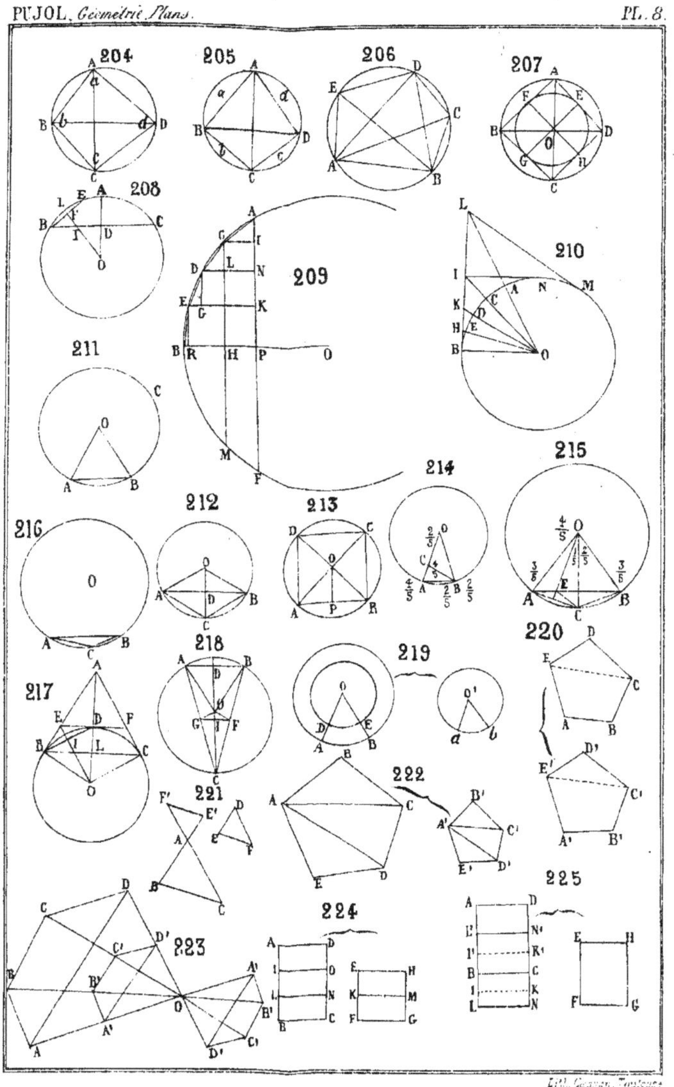

254. Théorème (fig. 227). *L'aire d'un triangle est égale à la moitié du produit de sa base par sa hauteur.*

Soient 1° le triangle ABC rectangle en B ayant pour base BC et pour hauteur AB, M le mètre carré qui a pour base comme pour hauteur l'unité linéaire ou 1, et ABCD un rectangle qui a pour base BC et pour hauteur AB, et qui, étant composé des deux triangles rectangles ABC, ADC égaux comme équilatéraux entre eux, est le double de ABC. J'ai, d'après le corollaire précédent, $ABCD : M = BC \times AB : 1 \times 1$ ou $ABCD : M = BC \times AB : 1$; d'où, en divisant les antécédents par 2, $ABC : M = \frac{1}{2} BC \times AB : 1 = \frac{1}{2} BC \times AB$.

Soit 2° le triangle acutangle ABC ayant pour base BC et pour hauteur la perpendiculaire AD intérieure au triangle. J'ai (1°) aire $ABD = \frac{1}{2} BD \times AD$ et aire $ADC = \frac{1}{2} DC \times AD$; d'où, ajoutant membre à membre, aire $ABC = \frac{1}{2} (BD + DC) \times AD = \frac{1}{2} BC \times AD$.

Soit 3° le triangle obtusangle ABC ayant pour base BC et pour hauteur la droite AD extérieure au triangle. J'ai 1° aire $ABD = \frac{1}{2} BC \times AD + \frac{1}{2} CD \times AD$ et aire $ACD = \frac{1}{2} CD \times AD$; d'où, en faisant la différence membre à membre, aire $ABC = \frac{1}{2} BC \times AD$.

Corol. *Dans tout triangle, le produit d'un côté quelconque par la perpendiculaire menée à ce côté du sommet opposé est constant.*

255. Théorème (fig. 228). *L'aire d'un triangle est égale au produit de son demi-périmètre par la perpendiculaire menée du point de rencontre des bissectrices de ses angles à un de ses côtés.*

Soient O le point de rencontre des bissectrices AO, BO, CO des angles du triangle ABC, et OD une des perpendiculaires égales menée du point O au côté AB. D'après le théorème précédent, aire $AOB = \frac{1}{2} AB \times OD$, aire $BOC = \frac{1}{2} BC \times OD$, aire $COA = \frac{1}{2} CA \times OD$; d'où, ajoutant membre à membre, aire $ABC = \frac{1}{2} (AB + BC + CA) \times OD$.

Corol. *L'aire d'un triangle est égale au produit de son demi-périmètre par le rayon du cercle inscrit dans ce triangle; d'où il suit que le rayon d'un cercle inscrit dans un triangle est égal à l'aire de ce triangle divisée par le demi-périmètre.*

256. Théorème (fig. 228). *Si l'on nomme a, b, c les côtés opposés aux angles A, B, C d'un triangle ABC, et D le demi-périmètre, l'aire du triangle ABC est égale à* $\sqrt{D \times (D - a) \times (D - b) \times (D - c)}$.

Soit OD la perpendiculaire menée au côté AB du point de rencontre O des bissectrices des angles du triangle ABC. D'après le théorème précédent, $OD \times D$ est l'aire du triangle ABC. Or (159), $OD = \sqrt{D \times (D - a) \times (D - b) \times (D - c)} : D$; donc, en multipliant chaque membre par D, on a $OD \times D$ ou aire $ABC = \sqrt{D \times (D - a) \times (D - b) \times (D - c)}$.

Corol. *Nommant T le triangle ABC, on a* $T^2 = D \times (D - a) \times (D - b) \times (D - c)$.

257. Théorème (fig. 228). *L'aire d'un triangle ABC est égale à la racine carrée du produit des quatre perpendiculaires menées à ses côtés des points de rencontre O, O', O'', O''' des bissectrices des angles intérieurs, et des angles* *extérieurs formés par les prolongements des côtés de chaque angle et le côté opposé.*

Soient a, b, c les côtés opposés aux angles A, B, C du triangle ABC, et p, p', p'', p''' les perpendiculaires aux côtés menées des points O, O', O'', O'''. D'après le corollaire du n° 159 qui a servi à démontrer le théorème précédent, $p \times p' \times p'' \times p''' = D \times (D - a) \times (D - b) \times (D - c)$; donc, $\sqrt{p \times p' \times p'' \times p'''} = \sqrt{D \times (D - a) \times (D - b) \times (D - c)}$ = l'aire du triangle ABC.

Corol. *Les perpendiculaires* p, p', p'', p''' *étant les rayons du cercle inscrit dans une triangle ABC et des trois cercles ex-inscrits, l'aire d'un triangle ABC est égale à la racine carrée du produit des rayons du cercle inscrit et des trois cercles ex-inscrits.*

258. Théorème (fig. 229). *L'aire d'un triangle est égale au produit de ses côtés divisé par le double du diamètre du cercle circonscrit.*

Soient O le cercle circonscrit au triangle ABC, D son diamètre, et AE la perpendiculaire au côté BC menée du sommet opposé. D'après le corollaire du n° 210, dans tout triangle ABC le produit d'un côté quelconque BC par la perpendiculaire menée à ce côté du sommet opposé est égal au produit des trois côtés divisé par le diamètre du cercle circonscrit; donc BC $\times$ AE $=$ (AB $\times$ BC $\times$ CA) : D, et, en divisant chaque membre par 2, $\frac{1}{2}$ BC $\times$ AE $=$ (AB $\times$ BC $\times$ CA) : 2D; or, l'aire du triangle ABC $= \frac{1}{2}$ BC $\times$ AE; donc cette aire $=$ (AB $\times$ BC $\times$ CA) : 2D.

Corol. *Le rayon* R *du cercle circonscrit à un triangle ABC est égal au produit des trois côtés de ce triangle divisé par le quadruple de son aire;* car si l'on représente par T l'aire du triangle ABC, c'est-à-dire $\frac{1}{2}$ BC $\times$ AE, et par 2R le diamètre du cercle, l'égalité précédente donne T $=$ (AB $\times$ BC $\times$ CA) : 4R; d'où 4R $\times$ T $=$ (AB $\times$ BC $\times$ CA) et R $=$ (AB $\times$ BC $\times$ CA) : 4T.

259. Théorème à démontrer. *L'aire d'un quadrilatère convexe est égale au produit d'une quelconque de ses diagonales par la moitié des perpendiculaires menées des sommets opposés à cette diagonale.*

260. Théorème (fig. 230). *L'aire d'un trapèze est égale au produit de sa hauteur par la demi-somme de ses bases.*

Soient AB et DC les bases d'un trapèze quelconque ABCD et DE la perpendiculaire menée du sommet D au côté AB, laquelle est commune aux deux bases; je trace la droite DB, qui divise le trapèze en deux triangles DAB et BCD qui ont des hauteurs égales à DE, hauteur du trapèze. Cela posé, l'aire du triangle DAB $= \frac{1}{2}$ AB $\times$ DE et l'aire du triangle BCD $= \frac{1}{2}$ DC $\times$ DE; donc, ajoutant membre à membre, l'aire du trapèze ABCD $= \frac{1}{2}$ (AB $+$ DC) $\times$ DE.

Corol. *L'aire d'un trapèze est égale au produit de sa hauteur par la médiane des côtés non parallèles;* car cette médiane est égale à la moitié des bases.

261. Théorème (fig. 230). *L'aire d'un parallélogramme ABC'D est égale au produit de sa base par sa hauteur.*

Je mène à la base AB la perpendiculaire DE qui est aussi perpendiculaire à DC', et je trace la droite DB qui divise le parallélogramme en deux triangles ayant chacun pour base un des côtés opposés égaux AB et DC' et une hauteur égale à DE, hauteur du parallélogramme. L'aire du triangle $DAB = \frac{1}{2}$ AB $\times$ DE et l'aire du triangle $BC'D = \frac{1}{2}$ DC' $\times$ DE ou $\frac{1}{2}$ AB $\times$ DE; donc, ajoutant membre à membre, l'aire du parallélogramme $ABC'D = \frac{1}{2}$ (AB + AB) $\times$ DE = AB $\times$ DE.

COROL. I. *L'aire d'un rectangle est égale au produit de deux côtés consécutifs appelés les dimensions de la surface du rectangle.*

II. *L'aire d'un carré est égale au produit de deux côtés consécutifs et par conséquent à la seconde puissance de son côté.*

SCOLIE. 1º Le produit de deux droites A et B, c'est-à-dire des nombres abstraits qui représentent leurs longueurs rapportées à l'unité, est appelé *rectangle* de ces droites, parce que ce produit désigne l'aire du rectangle ayant A pour base et B pour hauteur.

2º La seconde puissance d'une droite ou du nombre qui représente cette ligne est appelée *carré* de cette droite, parce qu'elle désigne l'aire du carré qui a cette droite pour côté.

262. THÉORÈME à démontrer. *L'aire d'un losange est égale à la moitié du produit de ses diagonales.*

263. THÉORÈME. *L'aire d'un polygone d'un nombre quelconque de côtés au-dessus de quatre est égale à la somme des aires des triangles et des trapèzes rectangulaires en lesquels on peut le diviser, en joignant par une diagonale deux sommets les plus éloignés et en menant des autres sommets des perpendiculaires à cette diagonale ;* car la mesure d'un tout est évidemment égale à la somme des mesures de toutes les parties de ce tout.

SCOLIE. On peut aussi diviser un polygone en triangles, soit par des diagonales issues d'un même sommet, soit par des droites menées d'un point intérieur aux différents sommets. Mais la division précédente est celle qui abrége le plus le travail de l'arpenteur employant son équerre à tracer des perpendiculaires.

264. THÉORÈME (fig. 231). *L'aire d'un polygone régulier est égale au produit de son périmètre par la moitié de son apothème.*

Soit O le centre du polygone régulier ABCDEF. Je trace les rayons OA, OB, OC, OD, OE, OF et l'apothème OL. A cause de l'égalité des apothèmes, j'ai, en désignant les aires des triangles par ces triangles,

$OAB = \frac{1}{2}$ AB $\times$ OL, $OBC = \frac{1}{2}$ BC $\times$ OL, $OCD = \frac{1}{2}$ CD $\times$ OL, $ODE = \frac{1}{2}$ DE $\times$ OL, $OEF = \frac{1}{2}$ EF $\times$ OL, $OFA = \frac{1}{2}$ FA $\times$ OL ; d'où, ajoutant membre à membre, $ABCDEF = \frac{1}{2}$ (AB + BC + CD + DE + EF + FA) $\times$ OL.

COROL. *L'aire d'un secteur polygonal régulier, c'est-à-dire de la surface plane comprise entre une ligne brisée régulière et deux rayons aboutissant à ses extrémités, est égale au produit de la ligne brisée par la moitié de son apothème.*

265. THÉORÈME (fig. 231). *L'aire d'un triangle régulier ayant C pour côté est égale à $\frac{1}{4}\left(C^2 \times \sqrt{3}\right)$.*

Soient OAB un triangle régulier dont le côté OA = C, AB sa base et OL sa hauteur qui divise AB en deux parties égales. Le triangle rectangle OLA donne (145) $OL^2 = OA^2 - AL^2 = C^2 - (\frac{1}{2} C)^2 = C^2 - \frac{1}{4} C^2 = \frac{3C^2}{4}$; d'où $OL = \frac{C \times \sqrt{3}}{2}$. Or, l'aire du triangle $ABC = \frac{1}{2}$ C $\times$ OL ; donc elle est égale à $\frac{C^2 \times \sqrt{3}}{4}$ ou à $\frac{1}{4}\left(C^2 \times \sqrt{3}\right)$.

Scolie. Nous venons de calculer l'aire du triangle régulier en fonction du côté, c'est-à-dire de la représenter par un nombre fourni par le côté seul. Les aires, dans les théorèmes suivants, seront calculées en fonction du rayon du cercle inscrit ou circonscrit.

266. Théorème. *1° L'aire d'un triangle régulier* T *inscrit dans un cercle ayant* R *pour rayon est égale à* $\frac{1}{4}\left(3R^2 \times \sqrt{3}\right)$; *2° l'aire du triangle régulier* T′ *circonscrit au même cercle est égale à* $3R^2 \times \sqrt{3}$.

1° Le périmètre du triangle régulier inscrit T est égal (227) à $3R \times \sqrt{3}$ et son apothème à $\frac{1}{2}R$; donc l'aire de $T = (3R \times \sqrt{3}) \times \frac{1}{4}R = \frac{1}{4}\left(3R^2 \times \sqrt{3}\right)$.

2° Le périmètre du triangle régulier circonscrit T′ est égal (227) à $6R \times \sqrt{3}$ et son apothème à R; donc l'aire de T′ est égale à $(6R \times \sqrt{3}) \times \frac{1}{2}R$, c'est-à-dire à $3R^2 \times \sqrt{3}$.

Corol. *Dans un même cercle, le triangle régulier circonscrit est quatre fois plus grand que le triangle régulier inscrit.*

267. Théorème. *L'aire du carré* C *inscrit dans un cercle* O *ayant* R *pour rayon est égale au double du carré du rayon* R; *2° l'aire du carré* C′ *circonscrit au même cercle est égale au quadruple du carré du même rayon.*

1° Le périmètre du carré C inscrit dans le cercle O est égal à $4R \times \sqrt{2}$ et son apothème à $\frac{1}{2}R \times \sqrt{2}$ (228); donc l'aire de $C = (4R \times \sqrt{2}) \times \left(\frac{1}{4}R \times \sqrt{2}\right) = 2R^2$.

2° Le périmètre du carré C′ circonscrit au cercle O est égal à 8R et son apothème à R; donc l'aire de $C' = 8R \times \frac{1}{2}R = 4R^2$.

Corol. *L'aire d'un carré circonscrit à un cercle est le double de l'aire du carré inscrit dans le même cercle.*

268. Théorème (fig. 232). *Si l'on inscrit dans un cercle des polygones réguliers* P *et* P′, *l'un de n côtés et l'autre de 2n côtés, l'aire du polygone* P′ *de 2n côtés est égale au produit du périmètre du polygone* P *de n côtés par la moitié du rayon.*

Soient AB un côté du polygone P inscrit dans le cercle O, C le milieu de l'arc AB, et par conséquent AC et BC deux côtés du polygone P′ inscrit dans le même cercle. Je trace les rayons OA, OB et le rayon OC qui, divisant l'arc AB en deux parties égales, divise sa corde AB en deux parties égales, et est perpendiculaire à cette droite. Cela posé, P′ = 2nOAC ou nOACB. Or, l'aire du quadrilatère $OACB = AB \times \frac{1}{2}(CD + DO) = AB \times \frac{1}{2}OC$; donc l'aire de P′ ou de $nOACB = nAB \times \frac{1}{2}OC$, c'est-à-dire le produit du périmètre de P par la moitié du rayon OC.

Corol. I. *Le triangle régulier inscrit ayant pour périmètre* $3R \times \sqrt{3}$, *l'aire de l'hexagone régulier inscrit dans le même cercle* $= 3R \times \sqrt{3} \times \frac{1}{2}R = \frac{1}{2}\left(3R^2 \times \sqrt{3}\right)$.

II. *Le périmètre du carré inscrit étant* $4R \times \sqrt{2}$, *l'aire de l'octogone régulier inscrit dans le même cercle* $= 4R \times \sqrt{2} \times \frac{1}{2}R = 2R^2 \times \sqrt{2}$.

III. *Le côté du pentagone régulier inscrit étant* (230) $\frac{1}{2}R \times \sqrt{10 - 2\sqrt{5}}$, *et par conséquent son périmètre étant égal à* $\dfrac{5R \times \sqrt{10 - 2\sqrt{5}}}{2}$, *l'aire du*

décagone régulier inscrit dans le même cercle $= \dfrac{5R \times \sqrt{10 - 2\sqrt{5}}}{2} \times$

$\frac{1}{2} R = \dfrac{5R^2 \times \sqrt{10 - 2\sqrt{5}}}{4}.$

IV. *Le périmètre de l'hexagone régulier inscrit étant égal à* 6R, *l'aire du dodécagone régulier inscrit dans le même cercle* $= 6R \times \frac{1}{2} R = 3R^2$, *c'est-à-dire le triple du carré fait sur le rayon.*

V. *Le côté du décagone régulier inscrit étant égal* (229) *à* $\frac{1}{2}R \times (\sqrt{5} - 1)$ *et par conséquent son périmètre étant* $5R \times (\sqrt{5} - 1)$, *l'aire de l'icosigone régulier inscrit dans le même cercle* $= 5R \times (\sqrt{5} - 1) \times \frac{1}{2} R = \dfrac{5R^2 \times (\sqrt{5} - 1)}{2}.$

269. **Théorème.** *L'aire d'un polygone circonscrit à un cercle est égale au produit de son périmètre par la moitié du rayon du cercle inscrit.*

En joignant par des droites le centre aux sommets du polygone et aux points de tangence, on divise le polygone en autant de triangles qu'il a de côtés, et chaque triangle a pour base un côté du polygone et pour hauteur le rayon du cercle; donc la somme de ces triangles ou le polygone circonscrit a pour mesure le produit de son périmètre par la moitié du rayon du cercle inscrit.

270. **Théorème.** *Deux triangles* T, T', *ayant pour bases* b, b' *et pour hauteurs* h, h', *sont entre eux comme les produits des bases par les hauteurs; car,* d'après les mesures, $T = \frac{1}{2} b \times h$ et $T' = \frac{1}{2} b' \times h'$; d'où $T : T' = \frac{1}{2} b \times h : \frac{1}{2} b' \times h' = b \times h : b' \times h'$.

Corol. *Deux triangles sont entre eux comme leurs hauteurs s'ils ont des bases égales, et comme leurs bases s'ils ont des hauteurs égales.*

271. **Théorème** (fig. 233). *1° Deux triangles qui ont un angle égal sont entre eux comme les produits des côtés de chacun de ces angles égaux; 2° deux triangles semblables sont proportionnels aux carrés des côtés homologues.*

1° Soient dans les triangles ABC, A'B'C', angle A $=$ angle A', et CD et C'D' les perpendiculaires menées des points C et C' aux côtés AB et A'B'. D'après ce qui précède, $\dfrac{ABC}{A'B'C'} = \dfrac{AB \times CD}{A'B' \times C'D'} = \dfrac{AB}{A'B'} \times \dfrac{CD}{C'D'}.$ Or, les triangles rectangles ACD, A'C'D', semblables comme ayant un angle aigu égal A $=$ A', donnent $\dfrac{AC}{A'C'} = \dfrac{CD}{C'D'}$; donc $\dfrac{ABC}{A'B'C'} = \dfrac{AB}{A'B'} \times \dfrac{AC}{A'C'} = \dfrac{AB \times AC}{A'B' \times A'C'}.$

2° Soient les triangles rectangles ADC, A'D'C', semblables comme ayant un angle aigu égal A $=$ A', et ayant, par suite, les côtés homologues proportionnels, on a (1°) $\dfrac{ADC}{A'D'C'} = \dfrac{AC \times AD}{A'C' \times A'D'} = \dfrac{AC}{A'C'} \times \dfrac{AD}{A'D'}$ et $\dfrac{AD}{A'D'} = \dfrac{AC}{A'C'}$; donc $\dfrac{ADC}{A'D'C'} = \dfrac{AC}{A'C'} \times \dfrac{AC}{A'C'} = \dfrac{AC^2}{A'C'^2}.$

272. THÉORÈME. *Deux trapèzes* T, T′ *sont entre eux comme les produits des sommes des bases* S, S′ *par les hauteurs* h, $h′$; car, d'après les mesures, $T = \frac{1}{2} S \times h$ et $T′ = \frac{1}{2} S′ \times h′$; d'où $T : T = \frac{1}{2} S \times h : \frac{1}{2} S′ \times h′ = S \times h : S′ \times h′$.

COROL. *Deux trapèzes sont entre eux comme leurs hauteurs si les médianes des côtés non parallèles sont égales, et comme ces médianes, si les hauteurs sont égales.*

273. THÉORÈME. *Deux parallélogrammes* p, $p′$ *sont entre eux comme les produits de leurs bases* b, $b′$ *par leurs hauteurs* h, $h′$; car, d'après les mesures, $p = b \times h$ et $p′ = b′ \times h′$; d'où $p : p′ = b \times h : b′ \times h′$.

COROL. *Deux parallélogrammes sont entre eux comme leurs hauteurs, s'ils ont des bases égales, et comme leurs bases s'ils ont des hauteurs égales.*

274. THÉORÈME. *Deux polygones semblables sont entre eux comme les carrés des côtés homologues.*

Deux triangles semblables étant proportionnels aux carrés des côtés homologues (271), soient P et P′ deux polygones semblables d'un nombre quelconque de côtés au-dessus de trois. Je divise ces polygones en un égal nombre de triangles semblables deux à deux, A et A′, B et B′, D et D′; et comme les côtés homologues de P et P′ sont proportionnels, je nomme C et C′ deux côtés homologues formant le rapport de similitude. Cela posé, on a $A : A′ = C^2 : C′^2$; $B : B′ = C^2 : C′^2$; $D : D′ = C^2 : C′^2$; et, à cause du rapport commun, $A : A′ : : B : B′ : : D : D′$; d'où $A + B + D : A′ + B′ + D′ = A : A′$. Or, $A : A′ = C^2 : C′^2$; donc $A + B + D : A′ + B′ + D′ = C^2 : C′^2$ ou $P : P′ = C^2 : C′^2$.

COROL. *1º Deux polygones semblables sont entre eux comme les carrés des diagonales homologues; 2º deux polygones réguliers semblables, ayant leurs côtés proportionnels à leurs rayons et à leurs apothèmes, sont entre eux comme les carrés des côtés, des rayons et des apothèmes.*

275. THÉORÈME. *Deux polygones quelconques* P *et* P′, *circonscrits à un même cercle, ayant* R *pour rayon, sont entre eux comme leurs périmètres* C *et* C′.

On a, d'après les mesures, $P = C \times \frac{1}{2} R$ et $P′ = C′ \times \frac{1}{2} R$; donc $P : P′ = C \times \frac{1}{2} R : C′ \times \frac{1}{2} R = C : C′$.

ÉQUIVALENCE DES POLYGONES.

276. THÉORÈME. *Sont équivalents 1º deux triangles qui ont des bases égales et des hauteurs égales; 2º un triangle et la moitié d'un parallélogramme de même base et de hauteurs égales; 3º un triangle et un carré ayant pour côté une moyenne proportionnelle entre la demi-base du triangle et sa hauteur; 4º deux trapèzes ayant les sommes des bases égales et les hauteurs égales; 5º deux parallélogrammes qui ont des bases égales et des hauteurs égales.*

Ces différents polygones ont deux à deux des mesures égales; donc ils sont équivalents deux à deux.

277. THÉORÈME (fig. 234). *Le carré* C, *construit sur la somme de deux droites* a *et* b, *est équivalent à la somme des carrés* A *et* B *construits sur les droites* a *et* b, *augmentée de deux fois le rectangle* R *construit sur les deux droites.*

1re démonstration par les mesures. $C = (a + b)^2$ et $A + B + 2R = a^2 + b^2 + 2a \times b$. Or, d'après les règles de la multiplication, $(a + b)^2 = a^2 + b^2 + 2a \times b$; donc $C = A + B + 2R$.

2e *démonstration par les figures.* Soient le carré ABCD construit sur AE + EB et les carrés AEFG et EBLI construits l'un sur AE et l'autre sur EB. Je prolonge EF jusqu'à la rencontre de la droite DC au point H. Les rectangles GFHD, CLIH, qui ont évidemment des bases égales à AE et des hauteurs égales à EB, sont égaux ; donc ABCD = AEFG + EBLI + 2GFHD ; ce qui est conforme à l'énoncé du théorème.

278. THÉORÈME (fig. 235). *Le carré* C, *construit sur la différence de deux droites a et b, est équivalent à la somme des carrés* A *et* B *construits sur les droites a et b, diminuée de deux fois le rectangle* R *construit sur ces droites.*

1re *démonstration par les mesures.* $C = (a - b)^2$ et $A + B - 2R = a^2 + b^2 - 2a \times b$. Or, d'après les règles de la multiplication, $(a - b)^2 = a^2 + b^2 - 2a \times b$; donc $C = A + B - 2R$.

2e *démonstration par les figures.* Soient la droite AC différence des droites AB et CB, ABDE le carré fait sur AB, et ACKL et BCGF les carrés faits sur AC et sur BC. Je prolonge la droite LK parallèle à AB et à ED jusqu'à la rencontre de la droite BD au point H. La droite LH perpendiculaire à AE est aussi perpendiculaire à BD, et, par conséquent, à FH, et les rectangles LEDH, HKGF sont égaux comme ayant chacun une base égale à AB et une hauteur égale à CB. Cela posé, on a évidemment ACKL = ABDE — LEDH — HKCB + BCGF — BCGF = ABDE + BCGF — LEDH — HKCB — BCGF = ABDE + BCGF — LEDH — HKGF = ABDE + BCGF — 2LEDH ; ce qui est conforme à l'énoncé du théorème.

279. THÉORÈME (fig. 236). *Le rectangle* R, *construit sur la somme et la différence de deux droites a et b, est équivalent à la différence des deux carrés* A *et* B *construits sur les droites a et b.*

1re *démonstration par les mesures.* $R = (a + b) \times (a - b) = a^2 - b^2$; et $A - B = a^2 - b^2$; donc $R = A - B$.

2e *démonstration par les figures.* Soient BC' = BC, ACDE le rectangle fait sur AB + BC et AB — BC, c'est-à-dire AC', et ABFG le carré fait sur AB et dont le côté BF qui rencontre ED au point L est perpendiculaire à cette droite parallèle à AC ; puisque AG = AB et AE = AC', on a EG = BC' = BC. Sur GE qui égale BC je fais le carré GEHK, et je remarque que HL = AC' et que les rectangles HKFL et BCDL sont égaux comme ayant des hauteurs égales à BC et des bases égales à AC'. Cela posé, j'ai ABCDE = ABLE + BCDL = ABLE + HKFL = ABLE + HKFL + GEHK — GEHK = ABLE + ELFG — GEHK = ABFG — GEHK ; ce qui est conforme à l'énoncé du théorème.

280. THÉORÈME (fig. 237). *Le carré fait sur l'hypoténuse d'un triangle rectangle est équivalent à la somme des carrés faits sur les deux côtés de l'angle droit.*

1re *démonstration par les mesures.* Soient A le carré fait sur l'hypoténuse a et B et C les carrés faits sur les côtés b et c de l'angle droit. On a $A = a^2$ et $B + C = b^2 + c^2$. Or (145), le carré numérique de l'hypoténuse est égal à la somme des carrés numériques des côtés de l'angle droit ou $a^2 = b^2 + c^2$; donc $A = B + C$.

2e *démonstration par les figures.* Soient le triangle ABC rectangle en A, BCDE, ABHL, ACFG les carrés faits sur l'hypoténuse BC et sur les autres côtés AB, AC. Je mène du point A à BC, et, par suite, à sa parallèle ED la perpendiculaire ANK, et je dis que les rectangles BNKE et CNKD dont se compose le carré BCDE sont respectivement équivalents aux carrés ABHL et ACFG. Je trace les droites AE, HC. Les triangles ABE,

HBC ont les angles ABE, HBC égaux comme composés chacun d'un angle droit et du même angle ABC, et les côtés AB et BH, BE et BC égaux deux à deux ; donc ils sont égaux. Or, le triangle ABE est égal à la moitié du rectangle BEKN de même base BE et de même hauteur, puisque la perpendiculaire menée du point A à EB prolongé et la perpendiculaire NB sont égales comme parallèles comprises entre parallèles, et le triangle HBC est égal à la moitié du carré HBAL de même base HB et de même hauteur, puisque la perpendiculaire menée du point C à HB prolongé est égale à AB. Donc le rectangle BEKN est équivalent au carré ABHL. Je prouverais de même que le rectangle NKDC est équivalent au carré ACFG ; donc BEKN + NKDC, c'est-à-dire BCDE = ABHL + ACFG.

Corol. I. *Le carré fait sur un côté d'un angle droit d'un triangle rectangle est équivalent à la différence des carrés faits sur l'hypoténuse et sur l'autre côté de l'angle droit.*

II. *Dans tout triangle rectangle isocèle, le carré fait sur l'hypoténuse est équivalent au double du carré fait sur un côté de l'angle droit.*

III. *Le carré fait sur la diagonale GC d'un carré ACFG est équivalent au double de ce carré;* car on a $GC^2 = AC^2 + AG^2 = 2AC^2$; d'où il suit, parce que l'égalité $GC^2 = 2 AC^2$ donne la proportion $GC^2 : AC^2 : : 2 : 1$, et par conséquent $GC : AC : : \sqrt{2} : 1$, que le rapport de la diagonale au côté du carré est incommensurable, puisqu'il est démontré qu'il n'existe aucun nombre dont la 2e puissance soit égale à 2.

Scolie. I. Il suit de ce qui précède qu'à tout théorème relatif au carré linéaire ou au produit de deux droites correspond un théorème analogue relatif au carré superficiel ou au rectangle fait sur ces droites.

II. De même qu'au moyen des 4 théorèmes précédents relatifs aux carrés linéaires et aux produits de deux droites, on a démontré dans le livre III, par rapport aux triangles et aux quadrilatères, tous les autres théorèmes relatifs aux carrés linéaires et aux produits de deux droites; de même, au moyen des 4 théorèmes précédents relatifs aux carrés superficiels et aux rectangles, on peut démontrer, non-seulement par les mesures, mais encore par les figures, sans les construire, tous les autres théorèmes relatifs aux carrés superficiels et aux rectangles, analogues à ceux du troisième livre. Voyez les nos 146, 147, 148, 176.

281. Théorème (fig. 238). *Tout polygone convexe peut être transformé : 1° en un triangle équivalent; 2° en un carré équivalent.*

Soit 1° le polygone convexe ABCDEF. Je prolonge indéfiniment le côté AB; je trace la diagonale DB et du point C je mène à DB une parallèle qui rencontre AB au point H; enfin je trace la droite DH. Les triangles BCD, BHD qui ont même base BD et des hauteurs égales comprises entre les parallèles HC, BD sont équivalents; donc ABDEF + BCD = ABDEF + BHD, c'est-à-dire ABCDEF = AHDEF, polygone qui a un côté de moins que ABCDEF. Par une construction semblable, on transforme le polygone AHDEF en un polygone équivalent ayant un côté de moins, et ainsi de suite, jusqu'à ce qu'on ait un triangle qui sera équivalent au polygone primitif ABCDEF.

2° On transforme le triangle équivalent au polygone ABCDEF en un carré équivalent, en prenant la moyenne proportionnelle m entre la demi-base du triangle et sa hauteur ; car cette moyenne est le côté du carré équivalent au triangle, et, par suite, équivalent au polygone; puisqu'en nommant b la base du triangle et h sa hauteur, on a $m^2 = \frac{1}{2} b \times h$.

282. THÉORÈME. *Si sur les côtés d'un triangle rectangle on construit trois polygones semblables ayant ces côtés pour homologues, le polygone construit sur l'hypoténuse est équivalent à la somme des polygones construits sur les deux côtés de l'angle droit.*

Soient A le polygone construit sur l'hypoténuse a et B et C les polygones semblables construits sur les deux autres côtés b et c; je dis que A $=$ B $+$ C. En effet, les polygones semblables étant proportionnels aux carrés des côtés homologues, on a A : a^2 : : B : b^2 et B : b^2 : : C : c^2, proportion qui donne B $+$ C : $b^2 + c^2$: : B : b^2; donc A : a^2 : : B $+$ C : $b^2 + c^2$; mais le carré construit sur l'hypoténuse étant égal à la somme des carrés construits sur les deux autres côtés, $a^2 = b^2 + c^2$; donc A $=$ B $+$ C.

283. THÉORÈME. *Tout polygone régulier P est équivalent à un triangle T qui a pour base le périmètre du polygone et pour hauteur son apothème.*

Soient A l'apothème de P et C son périmètre. L'aire de P est égale à C $\times \frac{1}{2}$ A (264) et celle de T à $\frac{1}{2}$ C $\times$ A; donc P $=$ T.

DES SURFACES DES CERCLES ET DES PORTIONS DE CERCLES.

Egalité, symétrie, similitude, mesure et autres rapports qui en sont la conséquence, équivalence.

ÉGALITÉ.

284. THÉORÈME. *Sont égaux 1° deux cercles qui ont les rayons égaux ou les circonférences égales; 2° deux secteurs qui ont l'angle au centre égal compris entre des rayons égaux chacun à chacun ou des arcs égaux; 3° deux segments qui ont les arcs égaux.*

Ces cercles, ces secteurs, ces segments peuvent évidemment être transportés l'un sur l'autre de manière à coïncider; donc ils sont égaux deux à deux.

COROL. *Les quatre secteurs formés par deux diamètres perpendiculaires l'un à l'autre étant égaux, chacun de ces secteurs est égal au quart du cercle.*

SYMÉTRIE.

DÉFINITION. Deux figures planes limitées par des lignes courbes ou par des lignes mixtes sont symétriques par rapport à un point appelé *centre* de symétrie ou par rapport à une droite appelée *axe* de symétrie, lorsque tout point du périmètre de l'une a son symétrique sur l'autre par rapport à ce point ou par rapport à cette ligne.

285. THÉORÈME à démontrer. *Deux cercles égaux O et O′ sont symétriques par rapport au milieu de la ligne des centres OO′, et par rapport à la perpendiculaire à cette ligne menée par son milieu.*

286. THÉORÈME. *Les secteurs opposés par le sommet formés par deux diamètres sont symétriques par rapport au centre du cercle et par rapport au diamètre qui divise leurs arcs en parties égales;* car, comme il est facile de le voir, chaque point du périmètre de l'un a son symétrique sur le périmètre de l'autre par rapport au centre du cercle et par rapport au diamètre qui divise leurs arcs en parties égales.

287. THÉORÈME. *Deux figures planes limitées par des lignes courbes ou par des lignes mixtes symétriques par rapport à un centre ou par rapport à un axe sont égales dans le premier cas et inversement égales dans le second;* ce qu'on démontre en faisant tourner dans le plan une des deux figures autour du centre, ou en la rabattant sur le plan autour de l'axe, comme dans les cas des polygones symétriques.

SIMILITUDE.

Ce qui donne l'idée de la similitude de deux figures de la même espèce et de différente grandeur, c'est que l'une est en petit ce que l'autre est en grand. De là la définition suivante.

DÉFINITION. Deux figures de la même espèce et de différente grandeur sont semblables 1° si elles n'ont pas des angles, lorsque les lignes qui les déterminent sont proportionnelles et disposées dans le même ordre; 2° si elles ont des angles, lorsque les angles sont égaux chacun à chacun et les lignes qui les déterminent proportionnelles et disposées dans le même ordre; ce qui justifie la définition des polygones semblables.

288. THÉORÈME (fig. 239). *Sont semblables 1° deux cercles C et c de différent rayon ; 2° deux secteurs S et s de différent rayon dont les arcs sont semblables ; 3° deux segments faisant partie de deux secteurs de différent rayon et dont les arcs sont semblables, c'est-à-dire opposés à des angles égaux dans deux secteurs semblables.*

1° Les cercles C et c étant déterminés par leurs circonférences et par leurs rayons sont semblables, parce que les circonférences sont proportionnelles aux rayons (234).

2° Les secteurs S et s sont semblables, parce que les arcs et les rayons qui les déterminent forment des rapports égaux (235).

3° Les segments AFB, CED correspondant à des angles égaux AOB, COD sont semblables, parce que les arcs, leurs cordes et les rayons OA et OC qui les déterminent forment des rapports égaux ; car on a (234) arc AB : arc CD = OA : OC, et, à cause des triangles isocèles AOB, COD, évidemment équiangles entre eux comme ayant l'angle du sommet égal, corde AB : corde CD = OA : OC; d'où arc AB : arc CD = corde AB : corde CD = OA : OC.

MESURE ET AUTRES RAPPORTS QUI EN SONT LA CONSÉQUENCE.

DÉFINITIONS. I. On appelle *sinus* d'un arc la perpendiculaire menée d'une extrémité de cet arc au diamètre qui passe par l'autre extrémité.

II. Un *trapèze circulaire* est la différence de deux secteurs qui ont le même angle.

III. Une *couronne circulaire* est la différence de deux cercles concentriques ou la portion de plan comprise entre deux circonférences concentriques.

289. LEMME. *On peut inscrire dans tout cercle C et lui circonscrire deux polygones réguliers semblables dont les surfaces diffèrent entre elles d'une quantité moindre que toute quantité donnée.*

J'inscris dans le cercle C et je lui circonscris deux carrés, puis, successivement, deux polygones réguliers de la série indéfinie 4, 8, 16, 32... côtés, et je nomme P et p deux de ces polygones semblables, le 1er circonscrit et le 2e inscrit, et A et a leurs apothèmes. Deux polygones semblables sont entre eux comme les carrés de leurs apothèmes; donc P : p :: A² : a², et, par suite, P — p : A² — a² :: P : A²; d'où

$P - p = P \times \dfrac{A^2 - a^2}{A^2}$. Dans le 2e membre de cette égalité, le facteur P diminue à mesure qu'on double le nombre des côtés, et l'autre facteur est une fraction dont le dénominateur A^2 est constant, et le numérateur $A^2 - a^2$ peut devenir moindre que toute quantité donnée, puisque $A^2 - a^2 = (A + a) \times (A - a)$, et que $A - a$ peut devenir moindre que toute quantité donnée (223) ; donc le 2e membre, et par conséquent, le 1er $P - p'$ peut devenir moindre que toute quantité donnée.

COROL. *On peut inscrire dans un cercle et lui circonscrire un polygone régulier dont la grandeur diffère de celle du cercle d'une quantité moindre que toute quantité donnée.*

290. THÉORÈME. *L'aire d'un cercle est égale au produit de la circonférence par la moitié de son rayon.*

Soient c la circonférence d'un cercle C et R son rayon. L'aire du cercle C est égale à $c \times \frac{1}{2} R$, si l'aire de toute surface $S > C$ est plus grande que $c \times \frac{1}{2} R$, et si l'aire de toute surface $S' < C$ est moindre que $c \times \frac{1}{2} R$ (*ax.* 1). Or, il en est ainsi :

1° L'aire de $S > C$ est plus grande que $c \times \frac{1}{2} R$. Soit q la quantité dont S surpasse C. Je circonscris à C un polygone régulier P qui diffère de la grandeur de C d'une quantité $q' < q$. J'ai $S > P$. Or, P ayant pour périmètre $P' > c$ et pour apothème R, a une aire $P' \times \frac{1}{2} R > c \times \frac{1}{2} R$; donc, à plus forte raison, $S > P$ a une aire plus grande que $c \times \frac{1}{2} R$.

2° L'aire de $S' < C$ est moindre que $c \times \frac{1}{2} R$. Soit q la quantité dont S' est surpassée par C. J'inscris dans le cercle C un polygone régulier P dont la grandeur diffère de celle de C d'une quantité $q' < q$. J'ai $S' < P$. Or, P ayant pour périmètre $P' < c$ et pour apothème $r < R$, a une aire $P' \times \frac{1}{2} r < c \times \frac{1}{2} R$; donc, à plus forte raison, $S' < P$ a une aire moindre que $c \times \frac{1}{2} R$. Donc l'aire du cercle C est égale à $c \times \frac{1}{2} R$, c'est-à-dire au produit de la circonférence par la moitié de son rayon.

COROL. I. *L'aire d'un cercle C est égale au produit du rapport π de la circonférence au diamètre par le carré de son rayon ;* car l'égalité $C = c \times \frac{1}{2} R$ devient, en remplaçant c par sa valeur $2 \pi R$, $C = 2 \pi R \times \frac{1}{2} R = \pi R^2$.

II. *Tout secteur qui a pour arc un quadrant, étant le quart du cercle dont il fait partie, a une aire égale au produit du quadrant par la moitié de son rayon.*

291. THÉORÈME. *L'aire d'un secteur est égale au produit de son arc par la moitié de son rayon.*

Soient S un secteur quelconque ayant R pour rayon et b son arc. Si l'arc b est un quadrant, on a, d'après ce qui précède, $S = b \times \frac{1}{2} R$: il en sera de même si l'arc b n'est pas un quadrant. En effet, soit S' un secteur du même cercle, ayant pour arc un quadrant q. Les secteurs d'un même cercle sont proportionnels à leurs arcs (83) ; donc $S' : S :: q : b$, et, en multipliant les termes du dernier rapport par $\frac{1}{2} R$, $S' : S :: q \times \frac{1}{2} R : b \times \frac{1}{2} R$. Or $S' = q \times \frac{1}{2} R$; donc $S = b \times \frac{1}{2} R$. Donc l'aire d'un secteur est égale au produit de son arc par la moitié de son rayon.

CoroL. *L'aire d'un secteur quelconque S est égale au produit de l'aire du cercle dont il fait partie par le rapport du nombre n des degrés de son arc b au nombre 360 des degrés de la circonférence;* car si dans l'égalité $S = b \times \frac{1}{2} R$, on remplace l'arc b par sa valeur connue $\frac{2\pi R \times n}{360}$, on a $S = \frac{2\pi R \times n}{360}$

$$\times \frac{1}{2} R = \frac{\pi R^2 \times n}{360}.$$

ScoLie. Un arc b d'un nombre n de degrés est égal à $\frac{2\pi R \times n}{360}$ et le secteur dont l'arc est b a pour aire $\frac{\pi R^2 \times n}{360}$ C'est, d'un côté, le produit de la circonférence par $n : 360$, et de l'autre, le produit du cercle ou de son aire par $n : 360$.

292. THÉORÈME (fig. 240). *L'aire d'un segment, selon qu'il est moindre ou plus grand qu'un demi-cercle, est égale au produit de la différence ou de la somme de son arc et de son sinus par la moitié du rayon.*

1° Soient le segment ABC moindre qu'un demi-cercle, OAB le secteur dont il fait partie, BOE le diamètre passant par l'extrémité B de l'arc AB, et AD le sinus de cet arc. On a segment ABC = secteur OAB — triangle AOB. Or, l'aire du secteur AOB = arc AB $\times \frac{1}{2}$ OB, et l'aire du triangle AOB = sinus AD $\times \frac{1}{2}$ OB; donc l'aire du secteur AOB — l'aire du triangle AOB, c'est-à-dire l'aire du segment ABC = (arc AB $\times \frac{1}{2}$ OB) — (sinus AD $\times \frac{1}{2}$ OB) = (arc AB — sinus AD) $\times \frac{1}{2}$ OB.

2° Soient le segment ABFL plus grand qu'un demi-cercle et formant avec le segment ABC le cercle O. En prenant les parties du cercle pour leurs aires, on a segment ABFL = secteur AOE + demi-cercle EBF + triangle AOB = (arc AE $\times \frac{1}{2}$ OB) + (arc EFB $\times \frac{1}{2}$ OB) + (sinus AD $\times \frac{1}{2}$ OB) = (arc AEFB + sinus AD) $\times \frac{1}{2}$ OB.

ScoLie. Le sinus d'un arc étant, comme il est facile de le voir, égal à la moitié de la corde qui sous-tend un arc double, et sachant d'ailleurs que les côtés du triangle, du quadrilatère et de l'hexagone réguliers inscrits dans un cercle ayant R pour rayon ou, ce qui revient au même, les cordes des arcs de 120°, 90°, 60° égalent, en fonction du rayon, $R \times \sqrt{3}$, $R \times \sqrt{2}$ et R, on a pour sinus des arcs de 60°, 45°, 30°, $\frac{1}{2} R \times \sqrt{3}$, $\frac{1}{2} R \times \sqrt{2}$, $\frac{1}{2} R$. Cela suffit pour calculer les aires des segments dont les arcs sont 60°, 45°, 30°.

293. THÉORÈME (fig. 241). *L'aire d'une couronne circulaire est égale au produit de la demi-somme des circonférences qui la limitent par la différence de leurs rayons.*

Soit O la couronne différence de deux cercles concentriques C et C' qui ont pour circonférences P et P', et pour rayons OB et OA. Appelant O, C et C' les aires de O, C et C', on a, d'après la mesure du cercle,

$$O \text{ ou } C - C' = \frac{1}{2} P \times (OA + AB) - \frac{1}{2} P' \times (OB - AB) = \frac{1}{2} P \times OA$$
$$+ \frac{1}{2} P \times AB - \frac{1}{2} P' \times OB + \frac{1}{2} P' \times AB = \frac{1}{2} (P + P') \times AB$$

$+ \frac{1}{2} \, P \times OA - \frac{1}{2} \, P' \times OB$: ainsi $O = \frac{1}{2} \, (P + P') \times AB + \frac{1}{2} \, P \times OA - \frac{1}{2} \, P' \times OB$. Or, $\frac{1}{2} \, P \times OA = \frac{1}{2} \, P' \times OB$; car les circonférences étant comme leurs rayons, la proportion $P : P' :: OB : OA$ donne $P \times OA = P' \times OB$; donc $O = \frac{1}{2} \, (P + P') \times AB = \frac{1}{2} \, (P + P') \times (OB - OA)$.

Corol. *En nommant* R *et* r *les rayons* OB *et* OA *des cercles* C *et* C′, *leurs demi-circonférences étant* πR *et* πr, *on a* O *ou* $C - C' = (\pi R + \pi r) \times (R - r)$.

294. Théorème (fig. 242). *L'aire d'un trapèze circulaire est égale au produit de la demi-somme de ses arcs par la différence de leurs rayons.*

Soient T le trapèze ACDE, S et S′ les secteurs OAC et OED dont la différence est égale à T, B et B′ leurs arcs AC et ED, et OC et OD leurs rayons. Appelant S et S′ les aires de S et de S′, on a, d'après la mesure du secteur, T ou $S - S' = \frac{1}{2} \, B \times (OD + DC) - \frac{1}{2} \, B' \times (OC - DC) = \frac{1}{2} \, B \times OD + \frac{1}{2} \, B \times DC - \frac{1}{2} \, B' \times OC + \frac{1}{2} B' \times DC = \frac{1}{2} \, (B + B') \times DC + \frac{1}{2} \, B \times OD - \frac{1}{2} \, B' \times OC$: ainsi $T = \frac{1}{2} (B + B') \times DC + \frac{1}{2} \, B \times OD - \frac{1}{2} \, B' \times OC$. Or, $\frac{1}{2} \, B \times OD = \frac{1}{2} B' \times OC$; car les arcs semblables B et B′ étant comme les rayons OC, OD, la proportion $B : B' :: OC : OD$ donne $B \times OD = B' \times OC$; donc $T = \frac{1}{2} \, (B + B') \, DC = \frac{1}{2} \, (B + B') \times (OC - OD)$.

Corol. *Nommant* R *et* r *les rayons* OC *et* OD, *et remarquant que* $\frac{1}{2} \, B = \frac{\pi R \times n}{360}$ *et que* $\frac{1}{2} \, B' = \frac{\pi r \times n}{360}$, *on a* $T = \left(\dfrac{\pi R \times n + \pi r \times n}{360}\right) \times (R - r)$.

Scolie. Les résultats des deux théorèmes précédents ne s'obtiennent généralement que par l'algèbre.

295. Théorème. *Les aires 1° de deux cercles* C *et* c; *2° de deux secteurs semblables* S *et* s; *3° de deux segments semblables* M *et* m *sont proportionnelles deux à deux aux carrés de leurs rayons* R *et* r.

1° On a (290) $C = \pi R^2$ et $c = \pi r^2$; donc $C : c = \pi R^2 : \pi r^2 = R^2 : r^2$.

2° On a (291) $S = \pi R^2 \times (n : 360)$ et $s = \pi r^2 \times (n : 360)$; donc $S : s = \pi R^2 \times (n : 360) : \pi r^2 \times (n : 360) = R^2 : r^2$.

3° Soient S et s les secteurs composés des triangles semblables T et t qui ont pour côtés homologues les rayons R et r, et des segments semblables M et m; on a (2°) $S : s :: R^2 : r^2$ et (274) $T : t :: R^2 : r^2$; donc $S : s :: T : t$; d'où $S - T : s - t :: S : s$. Or, $S : s :: R^2 : r^2$; donc $S - T : s - t :: R^2 : r^2$, ou $M : m :: R^2 : r^2$.

Corol. *De* $C : c :: R^2 : r^2$ *on déduit* $C : c :: 4R^2 : 4r^2$, *c'est-à-dire* $C : c :: (2R)^2 : (2r)^2$.

Scolie. On démontre d'une manière semblable par les mesures, 1° que les aires de deux couronnes sont proportionnelles aux produits des sommes de leurs circonférences par les différences de leurs rayons ; 2° que les aires de deux trapèzes sont proportionnelles aux produits des sommes de leurs arcs par les différences de leurs rayons.

ÉQUIVALENCE DES CERCLES ET DES PORTIONS DE CERCLES.

296. Théorème. *Sont équivalents 1° un cercle et un triangle qui a pour base une ligne droite égale à la longueur de la circonférence du cercle et pour hau-*

teur son rayon ; 2° un cercle et un carré qui a pour côté une moyenne proportionnelle entre la circonférence du cercle et la moitié de son rayon ; 3° un secteur et un triangle ayant pour base une droite égale à la longueur de l'arc du secteur et pour hauteur son rayon ; 4° un segment moindre ou plus grand qu'un demi-cercle et un triangle ayant pour base une droite égale à la différence ou à la somme de l'arc et de son sinus et pour hauteur son rayon ; 5° une couronne et un trapèze rectiligne ayant pour bases des droites égales aux longueurs des circonférences de la couronne et pour hauteur la différence de leurs rayons ; 6° un trapèze circulaire et un trapèze rectiligne ayant pour bases des droites égales aux arcs du premier et pour hauteur la différence de leurs rayons.

Les aires de ces figures comparées deux à deux ont des mesures égales ; donc ces figures sont équivalentes deux à deux.

COROLLAIRE IMPORTANT. *Soit c le côté du carré équivalent à un cercle C ayant R pour rayon ; on a* $c^2 = \pi R^2$; *d'où* $c = \sqrt{\pi R^2} = R \times \sqrt{3,141592653\ldots} = R \times 1,7724538\ldots$ *Ainsi le côté d'un carré équivalent à un cercle ayant R pour rayon est égal à* $R \times 1,7724538\ldots$ *formule qui sert à déterminer ce côté à moins d'un dix-millionième près, en s'arrêtant à la 7° décimale.*

297. THÉORÈME (fig. 243). *Si sur les côtés d'un triangle rectangle ABC pris pour diamètres on construit trois demi-cercles, le demi-cercle BAC construit sur l'hypoténuse BC est équivalent à la somme des demi-cercles BDA et AEC construits sur les deux autres côtés AB et AC.*

Les demi-cercles étant entre eux ainsi que les cercles comme les carrés des diamètres, on a (1) BAC : BC² ∷ BDA : AB², et, à cause de BDA : AB² ∷ AEC : AC², (2) BDA + AEC : AB² + AC² ∷ BDA : AB². Les proportions (1) et (2) qui ont un rapport commun donnent BAC : BC² ∷ BDA + AEC : AB² + AC². Or (280), BC² = AB² + AC² ; donc BAC = BDA + AEC.

COROL. *Le triangle rectangle ABC est équivalent à la somme des parties courbes extérieures BFAD, CIAE, appelées* Lunules d'Hippocrate, *géomètre qui a découvert cette propriété du triangle rectangle ;* car en représentant le demi-cercle BFAIC par triangle BAC + BAF + CAI, on a triangle BAC + BAF + CAI = BAF + BFAD + CAI + CIAE ; d'où, retranchant de chaque membre BAF et CAI, triangle BAC = BFAD + CIAE.

PROBLÈMES RELATIFS AUX DEUX LIVRES PRÉCÉDENTS.

PROBLÈME 1 à résoudre. *Étant donnés deux angles d'un triangle, trouver le troisième, qui est leur supplément.*

PROBLÈME 2 (fig. 244). *Construire un triangle dont on connaît deux côtés a et b et l'angle O compris entre ces côtés.*

Au point A d'une droite indéfinie AS, faites l'angle DAE égal à l'angle O ; prenez AB = a, AC = b, et tirez BC. Le triangle ABC est le triangle demandé.

PROBLÈME 3 (fig. 245). *Construire un triangle dont on connaît un côté a et deux angles.*

Le troisième angle du triangle pouvant être déterminé, puisqu'on connaît les deux autres, le problème revient à celui-ci : *construire un triangle, connaissant un côté et les deux angles adjacents O et G.* Sur une droite AB = a, faites, au point A, l'angle BAE égal à l'angle O, et au point B, l'angle ABF égal à l'angle G. Les droites EA, FB, formant avec AB deux angles dont la somme est moindre que deux droits, sans quoi le problème serait impossible, se rencontreront en un point C, et ABC sera le triangle demandé.

Scolie. On construit de la même manière un triangle rectangle lorsqu'on connaît un côté et un angle aigu.

Problème 4 (fig. 246). *Construire un triangle dont on connaît les trois côtés a, b, c.*

Chacun des trois côtés étant moindre que la somme des deux autres, et par conséquent plus grand que leur différence, sans quoi le problème serait impossible, prenez une droite AB = *a*. Du point A comme centre, avec un rayon égal à *b*, décrivez une circonférence. Du point B comme centre, avec un rayon égal à *c*, décrivez une autre circonférence, qui coupera la première en un point C (125). Menez CA, CB. Le triangle ABC est le triangle demandé.

Problème 5 (fig. 247). *Construire un triangle dont on connaît deux côtés A et B et l'angle O opposé au côté B.*

Soient les droites indéfinies AM, AN formant l'angle aigu MAN égal à l'angle O, AB, portion de AM, égal au côté A et BL perpendiculaire à AN. L'arc de cercle décrit du point B comme centre, avec le rayon B égal ou supérieur à BL, sans quoi le problème serait impossible, rencontrera la droite AN ou 1º au point L si l'on a B = BL, et alors le triangle rectangle ABL est le triangle demandé; ou 2º aux points A et A′ si l'on a B = AB = A, et le triangle ABA′ répond à la question; ou 3º en deux points C et C′ situés d'un même côté de AB si l'on a B > BL et < AB, et les deux triangles ABC, ABC′ répondent aux données du problème; ou 4º enfin en deux points C″ et C‴ situés de part et d'autre de AB si l'on a B > AB, et dans ce cas on a pour solution le seul triangle ABC″; car le triangle ABC‴ a l'angle BAC‴ plus grand que l'angle aigu BAC″.

Scolie. Il n'y a qu'une solution possible si l'angle O est obtus, et deux triangles rectangles égaux répondent à la question si l'angle O est droit.

Problème 6 (fig. 248). *Construire un triangle, connaissant un angle O, le côté b opposé à cet angle, et la distance h du sommet de l'angle O au côté b.*

Sur une droite AB = *b*, décrivez un arc capable de l'angle donné O (p. 65). Au point A, menez à AB la perpendiculaire AC = *h*, et par le point C une droite parallèle à AB, qui rencontrera généralement l'arc AB en un point D. Menez DA, DB. Le triangle ADB est le triangle demandé, puisque l'angle ADB est égal à l'angle O, et que la perpendiculaire DP menée à AB égale CA = *h*.

Scolie. Le problème, évidemment impossible lorsque la parallèle CD ne rencontre pas l'arc, a deux solutions lorsqu'elle le rencontre en deux points.

Problème 7 (fig. 249). *Construire un quadrilatère, étant donnés les quatre côtés consécutifs et un angle O compris entre deux de ces côtés a et b.*

Faites l'angle DAB égal à l'angle O, et prenez AD = *a* et AB = *b*. Des points B et D comme centres, avec des rayons respectivement égaux à *c* et à *d*, décrivez des circonférences qui se couperont en un point C, pourvu que la distance du point D au point B soit < *c* + *d* et > *c* − *d*, sans quoi le problème serait impossible. Le quadrilatère ABCD est le quadrilatère demandé.

Scolie. On construit de même : 1º un parallélogramme dont on connaît un angle et les côtés qui le comprennent; 2º un rectangle dont on connaît deux côtés consécutifs; 3º un losange dont on connaît un angle et un côté; 4º un carré dont on connaît un côté.

Problème 8 (fig. 250). *Construire un trapèze dont on connaît les quatre côtés consécutifs.*

Supposez qu'avec les côtés donnés on ait construit le trapèze ABCD ayant a pour grande base et c pour petite base. Du point D menez DE parallèle à CB. Le triangle ADE aura pour côtés AD $= d$, DE $=$ CB $= b$, et AE $=$ AB $-$ DC $= a - c$. De là, la construction suivante : formez le triangle DAE dont les côtés sont connus. Ce triangle donnant l'angle A compris entre les côtés d et a, on rentre dans le problème précédent.

Corol. *Deux trapèzes sont égaux s'ils ont les côtés consécutifs égaux chacun à chacun.*

Problème 9 (fig. 251). *Connaissant le côté ab d'un polygone régulier P inscrit dans un cercle et le rayon OC de ce cercle, calculer 1° l'apothème de ce polygone ; 2° le côté du polygone régulier circonscrit P′ d'un même nombre de côtés ; 3° le côté du polygone régulier inscrit P″ d'un nombre de côtés double.*

1° Soient OC $=$ R le rayon perpendiculaire au milieu du côté ab, $ab = c$ et OD l'apothème de P. Le triangle rectangle ODa donne (145)

$$OD^2 = Oa^2 - aD^2 = Oa^2 - \frac{1}{4} ab^2 \text{ ou } OD^2 = R^2 - \frac{1}{4} c^2 ; \text{ d'où } OD$$

$$= \sqrt{R^2 - \frac{1}{4} c^2} = \sqrt{\frac{4R^2 - c^2}{4}} = \frac{1}{2} \sqrt{4R^2 - c^2}.$$

2° Soit la tangente AB $= x$ le côté du polygone régulier circonscrit P′. Les parallèles AB, ab, perpendiculaires au rayon OC, donnent AB : ab :: OA : Oa :: OC : OD ; d'où AB $= ab \times$ OC : OD ou $x = c \times$ R : OD, et, en remplaçant OD par sa valeur (1°), $x = c \times$ R : $\frac{1}{2}$

$$\sqrt{4R^2 - c^2} = \frac{2c \times R}{\sqrt{4R^2 - c^2}}.$$

3° Le rayon OC divisant l'arc ab et sa corde chacun en deux parties égales, la droite aC est le côté du polygone P″. Cela posé, l'angle aigu aOC du triangle OaC donne (147) $aC^2 = Oa^2 + OC^2 - 2OC \times$ OD $= 2R^2 - 2R \times$ OD, et, en remplaçant OD par sa valeur (1°), aC^2

$$= 2R^2 - 2R \times \frac{1}{2} \sqrt{4R^2 - c^2} = 2R \times (R - \frac{1}{2} \sqrt{4R^2 - c^2}) ; \text{ d'où l'on}$$

déduit la valeur de aC.

Problème 10. *Prouver que la circonférence égale à la somme ou à la différence de deux circonférences C et C′ est celle qui a pour rayon la somme ou la différence des rayons de C et de C′.*

Problème 11 (fig. 252). *Construire un triangle qui soit la somme ou la différence de deux triangles donnés T et t.*

Soient B et b les bases de T et de t, H et h leurs hauteurs. Sur deux droites AS, AT perpendiculaires l'une à l'autre, prenez AB $=$ B et AC $=$ H et tracez la droite BC. Le triangle rectangle CAB est équivalent à T (276) : cherchez une 4e proportionnelle x dans la proportion H : h :: b : x. Sur AS prenez BD $= x$, et BD′ $= x$ et tracez les droites CD, CD′. Les triangles CBD et t sont équivalents, puisque BD $\times$ AC $=$ H $\times x = h \times b$, ou, en d'autres termes, puisque les produits de leurs bases par leurs hauteurs respectives sont égaux. De même, les triangles CBD′ et t sont équivalents ; donc CAB $+$ CBD ou CAD $=$ T $+ t$ et CAB $-$ CBD′ $=$ T $- t$.

Scolie. On peut construire un triangle qui soit la somme de plusieurs triangles en réduisant, par exemple, 4 à 3, puis 3 à 2, et enfin 2 à 1. On peut de même soustraire successivement plusieurs triangles d'un seul.

Problème 12. *Diviser un triangle ABC en parties proportionnelles à des* *nombres quelconques donnés tels que* 2, 3, 4, *par des droites tracées du sommet* A *au côté opposé* BC.

Divisez BC en 3 parties proportionnelles à 2, 3 et 4 et joignez par des droites le point A aux points d'intersection de la droite BC. Les trois petits triangles de même hauteur sont comme leurs bases, c'est-à-dire comme $2 : 3 : 4$.

PROBLÈME 13 (fig. 253). *Diviser un triangle* ABC *en deux parties proportionnelles à deux droites* m, n, *par une parallèle à la base* BC.

Supposez le problème résolu et DE la parallèle cherchée. On a, par hypothèse, $ADE : DBCE :: m : n$; d'où $ADE : ADE + DBCE :: m : m + n$, ou $ADE : ABC :: m : m + n$. Mais les triangles semblables ADE, ABC donnent $ADE : ABC :: AD^2 : AB^2$. Donc, à cause du rapport commun, $AD^2 : AB^2 :: m : m + n$; or, AD est une droite dont le carré est au carré du côté $AB :: m : m + n$; donc, cette droite trouvée au moyen d'un problème connu et portée sur AB, à partir du point A, détermine le point par lequel il faut mener à BC la parallèle qui divise le triangle ABC, selon l'énoncé du problème.

COROL. (fig. 254). *Pour diviser par une parallèle le triangle* ABC *en deux parties équivalentes, faites* $n = m$, *ou bien menez au côté* AB, *par son milieu* D, *une perpendiculaire* DE *égale à* AD; *tracez ensuite* AE, *et du point* A *comme centre, avec le rayon* AE, *un arc de cercle qui rencontre* AB *au point* F. *La droite* FL, *parallèle à* BC, *divise* ABC *en deux parties équivalentes;* car les triangles semblables AFL, ABC donnent $AFL : ABC :: AF^2 : AB^2$, ou, à cause de $AF^2 = AE^2 = 2AD^2$, de $AB^2 = (2AD)^2 = 4AD^2$, $AFL : ABC :: 2AD^2 : 4AD^2 :: 2 : 4 :: 1 : 2$. Donc le triangle AFL, moitié du triangle ABC, est équivalent au trapèze FBCL.

SCOLIE. Si l'on a à diviser par des parallèles un triangle en plusieurs parties qui soient entre elles comme des droites m, n, p, on le divise d'abord en 2 parties qui soient entre elles comme $m + n : p$, et puis, la partie correspondante à $m + n$ en 2 parties qui soient comme $m : n$.

PROBLÈME 13 (fig. 255). *Etant donné un trapèze* ABCD *divisé en deux parties par une droite* EF *parallèle aux bases, prouver que les trapèzes partiels sont proportionnels aux différences des carrés de leurs bases.*

Soit O le point de rencontre des côtés non parallèles BA, CD. Les triangles semblables OBC, OEF, OAD donnent $OBC : OEF :: BC^2 : EF^2$, et $OEF : OAD :: EF^2 : AD^2$; d'où $OBC - OEF : BC^2 - EF^2 :: OEF : EF^2$, et $OEF - OAD : EF^2 - AD^2 :: OEF : EF^2$, et, à cause du rapport commun, $OBC - OEF : OEF - OAD :: BC^2 - EF^2 : EF^2 - AD^2$, ou $EBCF : AEFD :: BC^2 - EF^2 : EF^2 - AD^2$; ce qu'il fallait prouver.

PROBLÈME 14 (fig. 255). *Diviser par une parallèle un trapèze* ABCD *en deux trapèzes qui soient entre eux comme deux nombres donnés* m *et* n.

Supposez le problème résolu, et soit EF la parallèle qui divise le trapèze ABCD d'après l'énoncé. Si la longueur de cette parallèle était connue, il suffirait de la porter sur BC, et en supposant qu'on eût $BG = EF$, il faudrait mener au point G, parallèlement à BA, une droite GF, et au point F, parallèlement à CB, la droite FE, qui, étant égale à BG (45), résoudrait le problème. Il suffit donc de déterminer la longueur de la parallèle supposée EF. Cela posé, on a, par hypothèse, $EADF : BEFC :: m : n$; or (*prob.* 13), $EADF : BEFC :: EF^2 - AD^2 : BC^2 - EF^2$; donc $EF^2 - AD^2 : BC^2 - EF^2 :: m : n$, d'où $EF^2 \times n - AD^2 \times n = BC^2 \times m - EF^2 \times m$, et, ajoutant à chaque membre la quantité $AD^2 \times n + EF^2 \times m$, et, réduisant, $EF^2 \times n + EF^2 \times m =$ $BC^2 \times m + AD^2 \times n$, ou $EF^2 \times (m + n) = BC^2 \times m + AD^2 \times n$, d'où $EF^2 = (BC^2 \times m + AD^2 \times n) : (m + n)$, et, finalement $EF =$ $\sqrt{(BC^2 \times m + AD^2 \times n) : (m + n)}$.

Scolie. On divise un trapèze en deux parties équivalentes, en faisant $m = n$, et en plusieurs parties qui soient entre elles comme $m : n : p$, en employant le moyen qu'indique le scolie du problème 13.

Problème 15. *Construire un carré équivalent à un triangle, à un trapèze, à un parallélogramme et à un polygone régulier.*

Le côté du carré équivalent est la moyenne proportionnelle entre 1° la base et la hauteur du triangle; 2° la demi-somme des bases et la hauteur du trapèze; 3° la base et la hauteur du parallélogramme; 4° le périmètre du polygone régulier et la moitié de son apothème.

Problème 16. *Construire un carré équivalent à la somme ou à la différence de deux carrés donnés.*

1° (*fig.* 256). Soient m et n les côtés des carrés donnés. Formez un angle droit BAC tel que $AB = m$, et $AC = n$. Le carré fait sur l'hypoténuse BC sera la somme des deux carrés, puisque $\overline{BC}^2$, mesure de ce carré, égale $\overline{AB}^2 + \overline{AC}^2$ ou $m^2 + n^2$, mesures des carrés donnés (280).

2° (*fig.* 257). Soient m et n les côtés des carrés, et $m > n$. Sur le côté AL d'un angle droit DAL, prenez $AB = n$, et du point B comme centre, avec un rayon égal à m, décrivez une circonférence qui coupera DA en un point C. La droite CA sera le côté du carré demandé, puisque $\overline{CA}^2 = \overline{CB}^2 - \overline{AB}^2 = m^2 - n^2$ (280).

Scolie. On trouve de la même manière une droite x dont le carré égale la somme ou la différence des carrés de deux droites données.

Problème 17. *Construire un carré qui soit à un carré donné comme une droite m est à une droite n.*

Cherchez une droite x dont le carré soit au carré du côté C du carré donné comme m est à n (p. 64). Le carré construit sur x sera le carré demandé, puisque $x^2 : C^2 :: m : n$.

Problème 18. *Trouver en lignes le rapport de deux carrés C, C′, qui ont pour côtés respectifs A et B.*

Cherchez une troisième proportionnelle x aux droites A et B. Vous aurez $A : B :: B : x$; d'où $B^2 = A \times x$, et $A^2 : B^2 :: A^2 : A \times x ::$ $A : x$; ainsi $A^2 : B^2 = A : x$. Or, $C : C′ = A^2 : B^2$ (274); donc $C : C′$ $= A : x$.

Problème 19. *La somme ou la différence de la base et de la hauteur d'un rectangle R et un carré C dont le côté m est moyenne proportionnelle entre la base et la hauteur de R étant donnés, trouver cette base et cette hauteur dont le produit est égal à m^2, et, par suite, construire le rectangle équivalent au carré C.*

Ce problème est, en d'autres termes, le même que le 18ᵉ des problèmes relatifs aux deux premiers livres.

Problème 20. *Construire sur une droite donnée m un rectangle équivalent à un rectangle donné R, dont la base et la hauteur sont B et H.*

Cherchez une quatrième proportionnelle x dans la proportion $m : B :: H : x$. Le rectangle construit sur m et sur x sera équivalent à R, puisqu'on a $m \times x = B \times H$, mesure de R.

Problème 21. *Trouver en lignes le rapport de deux rectangles R et r, dont le premier a pour côtés consécutifs B et H, et le second b et h.*

Cherchez x quatrième proportionnelle dans la proportion $H : b :: h$

$\therefore x$. Vous aurez $b \times h = \text{H} \times x$; d'où $\text{B} \times \text{H} : b \times h :: \text{B} \times \text{H} : \text{H} \times x :: \text{B} : x$. Ainsi $\text{B} \times \text{H} : b \times h :: \text{B} : x$; mais $\text{B} \times \text{H} : b \times h :: \text{R} : r$ (273); donc $\text{R} : r :: \text{B} : x$.

PROBLÈME 22. *Construire un triangle ou un carré qui soit la somme ou la différence de deux polygones* P, p.

Construisez deux triangles T et t ou deux carrés C et c, respectivement équivalents à P et à p. Puis cherchez un triangle ou un carré (*prob.* 11, 16) qui soit la somme ou la différence de T et de t ou de C et de c.

PROBLÈME 23. *Sur une droite ab, comme côté homologue d'un côté AB d'un polygone donné, construire un polygone semblable au premier.*

1er Cas (fig. 258) *où le polygone ABC est un triangle.* Aux points a et b, formez sur la ligne ab des angles respectivement égaux aux angles A et B. Les droites qui forment ces angles se rencontreront en un point c, puisque A et B n'étant pas supplémentaires, a et b ne le sont pas. Les triangles abc, ABC sont semblables (245).

2e Cas (fig. 259) *où le polygone ABCDE a plus de trois côtés.* Menez les droites AC, AD. Sur ab construisez un triangle abc semblable à ABC; sur ac, un triangle acd semblable à ACD; enfin sur ad, un triangle ade semblable à ADE. Les polygones $abcde$, ABCDE sont semblables (248).

SCOLIE. On peut encore former un polygone semblable à ABCD, en prenant sur AB, supposé plus grand que ab, la droite $Ab' = ab$, et en menant ensuite des parallèles aux côtés du polygone ABCDE.

PROBLÈME 24. *Construire un polygone P' semblable à un polygone donné P, et dont le périmètre ou l'aire soit au périmètre ou à l'aire du premier comme m est à n.*

1er Cas. Soient A un côté de P et x le côté homologue dans P'. Cherchez x quatrième proportionnelle dans la proportion $x : \text{A} :: m : n$, et sur x, comme côté homologue de A, construisez, d'après le problème précédent, un polygone P' semblable à P. Les périmètres, étant $:: x : \text{A}$, seront aussi $:: m : n$.

2e Cas. On doit avoir (274) $\text{P}' : \text{P} :: x^2 : \text{A}^2$. Il faut donc chercher une droite x dont le carré soit au carré de A $:: m : n$ (p. 64), et sur x, comme côté homologue de A, construire un polygone P' semblable à P. On aura $\text{P}' : \text{P} :: x^2 : \text{A}^2 :: m : n$.

PROBLÈME 25. *Construire un polygone P'' semblable à un polygone donné P, et dont le périmètre ou l'aire soit équivalent au périmètre ou à l'aire d'un autre polygone donné P'.*

1er Cas. Soient p, p' les périmètres des polygones P, P', b un côté de P et x une quatrième proportionnelle aux trois lignes connues p, p', b. Sur x, comme homologue de b, construisez un polygone P'' semblable à P. Le périmètre p'' du polygone P'' sera équivalent à p' périmètre de P'. En effet, on a $p : p'' :: b : x$, et, par hypothèse, $p : p' :: b : x$; donc, à cause du rapport commun, $p : p'' :: p : p'$, d'où $p'' = p'$.

2e Cas. Réduisez P et P' en deux carrés équivalents Q, Q' (281). Soient C le côté de Q, C' celui de Q', A un côté de P et x la quatrième proportionnelle aux droites C, C', A. Sur x, comme homologue de A, construisez un polygone P'' semblable à P. Ce polygone sera de plus équivalent à P'. En effet, on a (274) $\text{P} : \text{P}'' :: \text{A}^2 : x^2$. Mais, par hypothèse, $\text{C} : \text{C}' :: \text{A} : x$, d'où $\text{C}^2 : \text{C}'^2 :: \text{A}^2 : x^2$; donc, à cause du rapport commun qui lie cette proportion avec la première, $\text{P} : \text{P}'' :: \text{C}^2 : \text{C}'^2$; mais $\text{C}^2 = \text{Q} = \text{P}$, et $\text{C}'^2 = \text{Q}' = \text{P}'$; donc $\text{P} : \text{P}'' :: \text{P} : \text{P}'$, d'où $\text{P}'' = \text{P}'$.

PROBLÈME 26. *Deux polygones semblables* P *et* P' *étant donnés, construire* *un polygone semblable à ceux-ci, et dont le périmètre ou l'aire soit égal à la somme ou à la différence de leurs périmètres ou de leurs aires.*

1er *Cas.* Les périmètres des polygones semblables étant entre eux comme les côtés homologues, sur la somme $a + b$ ou sur la différence $a - b$ des deux côtés homologues a et b des polygones P et P', construisez un polygone semblable à l'un d'eux. Ce polygone aura un périmètre égal à la somme ou à la différence des polygones donnés.

2e *Cas.* Les polygones semblables étant entre eux comme les carrés des côtés homologues, cherchez (*prob.* 16, scol.) une droite x dont le carré soit égal à la somme ou à la différence des carrés de deux côtés a et b homologues dans les polygones P et P'. Le polygone semblable à P ou à P', construit sur x, sera équivalent à la somme ou à la différence de P et de P'.

PROBLÈME 27 (fig. 251). *Étant donnés le côté ab d'un polygone régulier de n côtés et le rayon OC du cercle circonscrit, calculer l'aire de ce polygone.*

Soient $ab = c$, $OC = R$ et A l'aire du polygone. On a (264) : $A = nc \times \frac{1}{2} OD$. Or, d'après le problème 9, l'apothème $OD = \frac{1}{2} \sqrt{4R^2 - c^2}$; donc $A = \dfrac{nc \times \sqrt{4R^2 - c^2}}{4}$.

PROBLÈME 28 (fig. 251). *Étant donnés le côté ab d'un polygone régulier P de n côtés et le rayon OC du cercle circonscrit, calculer 1° l'aire A du polygone régulier semblable circonscrit au même cercle ; 2° l'aire A' du polygone régulier de 2n côtés inscrit dans le même cercle.*

1° Soient $AB = x$ le côté du polygone régulier semblable à P circonscrit au cercle, parallèle au côté $ab = c$ du polygone P, et $OC = R$ le rayon perpendiculaire au milieu de ab. On a (264) : $A' = nx \times \frac{1}{2} R$. Or, d'après le problème 9, $x = 2c \times R : \sqrt{4R^2 - c^2}$; donc $A' = 2nc \times R : \sqrt{4R^2 - c^2}$.

2° Soient $aC = x'$ le côté du polygone régulier de $2n$ côtés inscrit dans le même cercle, $ab = c$ et $OC = R$ le rayon perpendiculaire au milieu de ab. L'aire du triangle $aOC = OC \times \frac{1}{2} aD = \dfrac{R \times c}{4}$; donc le polygone de $2n$ côtés étant composé de $2naOC$, son aire $A'' = 2n \times \dfrac{R \times c}{4} = \dfrac{nR \times c}{2}$.

PROBLÈME 29. *Trouver un cercle égal à la somme ou à la différence de deux cercles donnés C, C', qui ont pour rayons R, R'.*

Déterminez, d'après le problème 16, la droite x dont le carré $x^2 = R^2 + R'^2$ et la droite x' dont le caré $x'^2 = R^2 - R'^2$, et nommez S et S' les cercles qui ont pour rayons x et x'. Cela posé, 1° S = C + C'; car on a $C = \pi.R^2$, $C' = \pi.R'^2$ et $S = \pi.x^2 = \pi \times (R^2 + R'^2) = \pi.R^2 + \pi.R'^2 = C + C'$; 2° S' = C — C'; car on a $C = \pi.R^2$, $C' = \pi.R'^2$ et $S' = \pi.x'^2 = \pi \times (R^2 - R'^2) = \pi.R^2 - \pi.R'^2 = C - C'$.

PROBLÈME 30 (fig. 260). *Construire un cercle équivalent à une couronne circulaire, c'est-à-dire à la différence de deux cercles concentriques.*

Tracez le rayon OA, et par le point A une tangente BC terminée à la grande circonférence de la couronne. Le cercle décrit du point A comme centre, avec le rayon AB, est équivalent à la couronne, puisqu'en menant le rayon OB, on a (237) $\overline{AB}^2 = \overline{OB}^2 - \overline{OA}^2$, et par conséquent $\pi.\overline{AB}^2 = \pi.\overline{OB}^2 - \pi.\overline{OA}^2$, mesure de la couronne circulaire.

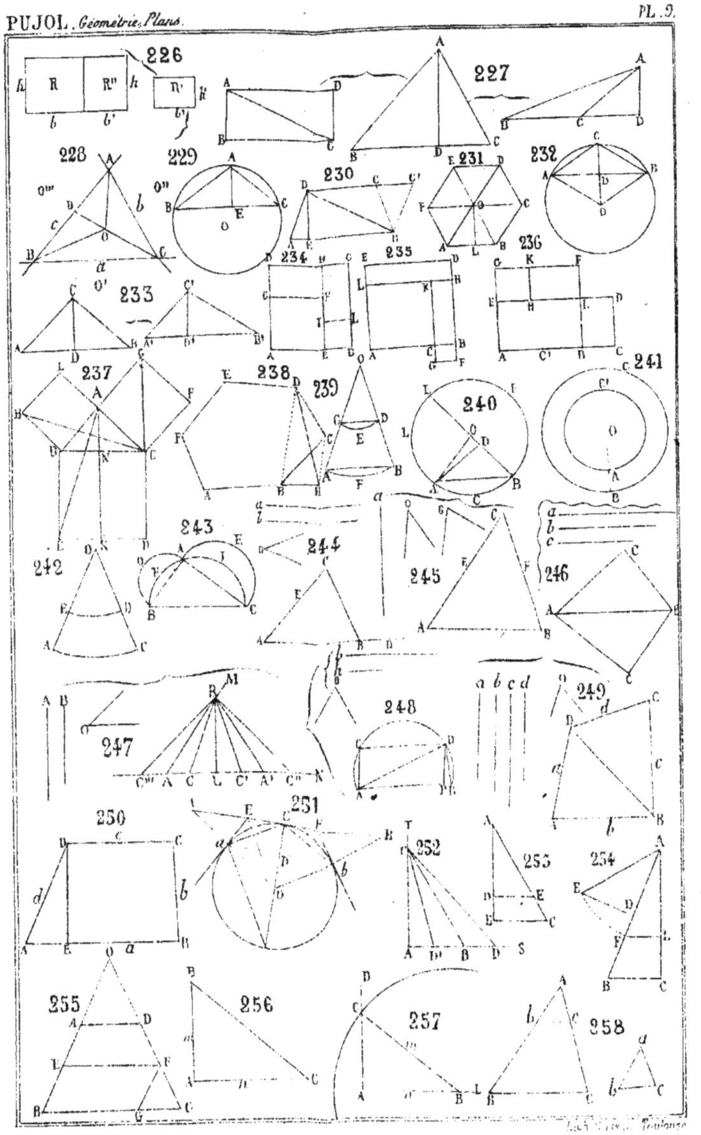
226
227
228
229
230
231
232
233
234
235
236
237
238
239
240
241
242
243
244
245
246
247
248
249
250
251
252
253
254
255
256
257
258

ESSAI

Sur le minimum et le maximum de convexité des figures planes isopérimètres et sur le maximum et le minimum des figures planes, et, par suite, de quelques figures de la géométrie dans l'espace, ayant pour conséquences des notions sur les propriétés des nombres telles que les donne l'algèbre, et cette loi basée sur l'observation d'un grand nombre de faits : la convexité est la *génératrice* de la grandeur des figures planes isopérimètres.

DÉFINITION. On appelle *maximum* ou *minimum* une quantité ou qualité la plus grande ou la plus petite de toutes celles de la même espèce. Ainsi, la perpendiculaire tracée du milieu d'un arc à sa corde est le maximum des perpendiculaires menées des différents points de cet arc à la corde qui le sous-tend ; et la perpendiculaire tracée d'un point à une droite extérieure est le minimum des droites menées du même point à cette ligne.

MINIMUM ET MAXIMUM DE CONVEXITÉ DES FIGURES PLANES ISOPÉRIMÈTRES.

On dit, généralement, qu'une ligne quelconque et la surface qu'elle limite de toute part sont convexes, lorsqu'une droite indéfinie, menée par deux points quelconques de cette ligne, ne la rencontre pas en d'autres points ; d'où il semble que l'on peut conclure qu'une ligne que des droites rencontrent en partie en deux points, et en partie en plus de deux points, est d'autant moins convexe qu'elle peut être rencontrée en un plus grand nombre de points au-dessus de deux.

298. THÉORÈME. *Entre toutes les lignes planes ayant la longueur d'une ligne droite* AB, *la droite* AB *a le minimum de convexité ou une convexité égale à zéro.*

En effet, la ligne droite tracée du point A au point B de la droite AB rencontre tous les points de cette ligne, et la droite tracée d'un point quelconque C, pris sur AB, à un autre point B, rencontre tous les points de cette ligne compris entre C et B ; donc la droite qui joint deux points quelconques de AB rencontre tous les points intermédiaires, ce qui n'a lieu que pour la ligne droite ; donc, entre toutes les lignes planes ayant la longueur de AB, la droite AB a le minimum de convexité ou une convexité égale à zéro.

COROL. *Une ligne plane est d'autant plus convexe que sa forme diffère davantage de celle de la ligne droite de même longueur.*

299. THÉORÈME. *Entre toutes les lignes planes de même longueur, la circonférence est celle qui a le minimum de convexité.*

En effet, une ligne est d'autant plus convexe que sa forme diffère davantage de celle de la ligne droite. Or, évidemment, la forme de la circonférence diffère de celle de la ligne droite de même longueur plus que la forme de toute autre ligne brisée, courbe ou mixte ; donc, entre toutes les lignes de même longueur, la circonférence a le maximum de convexité.

COROL. I. *Une ligne est d'autant plus convexe que sa forme diffère moins ou se rapproche davantage de celle de la circonférence qui a la même longueur, et, par suite, une figure plane est d'autant plus convexe que sa forme diffère moins ou se rapproche davantage de celle du cercle isopérimètre.*

II. *De deux polygones réguliers isopérimètres, celui qui a un côté de plus a la plus grande convexité, parce que sa forme est celle qui se rapproche le plus de celle de la circonférence isopérimètre.*

III. De tous les polygones isopérimètres d'un même nombre de côtés, le polygone régulier est le plus convexe, parce que sa forme est celle qui se rapproche le plus de celle du cercle isopérimètre; d'où il suit : 1° que de deux polygones isopérimètres d'un même nombre de côtés, celui dont la forme se rapproche le plus de celle du polygone régulier isopérimètre, ou, ce qui revient au même, dont les côtés se rapprochent le plus de l'égalité propre aux côtés du polygone régulier isopérimètre, et, par suite, généralement, les angles de l'égalité propre aux angles de ce polygone, est le plus convexe; 2° que de deux polygones qui ont les côtés égaux chacun à chacun, celui dont les angles se rapprochent le plus de l'égalité propre aux angles du polygone régulier isopérimètre est le plus convexe.

MAXIMUM ET MINIMUM DE QUELQUES FIGURES PLANES NON ISOPÉRIMÈTRES ET DES FIGURES PLANES ISOPÉRIMÈTRES.

300. Théorème (fig. 261). *De tous les triangles qui ont un angle inégal compris entre des côtés égaux chacun à chacun, 1° celui dont les côtés font un angle droit est le plus grand; 2° celui dont les côtés font un plus grand angle aigu est plus grand que celui dont les côtés font un angle plus petit.*

1° Soient les triangles AEL, BEL, CEL ayant le côté EL commun, les côtés AE, BE, CE égaux, et AEL un angle droit; je dis que le triangle AEL est plus grand que chacun des triangles BEL, CEL. Je prolonge la droite LE et je mène à cette droite, du point B, la perpendiculaire BD, qui, étant moindre que BE, est moindre que AE, et, du point C, la perpendiculaire CH, qui, étant moindre que CE, est moindre que AE. Cela posé, les triangles AEL, BEL, CEL de même base EL, étant proportionnels à leurs hauteurs, le triangle AEL qui a la plus grande hauteur AE, est plus grand que chacun des autres.

2° Soient les triangles BEL, FEL ayant le côté EL commun, les côtés BE, FE égaux, et l'angle aigu BEL $>$ FEL; je dis que le triangle BEL est plus grand que le triangle FEL. En effet, soient BD et FK les perpendiculaires menées des points B et F à la droite EL. Les triangles rectangles BDE, FKE ayant les hypoténuses BE, FE égales, et les angles aigus BED, FEK inégaux, au plus grand angle aigu BED est opposé le plus grand côté (141); donc on a BD $>$ FK; donc, des deux triangles BEL, FEL, qui ont la même base, le triangle BEL qui a la plus grande hauteur est le plus grand.

301. Théorème (fig. 262). *De tous les triangles ACB, ADB, AEB qui ont un angle égal opposé à une base égale ou commune AB, celui qui est isocèle comme ACB a le plus grand périmètre, et de deux autres quelconques ADB, AEB dont les côtés de l'angle égal sont inégaux chacun à chacun, celui, tel que ADB, dont les côtés se rapprochent le plus de l'égalité a le plus grand périmètre.*

Je fais passer par les points A, B, C une circonférence dont l'arc ACB contient les sommets D et E des angles ADB, AEB, égaux chacun à l'angle ACB, et je nomme p, p', p'' les périmètres des triangles ACB, ADB, AEB qui ont la même base AB. On aura évidemment $p > p'$, si l'on a AC + CB $>$ AD + DB et $p > p''$, si l'on a AD + DB $>$ AE + EB. Or, il en est ainsi :

1° On a AC + CB $>$ AD + DB. Je prolonge AD d'une longueur DF égale à DB, et je trace les droites CF, CD. L'angle CDF, dont le supplément CDA est mesuré par $\frac{1}{2}$ arc CA ou $\frac{1}{2}$ arc CB, ayant la mesure de la moitié du reste de la circonférence, c'est-à-dire de $\frac{1}{2}$ arc CAB, est égal à l'angle inscrit CDB qui a la même mesure ; donc les triangles CDF, CDB ayant un angle égal en D, compris entre des côtés égaux chacun à chacun, aux angles égaux sont opposés des côtés égaux CF et CB ou AC. Or, on a AC + CF > AD + DF ; donc on a AC + CB > AD + DB.

2° On a AD + DB > AE + EB. Je prolonge AE d'une longueur EL égale à EB ; je trace les droites DL, DE, et je remarque qu'ayant l'arc DB < DCA ou DA, on a l'arc DBA < DAB. L'angle DEL, dont le supplément DEA est mesuré par $\frac{1}{2}$ arc DA, ayant la mesure de la moitié du reste de la circonférence, c'est-à-dire de $\frac{1}{2}$ arc DBA, est moindre que l'angle inscrit DEB, qui a la mesure de $\frac{1}{2}$ arc DAB > $\frac{1}{2}$ arc DBA ; donc les triangles DEL, DEB ayant un angle inégal en E, compris entre des côtés égaux chacun à chacun, au plus petit angle DEL est opposé le plus petit côté ; donc on a DL < DB. Or, on a AD + DL > AE + EL ; donc, à plus forte raison, on a AD + DB > AE + EL ou AD + DB > AE + EB.

SCOLIE. De tous les triangles inscrits dans un même segment de cercle, celui qui est isocèle a le plus grand périmètre, et de deux autres quelconques celui dont les côtés de l'angle égal se rapprochent le plus de l'égalité a le plus grand périmètre.

302. THÉORÈME (fig. 262). *De tous les triangles* ACB, ADB, AEB *qui ont un angle égal opposé à une base égale ou commune* AB, *celui qui, comme* ACB, *est isocèle est le plus grand, et de deux autres quelconques* ADB, AEB *qui ont les côtés de l'angle égal inégaux chacun à chacun, celui, comme* ADB, *dont les côtés se rapprochent le plus de l'égalité est le plus grand.*

J'inscris les triangles ACB, ADB, AEB dans un même segment ACB, en faisant passer une circonférence par les points A, B, C, et je remarque que les côtés CA, CB, étant supposés égaux, le point C est le milieu de l'arc ACB, et que le point D est plus rapproché que le point E du milieu de cet arc. Cela posé, l'on a vu (99) que, de toutes les perpendiculaires menées des différents points d'un arc à sa corde, celle qui est menée du milieu de l'arc est la plus grande, et que de deux autres quelconques, menées de deux points inégalement distants du milieu de l'arc, celle dont le point en est le plus rapproché est la plus grande ; donc les triangles de même base, étant comme les hauteurs, le triangle isocèle ACB, qui a la plus grande hauteur, est le plus grand, et le triangle ADB, qui a une hauteur plus grande que celle du triangle AEB, est plus que AEB.

SCOLIE. De tous les triangles inscrits dans un même segment de cercle, celui qui est isocèle est le plus grand, et de deux autres quelconques dont les côtés de l'angle égal sont inégaux chacun à chacun, celui dont les côtés se rapprochent le plus de l'égalité est le plus grand.

COROL. *Tout rectangle étant le double d'un triangle rectangle qui a pour base sa diagonale, il suit des deux théorèmes précédents que de tous les rectangles qui ont les diagonales égales, le carré est le plus grand en périmètre et en surface, et que de deux autres quelconques dont les côtés de l'angle droit sont inégaux, celui dont les côtés se rapprochent le plus de l'égalité est le plus grand, en périmètre et en surface.*

303. Théorème. *De tous les triangles qui ont un angle égal compris entre des côtés dont la somme est constante, 1° celui qui est isocèle, c'est-à-dire dont ces côtés sont égaux, est le plus grand; 2° de deux autres quelconques qui ont ces côtés inégaux chacun à chacun, celui dont les côtés se rapprochent le plus de l'égalité est le plus grand.*

1° Soient T et T′ deux triangles ayant un angle égal compris dans l'un entre deux côtés égaux c, c, et dans l'autre entre des côtés inégaux a et b dont la somme est égale à celle de $2c$ et $a > b$. On déduit de $a + b = 2c$ et de $a > b$, $a > c$ d'une quantité x et $b < c$ de la même quantité; de sorte que $a = c + x$ et $b = c - x$. Cela posé, je dis qu'on a $T > T′$. En effet, les triangles T, T′ étant proportionnels aux produits des côtés qui comprennent l'angle égal (271), on a $T : T′ :: c \times c : (c + x) \times (c - x) :: c^2 : c^2 - x^2$; d'où, à cause de $c^2 > c^2 - x^2$, $T > T′$.

2° (*fig.* 263). Soient dans les triangles ABC, DEF, l'angle A égal à l'angle D, $AB + AC = DE + DF$, $AB > AC$, $DE > DF$, $AB < DE$, et, par conséquent, $AC > DF$; je dis que le triangle ABC, dont les côtés AB et AC sont plus rapprochés de l'égalité que les côtés DE et DF du triangle DEF est plus grand que celui-ci. En effet, nommant m la moitié de chacune des quantités égales $AB + AC$ et $DE + DF$, x l'excès de AB sur AC et $x′$ celui de DE sur DF, on a, à cause de $AB + AC = 2m$ et de $DE + DF = 2m$, $AB = m + x$ et $AC = m - x$, $DE = m + x′$ et $DF = m - x′$, et, à cause de $AB < DE$ et de $AC > DF$, $x < x′$, et, par conséquent, $x^2 < x′^2$. Cela posé, on a (271) $ABC : DEF :: AB \times AC : DE \times DF :: (m + x) \times (m - x) : (m + x′) \times (m - x′) :: m^2 - x^2 : m^2 - x′^2$; or, à cause de $x^2 < x′^2$, on a $(m^2 - x^2) > (m^2 - x′^2)$; donc on a $ABC > DEF$.

Scolie important. De ce que les côtés variables de chaque angle dont la somme est constante peuvent être remplacés par des nombres variables dont la somme est constante, il suit, comme le démontre l'algèbre, que de tous les produits de deux nombres variables dont la somme est constante, celui dont les facteurs sont égaux, est le plus grand, et que de deux autres quelconques dont les facteurs sont inégaux chacun à chacun, celui dont les facteurs se rapprochent le plus de l'égalité est le plus grand.

304. Théorème. *De tous les triangles équivalents T, T′, T″ ayant un angle égal opposé à la base, 1° le triangle isocèle T a la plus petite somme des côtés de l'angle égal; 2° de deux autres quelconques T′, T″ dont les côtés de l'angle égal sont inégaux chacun à chacun, T′, dont les côtés se rapprochent le plus de l'égalité, a la plus petite somme de ces côtés.*

Soient S, S′, S″ les sommes des côtés de l'angle égal des triangles équivalents T, T′, T″. 1° On a $S < S′$ et $S < S″$. En effet, si l'on avait $S = S′$, et, à plus forte raison, $S > S′$, on aurait, d'après le théorème précédent, $T > T′$, ce qui est contre l'hypothèse; donc on a $S < S′$. Par la même raison on a $S < S″$. 2° On a $S′ < S″$; car si l'on avait $S′ = S″$, et, à plus forte raison, $S′ > S″$, on aurait aussi, d'après le théorème précédent, $T′ > T″$, ce qui est contre l'hypothèse; donc on a $S′ < S″$.

Corol. *Tout rectangle, y compris le carré, étant le double d'un triangle rectangle dont les côtés de l'angle droit, égaux dans le carré, forment la moitié du périmètre, de tous les rectangles équivalents, 1° le carré est celui qui a le plus petit périmètre; 2° de deux autres quelconques qui ont les côtés de l'angle droit inégaux chacun à chacun, celui dont les côtés de l'angle droit se rapprochent le plus de l'égalité a le plus petit périmètre, et, par suite, de tous les demi-péri-*

mètres des rectangles équivalents celui qui a les côtés égaux, comme dans le carré, est le plus petit; et de deux autres quelconques qui ont les côtés inégaux chacun à chacun, celui dont les côtés se rapprochent le plus de l'égalité est le plus petit.

SCOLIE IMPORTANT. Chacun des demi-périmètres des rectangles équivalents étant la somme de deux côtés variables dont le produit est constant, et, par conséquent, de deux nombres variables dont le produit est constant, il suit de ce qui précède, comme l'enseigne l'algèbre, que de toutes les sommes de deux nombres variables dont le produit est constant, celle dont les deux nombres sont égaux est la plus petite, et que de deux autres quelconques, celle dont les deux nombres se rapprochent le plus de l'égalité est la plus petite.

305. THÉORÈME. *De tous les triangles équivalents* T, T', T'' *ayant un angle égal opposé à la base, 1° celui qui, comme* T, *est isocèle a la plus petite base; 2° de deux autres quelconques* T', T'' *dont les côtés de l'angle sont inégaux chacun à chacun, celui, comme* T', *dont les côtés se rapprochent le plus de l'égalité, a la plus petite base.*

1° Soient b et b' les bases de T et de T'; je dis qu'on a $b < b'$: car on ne peut avoir ni $b = b'$, parce que T et T' étant inscrits dans un même segment de cercle, on aurait (302) T $>$ T', ce qui est contre l'hypothèse; ni $b > b'$, parce que T étant inscrit dans un segment de cercle plus grand que celui dans lequel est inscrit T', on aurait, à plus forte raison, T $>$ T'. 2° Soient b' et b'' les bases de T' et de T''; je dis qu'on a $b' < b''$; car, d'après les raisons indiquées (1°), on ne peut avoir ni $b' = b''$ sans avoir T' $>$ T'', ce qui est contre l'hypothèse, ni $b' > b''$, sans avoir, à plus forte raison, T' $>$ T'', ce qui est contre l'hypothèse.

306. THÉORÈME (fig. 264). *De tous les triangles équivalents* ACB, ADB, AEB *qui ont une même base* AB, *celui tel que* ACB *qui est isocèle, a le plus petit périmètre; et de deux autres quelconques* ADB, AEB *qui ont les côtés de l'angle opposé à la base inégaux chacun à chacun, celui tel que* ADB, *dont le sommet* D *est le plus rapproché du point* C *du triangle isocèle, a le plus petit périmètre.*

Les triangles équivalents de même base AB ayant des hauteurs égales, et, par suite, les sommets opposés à la base, sur une droite parallèle à la base, je mène par le point C à la base AB la parallèle FL qui passe par les points D et E, et je remarque que les angles CAB, CBA du triangle isocèle ACB étant égaux, les angles ACF et BCL égaux chacun à l'un de ces angles, comme alternes-internes, sont égaux entre eux.

Cela posé, d'après le n° 35, lorsque de deux points A et B on mène aux différents points d'une droite extérieure FL les droites AC et BC, AD et BD, AE et BE, si les angles ACF et BCL sont égaux, on a AC $+$ BC $<$ AD $+$ BD, et AD $+$ BD $<$ AE $+$ BE; donc le triangle isocèle ACB a le plus petit périmètre; et des triangles ADB et AEB, ADB est celui qui a le plus petit périmètre.

307. THÉORÈME. *De tous les triangles isopérimètres* T, T', T'' *ayant un angle égal opposé à la base, 1° celui, tel que* T, *qui est isocèle a la plus petite base; 2° de deux autres quelconques* T' *et* T'', *celui, tel que* T', *dont les côtés de l'angle égal se rapprochent le plus de l'égalité, a la plus petite base.*

1° Soient b et b', les bases de T et de T', p et p' leurs périmètres; je dis que l'on a $b < b'$; car si l'on avait $b = b'$, et, à plus forte raison, $b > b'$, on aurait (301) $p > p'$, ce qui est contre l'hypothèse; donc on a $b < b'$.

2° Soient b' et b'' les bases de T' et de T'', p' et p'' leurs périmètres;

je dis que l'on a $b' < b''$; car si l'on avait $b' = b''$, et, à plus forte raison, $b' > b''$, on aurait (301) $p' > p''$, ce qui est contre l'hypothèse ; donc on a $b' < b''$.

Scolie. Un triangle rectangle isocèle et un triangle rectangle scalène sont isopérimètres, lorsque le dernier a pour côtés de l'angle droit l'hypoténuse du premier et la moitié de l'un des deux autres côtés.

308. Théorème. *De tous les triangles isopérimètres* T, T′, T″ *qui ont un angle égal opposé à la base, 1° celui tel que* T *qui est isocèle est le plus grand; 2° de deux autres quelconques* T′ *et* T″ *qui ont les côtés de l'angle égal inégaux chacun à chacun, celui tel que* T′ *dont les côtés se rapprochent le plus de l'égalité est le plus grand.*

1° Soient a et a les côtés égaux de T, b et c les côtés inégaux de l'angle égal de T′ et $b > c$. La base de T étant moindre que celle de T′ (307), on a $a + a > b + c$ d'une longueur que je nomme x. Je prolonge le côté b du triangle T′ d'une longueur égale à x, et je joins par une droite les extrémités de ce côté et de l'autre côté c, ce qui donne un triangle R dont la somme des côtés $b + x + c$ est égale à celle $a + a$ des côtés de T; et qui renferme T′. Cela posé, on a (303) T $>$ R, et, évidemment, R $>$ T′ ; d'où T $>$ T′.

2° Soient a et b les côtés de l'angle égal de T′; c et d ceux de l'angle égal de T″ et $c > d$; la base de T′ étant moindre que celle de T″ (307), on a $a + b > c + d$ d'une longueur que je nomme x. Je prolonge le côté c du triangle T″ d'une longueur égale à x, et je joins par une droite les extrémités de ce côté et de l'autre côté d, ce qui donne un triangle R dont la somme des côtés $c + x + d$ est égale à celle des côtés $a + b$ de T′ et qui renferme T″. Cela posé, on a (303) T′ $>$ R et R $>$ T″ ; d'où T′ $>$ T″.

Corol. *De tous les triangles rectangles isopérimètres, celui qui est isocèle est le plus grand, et de deux autres quelconques qui ont les côtés de l'angle droit inégaux chacun à chacun, celui dont les côtés se rapprochent le plus de l'égalité est le plus grand.*

Scolie. De tous les triangles isopérimètres T, T′, T″, celui, tel que T, qui est le plus grand est le plus convexe, et de deux autres quelconques, T′ et T″, celui, tel que T′, qui est le plus grand est le plus convexe.

309. Théorème (fig. 265). *De tous les triangles isopérimètres de même base, tels que* ACB, ADB, AEB, *1° le triangle isocèle* ACB *est plus grand que tout autre* ADB; *2° de deux autres quelconques* ADB, AEB *qui ont les côtés adjacents à la base inégaux chacun à chacun, celui tel que* ADB *dont les côtés se rapprochent le plus de l'égalité est le plus grand.*

1° On a ACB $>$ ADB. En effet, si le triangle ADB avait son sommet sur la parallèle à AB, menée par le point C du triangle ACB, ces triangles seraient équivalents, et on aurait (306) AD $+$ BD $>$ AC $+$ BC. Or, on a AD $+$ BD $=$ AC $+$ BC; donc le triangle ADB a son sommet D en dessous de la parallèle, et, par suite, sa hauteur moindre que celle du triangle ACB. Donc, ces triangles de même base étant entre eux comme leurs hauteurs, on a ACB $>$ ADB.

2° On a ADB $>$ AEB. En effet, si le triangle AEB avait son sommet sur la parallèle à AB menée par le sommet D du triangle ADB, ces triangles seraient équivalents, et l'on aurait (306) AE $+$ BE $>$ AD $+$ BD; Or, on a AE $+$ BE $=$ AD $+$ BD; donc le triangle AEB a son sommet E en dessous de la parallèle, et, par suite, sa hauteur moindre que celle du triangle ADB; donc ces triangles de même base étant entre eux comme leurs hauteurs, on a ADB $>$ AEB.

SCOLIE. De tous les triangles isopérimètres T, T′, T″ dont le premier est isocèle, et le deuxième T′, a les côtés inégaux plus rapprochés de l'égalité que ceux de T″ ; 1° le plus grand T est le plus convexe ; 2° des deux autres, T′ et T″, le plus grand T′ est le plus convexe.

310. THÉORÈME. *Le triangle régulier est le plus grand des triangles isopérimètres.*

1re *démonst.* D'après ce qui précède, étant donné un triangle T, scalène ou isocèle, on peut toujours former, en faisant égaux deux côtés inégaux, un triangle isopérimètre plus grand que T ; donc le plus grand des triangles isopérimètres doit être équilatéral, et, de plus, unique dans son espèce. Or, le triangle régulier est équilatéral, et, de plus, unique dans son espèce ; puisque tous les triangles réguliers isopérimètres sont égaux ; donc le triangle régulier est le plus grand des triangles isopérimètres.

2e *démonst. par les mesures.* Soient T un triangle régulier dont chaque côté est pris pour 1, T′ un triangle isocèle isopérimètre ayant pour côtés b, c, c, $b > c$ d'une quantité x, et, par conséquent, $b = 1 + x$, $c = 1 - \frac{x}{2}$; les côtés de T étant 1, 1, 1, et, ceux de T′, $1 + x$, $1 - \frac{x}{2}$, $1 - \frac{x}{2}$; je dis que l'on a $T > T′$. En effet, en nommant D le demi-périmètre de T et de T′, on a (256) $T^2 = D \times (D - 1) \times (D - 1) \times (D - 1)$ et $T′^2 = D \times (D - 1 - x) \times (D - 1 + \frac{1}{2} x) \times (D - 1 + \frac{1}{2} x)$; d'où, supprimant le facteur D, commun aux deux produits, $T^2 > T′^2$, et, par conséquent, $T > T′$, si l'on a $(D - 1) \times (D - 1) \times (D - 1) > (D - 1 - x) \times (D - 1 + \frac{x}{2}) \times (D - 1 + \frac{x}{2})$, ou, en remplaçant D par sa valeur $1 + \frac{1}{2}$, si l'on a $\frac{1}{2} \times \frac{1}{2} \times \frac{1}{2} > (\frac{1}{2} - x) \times (\frac{1}{2} + \frac{x}{2}) \times (\frac{1}{2} + \frac{x}{2})$. Or, il en est ainsi, car le 1er produit égale $\frac{1}{8}$, et le 2e, réduction faite, égale $\frac{1}{8} - \frac{3x^2}{8} - \frac{x^3}{4}$, quantité évidemment moindre que $\frac{1}{8}$.

Si la base b du triangle isocèle T′ était moindre que 1, on construirait sur un côté $c > b$, pris pour base, un 2e triangle isocèle T″, plus grand que T′, en faisant égaux les côtés inégaux b et c, et l'on aurait $T > T″$, et, à plus forte raison, $T > T′$.

COROL. *De tous les triangles équivalents, celui qui est régulier a le plus petit périmètre.*

SCOLIE. Le plus grand des triangles isopérimètres est le plus convexe.

311. THÉORÈME. *Le carré C est plus grand que tout autre rectangle isopérimètre R.*

Je divise par des diagonales C et R chacun en deux triangles égaux, comme équilatéraux entre eux, et je nomme m et $m′$ les moitiés de C et de R. De deux triangles qui ont un angle égal compris entre des côtés dont la somme est constante, celui dont les côtés sont égaux est le plus grand (303) ; donc on a $m > m′$, et, par conséquent, $C > R$.

SCOLIE. 1° De tous les rectangles isopérimètres, le plus grand est le plus convexe ; 2° du carré C et du rectangle R, qui ont même élément de grandeur relatif aux angles, le carré C, qui participe plus que R au 2e élément relatif aux côtés, est le plus grand.

312. THÉORÈME. *Un rectangle R est plus grand que tout autre parallélogramme non-équiangle P dont les côtés sont égaux à ceux de R.*

Je divise par des diagonales R et P chacun en deux triangles égaux, comme équilatéraux entre eux, et je nomme m et m' les moitiés de R et de P. De deux triangles qui ont un angle inégal compris entre des côtés égaux chacun à chacun, celui dont les côtés font un angle droit est le plus grand (300) ; donc on a $m > m'$, et, par conséquent, $R > P$.

Corol. *Le carré C est plus grand que tout losange isopérimètre L.*

Scolie. 1° Du rectangle R et du parallélogramme P, le plus grand est le plus convexe ; 2° du carré C et du losange L, le plus grand est le plus convexe.

313. Théorème. *De deux rectangles isopérimètres R et R', R dont les côtés consécutifs se rapprochent le plus de l'égalité est le plus grand.*

Je divise par des diagonales R et R' chacun en deux triangles égaux, et je nomme m et m' les moitiés de R et de R'. De deux triangles qui ont un angle égal compris entre des côtés dont la somme est constante, celui dont les côtés se rapprochent le plus de l'égalité est le plus grand (303) ; donc on a $m > m'$, et, par conséquent, $R > R'$.

Scolie. Des deux rectangles isopérimètres R et R', le plus grand R est le plus convexe.

314. Théorème. *De deux parallélogrammes non rectangles, isopérimètres et équiangles entre eux P et P', P, dont les côtés consécutifs se rapprochent le plus de l'égalité, est le plus grand.* — Si l'on joint par des droites les sommets des angles obtus de P et de P', la démonstration et le scolie sont les mêmes que ceux du théorème précédent.

315. Théorème. *De deux parallélogrammes non rectangles, équilatéraux entre eux P et P', P, qui a un plus grand angle aigu, est le plus grand.*

Je divise par des diagonales P et P' chacun en deux triangles acutangles qui sont égaux, et je nomme m et m' les moitiés de P et de P'. De deux triangles qui ont un angle aigu inégal compris entre des côtés égaux chacun à chacun, celui qui a le plus grand angle est le plus grand ; donc on a $m > m'$, et, par conséquent, $P > P'$.

Corol. *De deux losanges isopérimètres, celui qui a le plus grand angle aigu est le plus grand.*

Scolie. Des deux parallélogrammes équilatéraux entre eux P et P', le plus grand est le plus convexe ; car les côtés étant égaux dans P et P', P, par ses angles, se rapproche plus que P' de la forme du carré isopérimètre, qui est le maximum.

316. Théorème (fig. 266). *Tout quadrilatère non équilatéral ABCD est moindre qu'un quadrilatère équilatéral isopérimètre que l'on peut former en faisant varier les côtés.*

Je trace la droite BD ; je fais le triangle isocèle BA'D tel que A'B + A'D = AB + AD, et le triangle isocèle BC'D tel que C'B + C'D = CB + CD. A cause de A'BD > ABD et de C'BD > CBD (309), on a A'BCD > ABCD et A'BC'D > A'BCD. Le quadrilatère A'BC'D de la figure (2) étant égal au quadrilatère A'BC'D de la figure (1), je trace la droite A'C', et je remarque que BA' + BC' = DA' + DC'. Cela posé, je fais le triangle isocèle A'B'C' tel que B'A' + B'C' = BA' + BC', et le triangle isocèle A'D'C' tel que D'A' + D'C' = DA' + DC'. A cause de B'A'C' > BA'C' et de D'A'C' > DA'C', on a A'B'C'D > A'BC'D et A'B'C'D' > A'B'C'D ; donc ABCD est moindre que le quadrilatère équilatéral isopérimètre A'B'C'D'.

Scolie. Dans la série précédente des quadrilatères isopérimètres dont chacun est plus grand que celui qui précède, celui qui est plus grand est plus convexe.

317. Théorème. *Le carré est le plus grand des quadrilatères isopérimètres.*

D'après ce qui précède, le carré est plus grand que tout autre quadrilatère équilatéral isopérimètre, et que tout quadrilatère non équilatéral isopérimètre, lequel est toujours moindre qu'un quadrilatère équilatéral isopérimètre ; donc le carré est le plus grand des quadrilatères isopérimètres.

Corol. *De tous les quadrilatères équivalents, le carré est celui qui a le plus petit périmètre.*

Scolie. Le plus grand des quadrilatères isopérimètres est le plus convexe.

318. Théorème. *Tout polygone non équilatéral d'un nombre quelconque de côtés au-dessus de quatre est moindre qu'un des polygones équilatéraux isopérimètres et d'un même nombre de côtés, que l'on peut former en faisant varier les côtés.*

Soit P un polygone quelconque d'un nombre quelconque de côtés au-dessus de quatre ayant tous ses côtés inégaux. Je forme successivement des triangles en joignant par des droites les extrémités des côtés consécutifs, et je rends ensuite égaux les côtés inégaux de chaque triangle. J'obtiens ainsi une série indéfinie de polygones isopérimètres plus grands chacun que celui qui précède, et d'autant plus grands que leurs côtés se rapprochent davantage de l'égalité propre aux côtés d'un polygone équilatéral isopérimètre qui est leur limite ; donc évidemment, ce polygone équilateral est le plus grand de tous ; donc tout polygone non équilatéral d'un nombre quelconque de côtés au-dessus de quatre est moindre qu'un des polygones équilatéraux isopérimètres d'un même nombre de côtés.

Scolie. Dans la série précédente des polygones isopérimètres dont chacun est plus grand que celui qui précède, celui qui est plus grand est plus convexe.

319. Théorème. *De deux polygones réguliers isopérimètres* I, I' *ayant pour périmètres* P, P', *pour rayons* R, R' *et pour apothèmes* A, A', *celui qui a un côté de plus, tel que* I', *a le plus petit rayon et le plus grand apothème.*

On a vu (*liv. III,* 224 *et* 225) que, de deux polygones réguliers inscrits dans un même cercle, celui qui a un côté de plus a le plus grand périmètre, et que, de deux polygones réguliers circonscrits au même cercle, celui qui a un côté de plus a le plus petit périmètre. Cela posé, les périmètres des polygones réguliers d'un même nombre de côtés étant, comme leurs rayons et comme leurs apothèmes ; 1° si j'inscris dans un même cercle C le polygone I et un polygone régulier I″ de même rayon R, ayant un côté de plus que I, et pour périmètre P″, j'ai P″ : P' ou P = R : R' ; d'où, à cause de P' ou P < P″, R' < R ; 2° si je circonscris à un même cercle C le polygone I et un polygone régulier I″ de même apothème A, ayant un côté de plus que I et pour périmètre P″, j'ai P″ : P' ou P = A : A' ; d'où, à cause de P' ou P > P″, A' > A.

320. Théorème. *De deux polygones réguliers isopérimètres* P *et* P', *celui, tel que* P', *qui a un côté de plus est le plus grand.*

Soient A et A' les apothèmes de P et de P' et C le périmètre commun. D'après les mesures, $P' = \frac{1}{2} C \times A'$ et $P = \frac{1}{2} C \times A$. Or, on a, d'après ce qui précède, A' > A ; donc on a $\frac{1}{2} C \times A' > \frac{1}{2} C \times A$, et, par conséquent, P' > P.

Corol. *Tout polygone régulier étant plus grand que tout autre polygone iso-*

périmètre d'un même nombre de côtés est plus grand aussi que tout polygone isopérimètre qui a moins de côtés.

Scolie. Des deux polygones réguliers isopérimètres P et P′, le plus grand est le plus convexe.

321. **Théorème** (fig. 267). *Le cercle C est plus grand que tout polygone régulier P isopérimètre et, par suite, que tout polygone isopérimètre.*

Soient AB un côté de P, OD son apothème, OA et OB ses rayons. Je fais coïncider le centre du cercle C avec le centre O de P. Le rayon R de C est plus grand que OD, sans quoi la circonférence de C, supposée égale au périmètre de P, étant ou inscrite dans le polygone ou intérieure à ce polygone, serait moindre que ce périmètre. Cela posé, nommant m le périmètre de C et de P, on a $C = \frac{1}{2} m \times R$ et $P \ \frac{1}{2} m \times OD$. Or, à cause de $R > OD$, on a $\frac{1}{2} m \times R > \frac{1}{2} m \times OD$; donc on a $C > D$.

Scolie. D'un cercle et d'un polygone régulier isopérimètres, le plus grand est le plus convexe.

322. **Théorème** (fig. 268). *Toute figure plane non convexe ABCDE est moindre qu'une autre figure plane isopérimètre.*

Je trace la droite AC ; je rabats sur le plan la partie rentrante ABC autour de AC, et je marque le point B′ rencontré par le point B. La figure ABCDE est moindre que la figure AB′CDE, qui a le même périmètre.

Corol. *La plus grande des figures isopérimètres est convexe.*

323. **Théorème** (fig. 269). *Une figure plane quelconque ABCD dont le périmètre est divisé par une droite AC en deux parties égales et la surface en deux parties inégales est moindre qu'une autre figure plane isopérimètre qui a la même droite AC pour axe de symétrie.*

Soit ABC la partie de la figure ABCD plus grande que l'autre partie ADC. Je rabats sur le plan la figure ABC autour de la droite AC ; je marque le point B′, rencontré par le point B, et je trace les droites AB′, B′C. La figure ABCD dont le périmètre est égal à celui de la figure ABCB′, puisque la partie ABC est commune, et que la partie ADC égale, par hypothèse, à ABC est égale à AB′C, est moindre que la figure ABCB′ dont la partie AB′C égale à ABC est plus grande que ADC. Donc la figure ABCD est moindre qu'une autre figure isopérimètre ABCB′ qui a la droite AC pour axe de symétrie.

Corol. *La plus grande des figures isopérimètres doit être telle que toute droite qui divise son périmètre en deux parties égales divise sa surface en deux parties inversement égales ou, en d'autres termes, soit un axe de symétrie.*

324. **Théorème** (fig. 270). *Toute surface plane AEBCDF, dans laquelle deux droites AB, AD, menées d'un point du périmètre aux extrémités d'un axe de symétrie BD, ne font pas un angle droit, est moindre qu'une autre figure formée avec le même périmètre, et dans laquelle des droites égales à AB et à AD, menées du point A du périmètre aux extrémités d'un axe de symétrie, font un angle droit.*

Soient l'angle droit B′AD′, AB′ = AB, AD′ = AD, figure AB′E = ABE et figure AD′F = ADF. Je trace la droite B′D′, et le point C′, rencontré par le point A de la figure B′EAFD′, rabattue sur le plan autour de la droite B′D′. B′D′ étant un axe de symétrie dans la figure AEB′C′D′F, comme BD dans la figure AEBCDF, et ces figures étant isopérimètres comme leurs moitiés, je dis que l'on a AEBCDF < AEB′C′D′F ; car BEAFD, moitié de AEBCDF, composée des parties ABE, ADF, respectivement égales aux parties AB′E, AD′F de B′EAFD′, moitié de AEB′C′D′F, et du triangle BAC < B'AD' (300), est évidemment moindre que B'EAFD'.

Corol. *La plus grande des figures isopérimètres doit être telle que les droites, menées d'un point quelconque de son périmètre aux extrémités d'un axe de symétrie, fassent un angle droit.*

Scolie. Dans chacun des trois théorèmes précédents la plus grande des figures isopérimètres est la plus convexe.

325. Théorème. *Le polygone régulier d'un nombre quelconque de côtés au-dessus de trois est le plus grand des polygones faits avec les mêmes côtés.*

D'après les trois derniers théorèmes, le plus grand des polygones équilatéraux faits avec les mêmes côtés doit être 1° convexe ; 2° tel que toute droite qui divise son périmètre en parties égales, divise sa surface en parties égales ; 3° si ses côtés sont en nombre pair, tel que les droites menées de chaque sommet aux extrémités de chaque axe de symétrie soient perpendiculaires l'une à l'autre. Or, le polygone régulier est le seul des polygones isopérimètres faits avec les mêmes côtés qui ait ces trois propriétés, puisque seul il a 1° (229) le maximum de convexité ; 2° le nombre maximum, soit d'axes de symétrie, égal à celui des côtés, soit de diamètres qui le divisent chacun en deux parties directement égales, si ses côtés sont en nombre pair ; 3° le nombre maximum de droites perpendiculaires menées de chaque sommet aux extrémités de chaque axe de symétrie, si ses côtés sont en nombre pair ; donc le polygone régulier est le plus grand des polygones isopérimètres faits avec les mêmes côtés. — Voyez (317) la démonstration relative au carré.

Scolie. De tous les polygones équilatéraux isopérimètres, le plus grand est le plus convexe.

326. Théorème. *Le polygone régulier d'un nombre quelconque de côtés est le plus grand des polygones isopérimètres d'un même nombre de côtés.*

On a vu (310) que le triangle régulier est le plus grand des triangles isopérimètres et (317) que le carré, auquel on peut toutefois appliquer la démonstration suivante, est le plus grand des quadrilatères isopérimètres. Cela posé, je dis que tout polygone régulier P d'un nombre quelconque de côtés au-dessus de quatre est plus grand que tout autre polygone isopérimètre d'un même nombre de côtés. En effet, d'après le théorème précédent et le théorème 318, P est plus grand 1° que tout autre polygone équilatéral d'un même nombre de côtés ; 2° que tout polygone non équilatéral isopérimètre d'un même nombre de côtés, puisque celui-ci est moindre qu'un des polygones équilatéraux isopérimètres d'un même nombre de côtés ; donc P est le plus grand des polygones isopérimètres d'un même nombre de côtés.

Corol. *De tous les polygones équivalents d'un même nombre de côtés, le polygone régulier est celui qui a le plus petit périmètre.*

Scolie. Le plus grand des polygones isopérimètres d'un même nombre de côtés est le plus convexe.

327. Théorème. *Le cercle est la plus grande de toutes les figures planes isopérimètres.*

En effet, d'après ce qui précède, la plus grande des figures planes isopérimètres doit réunir les trois propriétés suivantes : elle doit être 1° convexe ; 2° telle que toute droite qui divise son périmètre en deux parties égales divise sa surface en deux parties égales ou soit un axe de symétrie ; 3° telle que les droites tracées d'un point quelconque de son périmètre aux extrémités de chaque axe de symétrie fassent un angle droit ou soient perpendiculaires l'une à l'autre. Or, le cercle est la seule de toutes les figures planes isopérimètres qui réunisse ces proprié. tés, puisque seul il a le maximum de convexité, le nombre maximum d'axes de symétrie et le nombre maximum de droites perpendiculaires menées d'un point quelconque de son périmètre aux extrémités de chaque axe de symétrie; donc le cercle est la plus grande des figures planes isopérimètres.

COROL. *De toutes les figures planes équivalentes, le cercle est celle qui a le plus petit périmètre.*

SCOLIE. I. La plus grande des figures isopérimètres a le maximum de convexité.

II. La comparaison des figures isopérimètres a donné pour résultat constant que, de deux figures isopérimètres la plus grande est toujours la plus convexe, et que celle qui a le maximum de grandeur a le maximum de convexité. Il suit de là, évidemment, que la convexité est la *génératrice* de la grandeur d'une figure plane formée avec un périmètre donné, et, par conséquent, que, de deux figures planes isopérimètres quelconques, celle qui a le plus de convexité est la plus grande.

MAXIMUM ET MINIMUM DES POLYGONES INSCRITS DANS UN MÊME CERCLE OU QUI LUI SONT CIRCONSCRITS; DES RECTANGLES INSCRITS DANS UN MÊME TRIANGLE, ET, PAR SUITE, DES CÔNES ET DES CYLINDRES INSCRITS DANS UNE SPHÈRE ET DES CYLINDRES INSCRITS DANS UN CÔNE.

328. THÉORÈME. *De tous les triangles inscrits dans un même segment de cercle, 1° le triangle isocèle est celui qui a le plus grand périmètre et qui est le plus grand; 2° de deux autres quelconques dont les côtés de l'angle égal inscrit sont inégaux chacun à chacun, celui dont les côtés se rapprochent le plus de l'égalité a le plus grand périmètre et est le plus grand.*

Les triangles inscrits dans un même segment ont un angle égal, comme inscrit dans un même arc, opposé à une base commune; donc, d'après les scolies des n°s 301 et 302, de tous ces triangles inscrits, le triangle isocèle est celui qui est le plus grand en périmètre et en surface, et, de deux autres quelconques, indiqués dans le théorème, celui dont les côtés se rapprochent le plus de l'égalité est le plus grand en périmètre et en surface.

329. THÉORÈME (fig. 262). *Un triangle inscrit dans un cercle étant inscrit dans trois segments qui ont chacun pour base un des côtés du triangle, tout triangle inscrit qui a deux côtés inégaux est moindre en périmètre et en surface que des triangles inscrits dans le segment qui a pour base le troisième côté.*

Soient EA et EB deux côtés inégaux du triangle EAB, inscrit dans un cercle O, AB la base de ce triangle, C le milieu de l'arc AEB, et D un point compris entre C et E. Je trace les droites DA, DB, CA, CB. D'après le théorème précédent, on a, soit par rapport aux périmètres, soit par rapport aux surfaces, ACB > ADB et ADB > AEB; donc on a AEB < ACB et AEB < ADB, ce qui est conforme au théorème.

330. THÉORÈME. *Le triangle régulier est en périmètre et en surface le plus grand des triangles inscrits dans un même cercle.*

Le plus grand des triangles inscrits dans un même cercle ne pouvant être, d'après ce qui précède, ni un triangle scalène ni un triangle à deux seuls côtés égaux, doit être équilatéral et unique dans son espèce. Or, le triangle régulier inscrit est équilatéral et unique dans son espèce; donc il est, en périmètre et en surface, le plus grand des triangles inscrits dans un même cercle.

CorollAIRE relatif à la géométrie dans l'espace (fig. 271). *Si l'on fait tourner autour du diamètre AB, jusqu'à ce qu'il soit revenu à sa place, un demi-cercle ACB contenant des triangles rectangles moitiés de triangles isocèles inscrits dans le cercle total, et ayant pour sommet commun le point A, comme, ainsi qu'on le prouve dans la géométrie dans l'espace, la droite ED, perpendiculaire à AD, décrit, pendant sa révolution autour de AD, un plan qui est un cercle, le demi-cercle engendre un volume nommé sphère, qui a pour centre celui du demi-cercle, pour grand cercle tout cercle qui passe par son centre, et chaque triangle engendre un volume nommé cône que l'on dit inscrit dans la sphère, et qui a pour sommet le point A, pour base le cercle décrit par la base du triangle et pour hauteur AD. Cela posé: un plus grand triangle engendrant un plus grand cône, le maximum des cônes inscrits dans une même sphère est celui qui a pour générateur la moitié AED du triangle équilatéral AEF inscrit dans un grand cercle, et de deux autres quelconques qu'on peut former à partir du sommet A, celui qui a pour générateur un plus grand triangle est le plus grand.*

331. **Théorème.** *De tous les rectangles inscrits dans un même cercle, le carré est le plus grand en périmètre et en surface; et de deux autres quelconques qui ont les côtés consécutifs inégaux chacun à chacun, celui dont les côtés se rapprochent le plus de l'égalité est le plus grand en périmètre et en surface.*

De tous les rectangles qui ont les diagonales égales, le carré, comme on l'a vu (302), est le plus grand en périmètre et en surface; et, de deux autres quelconques dont les côtés de l'angle droit sont inégaux chacun à chacun, celui dont les côtés se rapprochent le plus de l'égalité est le plus grand en périmètre et en surface. Or, les rectangles inscrits dans un même cercle ont les diagonales égales, puisque chacune d'elles est égale au diamètre (211); donc tous les rectangles inscrits dans un même cercle ont les mêmes propriétés formulées par le théorème.

CorollAIRE relatif à la géométrie dans l'espace. *Si l'on fait tourner autour d'un diamètre AB, jusqu'à ce qu'il soit revenu à sa place, un demi-cercle ACB contenant les moitiés d'un carré et d'autres rectangles inscrits dans le cercle total, le demi-cercle engendre une sphère, et chaque demi-rectangle un cylindre qu'on dit inscrit dans la sphère, et qui a pour bases les cercles égaux décrits par les bases égales du demi-rectangle. Cela posé: un plus grand demi-rectangle engendrant un plus grand cylindre, il suit de ce qui précède que de tous les cylindres inscrits dans une même sphère, celui qui a pour générateur la moitié du carré inscrit dans un grand cercle de la sphère est le plus grand, et que de deux autres quelconques dont chacun a pour générateur la moitié d'un rectangle inscrit dans un grand cercle, celui dont les côtés consécutifs du rectangle générateur se rapprochent le plus de l'égalité est le plus grand.*

332. **Théorème** (fig. 272). *De tous les rectangles inscrits dans un triangle ABC ayant pour base BC et pour hauteur AD, 1° celui dont la base et la hauteur sont égales aux moitiés de la base et de la hauteur du triangle ABC est le plus grand; 2° de deux autres quelconques qui ont les bases supérieures, c'est-à-dire les plus rapprochées du sommet A, inégalement distantes de la base supérieure du rectangle maximum, celui dont la base supérieure est la plus rapprochée de la base supérieure du maximum est le plus grand; 3° les rectangles qui ont les bases supérieures, situées de part et d'autre de la base supérieure du rectangle maximum, également distantes de cette base, sont équivalents.*

Soient *m* le milieu du côté AB, et GII, EF, *mn*, E'F' les droites parallèles à BC qui rencontrent aux points O, I, L, I' la hauteur AD, à laquelle elles sont perpendiculaires.

1o Le rectangle R qui a pour base supérieure mn ou $\frac{1}{2}$ BC, pour hauteur LD ou $\frac{1}{2}$ AD, et pour aire $\frac{1}{4}$ BC $\times$ AD, moitié du triangle ABC, est plus grand que tout autre rectangle R′ ayant pour base supérieure la droite EF située entre A et mn, et pour hauteur ID, ou R″ ayant pour base supérieure E′F′ et pour hauteur I′D.

On a d'abord R $>$ R′. En effet, AE étant une fraction de AB moindre que $\frac{1}{2}$ AB; soit AE $= \frac{1}{4}$ AB. Les rapports AE $\colon$ AB $\colon\colon$ EF $\colon$ BC $\colon\colon$ AI $\colon$ AD donnent EF $= \frac{1}{4}$ BC, AI $= \frac{1}{4}$ AD, et, par conséquent, ID $= \frac{3}{4}$ AD; donc R′ a pour base $\frac{1}{4}$ BC, pour hauteur $\frac{3}{4}$ AD, et pour aire $\frac{3}{16}$ BC $\times$ AD $< \frac{1}{4}$ BC $\times$ AD, aire de R; donc on a R $>$ R′.

On a ensuite R $>$ R″. En effet, AE′ étant une fraction de AB plus grande que $\frac{1}{2}$ AB; soit AE′ $= \frac{3}{4}$ AB. Les rapports AE′ $\colon$ AB $\colon\colon$ E′F′ $\colon$ BC $\colon\colon$ AI′ $\colon$ AD donnent E′F′ $= \frac{3}{4}$ BC, AI′ $= \frac{3}{4}$ AD, et, par conséquent, I′D $= \frac{1}{4}$ AD; donc R″ a pour base $\frac{3}{4}$ BC, pour hauteur $\frac{1}{4}$ AD, et pour aire $\frac{3}{16}$ BC $\times$ AD $< \frac{1}{4}$ BC $\times$ AD, aire de R; donc on a R $>$ R″.

2o Nommons R′ et R″ les rectangles ayant pour bases et pour hauteurs l'un, EF et ID et l'autre, GH et OD; je dis que R′, dont la base EF est plus rapprochée de la base mn du rectangle maximum que celle de R″, est plus grand que R″.

En effet, en supposant AE $= \frac{1}{4}$ AB et AG $= \frac{1}{8}$ AB, les rapports AG $\colon$ AB $\colon\colon$ GH $\colon$ BC $\colon\colon$ AO $\colon$ AD donnent GH $= \frac{1}{8}$ BC, AO $= \frac{1}{8}$ AD, et, par conséquent, OD $= \frac{7}{8}$ AD; donc R″ a pour base $\frac{1}{8}$ BC, pour hauteur $\frac{7}{8}$ AD, et pour aire $\frac{7}{64}$ BC $\times$ AD $< \frac{3}{16}$ BC $\times$ AD, aire de R′ (1o); donc on a R′ $>$ R″.

3o Les rectangles qui ont les bases supérieures EF, E′F′ situées de part et d'autre de mn, et également distantes de mn, sont équivalents, puisqu'ils ont (1o) les mesures égales $\frac{1}{4}$ BC $\times \frac{3}{4}$ AD ou $\frac{3}{16}$ BC $\times$ AD, et $\frac{3}{4}$ BC $\times \frac{1}{4}$ AD ou $\frac{3}{16}$ BC $\times$ AD.

Scolie. I. Les rectangles inscrits dans un triangle étant équivalents lorsque leurs bases supérieures, situées de part et d'autre de la base supérieure du rectangle maximum, sont également distantes de cette base; et un rectangle inscrit, étant d'autant plus grand que sa base supérieure est plus rapprochée de la base supérieure du rectangle maximum; il devient évident que si l'on inscrit dans un triangle ABC tous les rectangles possibles, tous ceux qui ont leurs bases supérieures entre mn et A, et entre mn et BC, également distantes de mn, sont équivalents, et que ces rectangles augmentent de grandeur à partir du point A jusqu'à mn, et diminuent de grandeur à partir de mn jusqu'à BC.

II. Etant donnés deux nombres variables quelconques b et h, qu'on peut prendre pour la base et la hauteur d'un triangle, si l'on forme différents produits ayant chacun pour 1er facteur une fraction quelconque x du premier b, et pour 2e facteur h diminué de la même fraction x, de tous ces produits le plus grand est celui qui a pour facteurs les moitiés de ces nombres; et de deux autres quelconques, celui dont le 1er facteur se rapproche le plus de la valeur de $\frac{1}{2}$ b est le plus grand.

COROLLAIRE relatif à la géométrie dans l'espace. *Si l'on fait tourner autour de sa hauteur* AD, *jusqu'à ce qu'il soit revenu à sa place, un triangle rectangle* ABD *dans lequel on a inscrit tous les rectangles possibles, le triangle engendre un cône qui a pour* sommet *le sommet* A *du triangle et pour* base *le cercle décrit par sa base* BD ; *et chaque rectangle engendre un* cylindre inscrit *dans le cône, et ayant pour bases deux cercles égaux décrits par les bases du rectangle. Cela posé : un cylindre étant d'autant plus grand que le rectangle générateur est plus grand, de tous les cylindres inscrits dans un même cône,* 1º *celui qui a pour générateur le rectangle maximum inscrit dans le triangle générateur du cône est le plus grand;* 2º *de deux autres quelconques celui dont la base supérieure, c'est-à-dire qui est la plus rapprochée du sommet, est la plus rapprochée de la base supérieure du cylindre maximum, est le plus grand;* 3º *tous ceux qui ont deux à deux les bases supérieures également distantes de la base supérieure du cylindre maximum sont équivalents.*

333. THÉORÈME. *De tous les polygones d'un même nombre quelconque de côtés inscrits dans un même cercle, celui qui est régulier est le plus grand en périmètre et en surface; et de deux autres quelconques, celui dont les côtés se rapprochent le plus de l'égalité est le plus grand en périmètre et en surface.*

J'inscris dans un même cercle un polygone quelconque ayant tous ses côtés inégaux. Je forme ensuite, successivement, des segments de cercle en joignant par des droites les extrémités des côtés consécutifs, et, dans chacun de ces segments dans lequel se trouve inscrit un triangle dont les côtés autres que la base sont inégaux, j'inscris un triangle isocèle. Chaque triangle isocèle étant plus grand en périmètre et en surface que le triangle non isocèle inscrit dans le même segment, il en résulte une série indéfinie de polygones inscrits d'un même nombre de côtés, plus grands chacun que celui qui précède, et d'autant plus grands que leurs côtés se rapprochent davantage de l'égalité propre aux côtés du polygone régulier qui est leur limite ; donc le polygone régulier est le plus grand de ces polygones en périmètre et en surface, et de deux autres quelconques, celui dont les côtés se rapprochent le plus de l'égalité est le plus grand en périmètre et en surface.

334. THÉORÈME. *De deux polygones réguliers* P *et* P' *inscrits dans un cercle, celui qui a un côté de plus est le plus grand.*

Soient C et C' les périmètres de P et P', A et A' les apothèmes, R le rayon, et P' ayant un côté de plus que P. Je dis que P' est plus grand que P. On a, d'après les mesures, $P' = \frac{1}{2} C' \times A'$ et $P = \frac{1}{2} C \times A$. Or, on a (224) $\frac{1}{2} C' > \frac{1}{2} C$, et parce que P' qui a un côté de plus que P, a un côté moindre, et, par conséquent, plus éloigné du centre que celui de P, $A' > A$; donc on a $\frac{1}{2} C' \times A' > \frac{1}{2} C \times A$, et, par conséquent, $P' > P$.

COROL. *Le triangle équilatéral est le* minimum *des polygones réguliers inscrits dans un même cercle.*

335. THÉORÈME. *De deux polygones réguliers* P *et* P' *circonscrits à un même cercle, celui qui a un côté de plus est le plus petit.*

Soient R le rayon du cercle, C et C' les périmètres de P et de P', et P' ayant un côté de plus que P. Je dis que P' est moindre que P. En effet, d'après les mesures, $P' = \frac{1}{2} C' \times R$ et $P = \frac{1}{2} C \times R$. Or, on a (225) $\frac{1}{2} C' < \frac{1}{2} C$; donc on a $\frac{1}{2} C' \times R < \frac{1}{2} C \times R$, et, par conséquent, $P' < P$.

COROL. *Le triangle équilatéral est le maximum des polygones réguliers circonscrits au même cercle*

336. THÉORÈME. *Le périmètre du triangle équilatéral est le minimum des périmètres des polygones réguliers inscrits dans le même cercle, et le maximum des périmètres des polygones réguliers circonscrits au même cercle;* car, d'après les nᵒˢ 224 et 225, de deux polygones réguliers quelconques inscrits dans un même cercle, celui qui a un côté de plus a le plus grand périmètre; et de deux polygones réguliers quelconques circonscrits à un même cercle, celui qui a un côté de plus a le plus petit périmètre.

SCOLIE et COROLLAIRE relatifs à la géométrie dans l'espace. On nomme cône *équilatéral* celui qui est engendré par la rotation de la moitié d'un triangle équilatéral autour d'un de ses axes, et corps régulier *de révolution* celui qui est engendré par la rotation de la moitié d'un polygone régulier quelconque autour d'un de ses axes.

Lorsqu'un axe commun divise en deux parties égales un cercle, les surfaces et les périmètres d'un triangle équilatéral et d'un nombre quelconque de polygones réguliers, inscrits dans ce cercle ou qui lui sont circonscrits, les corps et les surfaces engendrés par la rotation autour de cet axe des moitiés du cercle, des polygones réguliers et de leurs périmètres, sont : 1º un corps qu'on appelle sphère; 2º un cône équilatéral et d'autres corps réguliers de révolution qu'on dit inscrits dans la sphère ou circonscrits à la sphère; 3º les surfaces des corps réguliers de révolution nommées aussi surfaces *de révolution*. Cela posé :

D'après les trois derniers théorèmes, 1º la moitié d'un triangle équilatéral est le minimum des moitiés des polygones réguliers inscrits dans un même cercle, et le maximum des moitiés des polygones réguliers circonscrits au même cercle; donc, un plus petit demi-polygone engendrant un plus petit corps, *le cône équilatéral est le minimum des corps réguliers de révolution inscrits dans une même sphère, et le maximum des corps réguliers de révolution circonscrits à une même sphère.*

2º Le demi-périmètre d'un triangle équilatéral est le minimum des demi-périmètres des polygones réguliers inscrits dans un même cercle, et le maximum des demi-polygones réguliers circonscrits au même cercle; donc, un plus petit demi-périmètre engendrant une plus petite surface, *la surface du cône équilatéral est le minimum des surfaces des corps réguliers de révolution inscrits dans une même sphère, et le maximum des surfaces des corps réguliers de révolution circonscrits à une même sphère.*

337. THÉORÈME relatif aux polygones réguliers isopérimètres. *Le triangle équilatéral est le minimum des polygones réguliers isopérimètres;* car, d'après le nº 320, de deux polygones réguliers isopérimètres, celui qui a un côté de plus est le plus grand.

COROLLAIRE relatif à la géométrie dans l'espace. *Le cône équilatéral est le minimum des corps réguliers de révolution engendrés par la rotation autour d'un axe de la moitié de chacun des polygones réguliers isopérimètres.*

FIN DE LA GÉOMÉTRIE PLANE.

ERRATA.

Page 9, *au lieu de :* géométrie de l'espace, *lisez :* géométrie dans l'espace.
Page 16, 5e ligne avant la fin, *au lieu de :* change, *lisez :* remplacé.
Pages 32, 45 et 112, *au lieu de :* mesure commune, *lisez :* commune mesure.
Page 95, 2e ligne, *au lieu de :* ajoutant membre, *lisez :* ajoutant membre à membre.

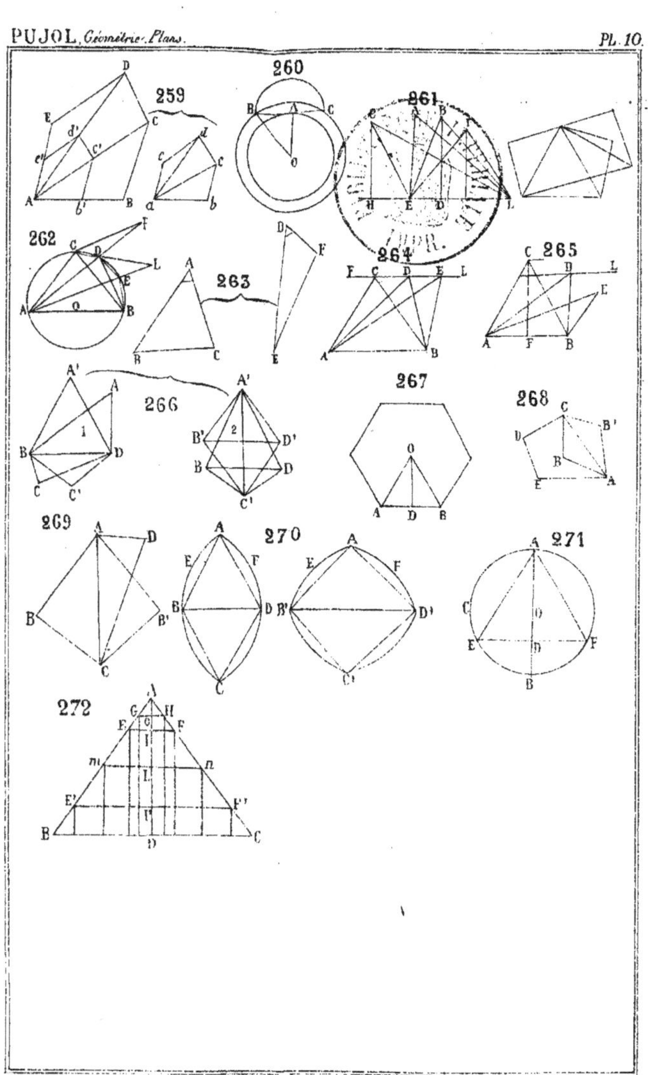

www.ingramcontent.com/pod-product-compliance
Lightning Source LLC
LaVergne TN
LVHW020624200726
843508LV00002B/523